33252

ÉLÉMENTS
DE GÉOMÉTRIE

THÉORIE

Les ÉLÉMENTS DE GÉOMÉTRIE comprennent :

1° *Théorie*, par M. Ch. Briot. 1 volume in-8 avec des figures dans le texte, broché, 5 fr.

2° *Application*, par MM. Ch. Briot et Vacquant. 1 volume in-8 avec des figures dans le texte et des planches, broché, 5 fr.

Ch. Lahure, imprimeur du Sénat et de la Cour de Cassation, rue de Vaugirard, 9, près de l'Odéon.

ÉLÉMENTS
DE GÉOMÉTRIE

CONFORMES AUX PROGRAMMES

DE L'ENSEIGNEMENT SCIENTIFIQUE DANS LES LYCÉES

PAR CH. BRIOT

Professeur de mathématiques spéciales au lycée Saint-Louis

THÉORIE

DEUXIÈME ÉDITION AUGMENTÉE

d'un Complément à l'usage des classes de Mathématiques spéciales

PARIS

LIBRAIRIE DE L. HACHETTE ET Cie

RUE PIERRE-SARRAZIN, N° 14

(Près de l'École de médecine)

1858

Nota. Dans les renvois, le chiffre arabe indique le numéro du théorème, le chiffre romain le livre auquel il appartient.

ÉLÉMENTS
DE GÉOMÉTRIE.
(THÉORIE.)

PREMIÈRE PARTIE.
FIGURES PLANES.

LIVRE PREMIER.
LES PRINCIPES.

DEFINITIONS.

1° Un fil très-fin nous donne l'idée d'une *ligne*.

On peut aussi concevoir une ligne comme le chemin décrit par un point mobile.

2° La ligne *droite* est le plus court chemin d'un point à un autre.

Nous avons tous l'idée de la ligne droite. Un fil fortement tendu nous en offre l'image. Nous concevons très-nettement que d'un point A à un point B on ne peut mener qu'une seule ligne droite AB (fig. 1), et que cette ligne droite peut être prolongée indéfiniment d'un côté ou de l'autre.

Il résulte aussi de l'idée que nous avons de la ligne droite que si l'on place deux droites l'une sur l'autre, de manière que deux points A et B coïncident, les droites coïncideront, non-seulement entre les deux points A et B, mais encore au delà, et qu'elles ne se sépareront jamais, si loin qu'on les prolonge.

3° On appelle ligne *brisée* une ligne composée de plusieurs lignes droites.

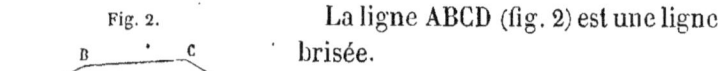

Fig. 2.

La ligne ABCD (fig. 2) est une ligne brisée.

4° Lorsqu'une ligne n'est ni droite ni composée de lignes droites, on dit qu'elle est *courbe*.

Le chemin décrit par un point mobile est en général une ligne courbe.

Une ligne brisée composée de portions droites (fig. 3) extrêmement petites et de plus en plus petites donne naissance à

Fig. 3.   Fig. 4.

une ligne courbe ABC (fig. 4); ce qui nous conduit à concevoir la ligne courbe comme la *limite* vers laquelle tend une ligne brisée dont les éléments droits deviennent de plus en plus petits.

5° Le *plan* est une surface sur laquelle on peut appliquer exactement une ligne droite dans toutes les directions.

La surface des eaux tranquilles, une table bien dressée, une glace polie, nous offrent l'image d'un plan.

Toute figure tracée sur un plan s'appelle *figure plane*.

6° Lorsque deux droites partent du même point, suivant des directions différentes, elles forment une figure qu'on appelle *angle* (fig. 5).

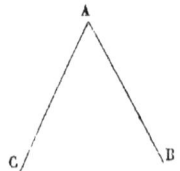

Fig. 5.

Le point A est le *sommet* de l'angle; les deux droites AB et AC en sont les *côtés*.

On désigne un angle par la lettre placée au sommet. Ainsi on dira l'angle A. Mais quand plusieurs angles ont même sommet et qu'il peut y avoir confusion, on désigne l'angle par trois lettres, en mettant au milieu la lettre du sommet; on dira l'angle BAC.

7° On se fera une idée très-nette de l'angle si l'on imagine que les deux côtés soient d'abord appliqués l'un sur l'autre, puis s'écartent en tournant autour du sommet, comme les deux branches d'un compas que l'on ouvre; l'angle, très-petit d'abord, augmente de plus en plus avec l'écartement des côtés.

Pour donner plus de précision à cette manière d'envisager la génération de l'angle, supposons que la droite AC coïncide d'abord avec AB, puis tourne autour du point A dans le plan; on voit que, dans ce mouvement autour du point A, elle décrit un angle de plus en plus grand.

8° Lorsqu'une droite CD (fig. 6) en rencontre une autre AB, de manière à faire avec celle-ci deux angles adjacents égaux entre eux, on dit que la première droite est *perpendiculaire* sur la seconde, et les deux angles égaux formés par la perpendiculaire sont appelés angles *droits*.

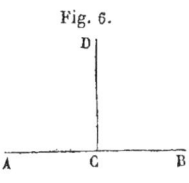

Fig. 6.

Le point C est le *pied* de la perpendiculaire.

Pour reconnaître si un angle donné ACD est droit, il faut prolonger l'un des côtés AC et voir si les deux angles adjacents ACD, DCB, sont égaux.

9° Lorsqu'une droite CD (fig. 7) en rencontre une autre AB, de manière à faire avec celle-ci deux angles inégaux ACD, BCD, on dit qu'elle est *oblique* à la droite AB.

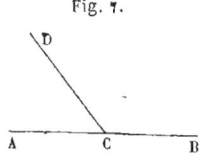

Fig. 7.

L'angle ACD, plus petit qu'un angle droit, s'appelle angle *aigu*.

L'angle BCD, plus grand qu'un angle droit, s'appelle angle *obtus*.

10° On appelle *bissectrice* d'un angle la droite qui divise l'angle en deux parties égales.

LIVRE I.

ANGLES.

Théorème I.

Par un point C pris sur une droite AB on ne peut élever qu'une seule perpendiculaire à cette droite.

Imaginons que la droite CD (fig. 8) coïncide d'abord avec CA, puis tourne dans le plan autour du point C ; l'angle aigu ACD

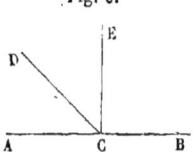

Fig. 8.

ira en augmentant, tandis que l'angle obtus DCB ira en diminuant. La droite arrivera à une position CE telle, que les deux angles adjacents seront égaux entre eux ; alors elle sera perpendiculaire sur AB. Si la droite, continuant son mouvement, dépassait cette position, le premier angle deviendrait plus grand que le second, et la droite pencherait du côté de CB. Ainsi par le point C on ne peut élever qu'une perpendiculaire à la droite AB.

Corollaire. Soient deux droites CD, GH (fig. 9), respectivement perpendiculaires sur les lignes AB, EF. Je place la droite

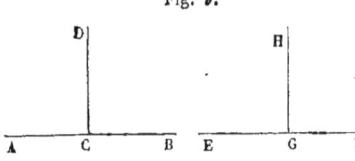

Fig. 9.

EF sur AB, de manière que le point G tombe sur le point C ; puisque d'un point on ne peut élever qu'une perpendiculaire sur une droite, la perpendiculaire GH se confondra avec la perpendiculaire CD, et les angles droits des deux figures coïncideront, ce qu'on exprime en disant que *tous les angles droits sont égaux entre eux*.

Théorème II.

Lorsqu'une droite CD (fig. 10) en rencontre une autre AB, elle fait avec celle-ci deux angles adjacents dont la somme est égale à deux angles droits.

Par le point C élevez une perpendiculaire CE à la droite AB, les deux angles égaux ACE, ECB, formés par cette perpendiculaire, sont des angles droits. Or, on voit que la somme des deux angles adjacents ACD, DCB, formés par l'oblique CD, est égale à la somme des deux angles droits ACE, ECB.

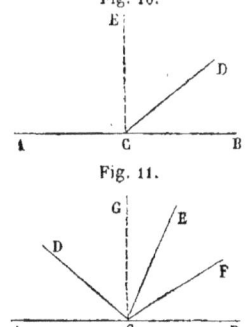

Fig. 10.

Fig. 11.

COROLLAIRE. *La somme de tous les angles* ACD, DCE, ECF, FCB (fig. 11), *formés autour d'un point* C, *du même côté d'une droite* AB *dans le plan, est égale à deux angles droits.* Car, si par le point C on élève une perpendiculaire CG sur AB, on voit que tous ces angles occupent le même espace que les deux angles droits ACG, GCB.

Théorème III.

Réciproquement *lorsque la somme de deux angles adjacents* ACD, DCB, *est égale à deux angles droits, les deux côtés extérieurs* AC, CB, *sont en ligne droite.*

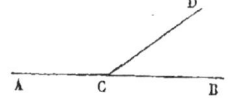

Fig. 12.

On sait, d'après le théorème précédent, que la droite CD (fig. 12) fait avec le prolongement de AC un angle qui, ajouté à ACD, vaut deux angles droits; mais l'angle DCB, ajouté au même angle ACD, vaut aussi deux angles droits; donc ces deux angles sont égaux, et la droite CB coïncide avec le prolongement de AC.

Théorème IV.

Les angles opposés par le sommet sont égaux.

Lorsque deux droites indéfinies AB, CD (fig. 13), se coupent, elles forment quatre angles autour de leur point d'intersection O. Les deux angles AOC, BOD, qui ont leurs côtés sur le prolongement les uns des autres, sont dit *opposés* par le sommet ; de même les deux angles AOD, BOC, sont opposés par le sommet.

Je dis que les deux angles opposés par le sommet, AOC, BOD, sont égaux. On sait en effet, d'après le théorème II, que l'angle AOC, ajouté à l'angle adjacent COB, vaut deux angles droits, et que l'angle BOD, ajouté au même angle COB, vaut aussi deux angles droits ; ces deux angles AOC, BOD, augmentés du même angle COB, donnent donc des sommes égales, et par conséquent ces deux angles sont égaux.

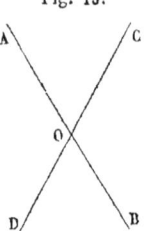

Fig. 13.

On démontrerait de la même manière que l'angle AOD est égal à son opposé BOC.

COROLLAIRE I. *Lorsque, des quatre angles formés par deux droites indéfinies* AB, CD (fig. 14), *qui se coupent, deux adjacents* AOC, COB, *sont égaux, les quatre angles sont égaux*. Car l'angle BOD est égal à l'angle AOC comme opposé par le sommet, et de même l'angle AOD égale BOC. Donc les quatre angles sont égaux.

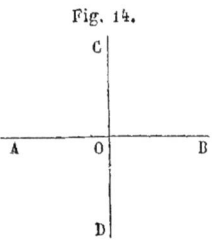

Fig. 14.

Ces quatre angles sont droits, et les deux lignes AB et CD sont réciproquement perpendiculaires l'une sur l'autre.

Lorsqu'on prolonge les côtés d'un angle droit AOC, il est clair que l'on forme autour du point O quatre angles droits.

COROLLAIRE II. *Les bissectrices des deux angles adjacents* AOC, COB, *sont perpendiculaires entre elles.*

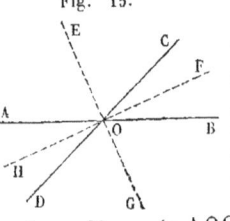

Fig. 15.

Soient OE et OF (fig. 15), les bissectrices des deux angles adjacents AOC, COB. Il est facile de reconnaître d'abord que leurs prolongements OG et OH divisent aussi en deux parties égales les angles opposés par le sommet. Puisque la somme des deux angles adjacents AOC, COB, vaut deux angles droits, la somme des deux angles moitiés EOC, COF, vaut un angle droit ; donc l'angle EOF est droit, et par suite les deux bissectrices EG, FH, sont perpendiculaires entre elles.

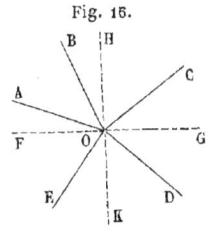

Fig. 16.

COROLLAIRE III. *La somme de tous les angles* AOB, BOC, COD, DOE, EOA (fig. 16), *formés autour d'un point* O *dans le plan, égale quatre angles droits.* Car, si par le point O on mène deux droites FG, HK, perpendiculaires entre elles, on voit que tous ces angles occupent le même espace que les quatre angles droits formés par les deux droites FG, HK.

TRIANGLES.

DÉFINITIONS.

1° Un *triangle* est une portion de plan ABC (fig. 17) terminée par trois lignes droites.

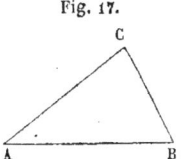

Fig. 17.

Ces trois droites sont les *côtés* du triangle.
Chacun de angles formés par deux côtés consécutifs est un *angle* du triangle.
Les sommets de ces trois angles sont les *sommets* du triangle.

2° Un triangle *isocèle* est un triangle qui a deux côtés égaux.
Le triangle ABC (fig. 18), dans lequel les deux côtés AB et AC sont égaux, est un triangle isocèle.

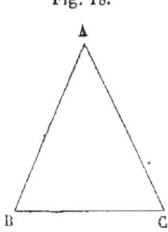
Fig. 18.

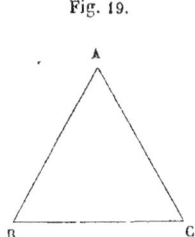
Fig. 19.

Le troisième côté BC s'appelle *base*, et le sommet opposé A porte spécialement le nom de *sommet* du triangle isocèle.

8 LIVRE I.

7° Un triangle *équilatéral* est un triangle qui a ses trois côtés égaux.

Le triangle ABC (fig. 19), qui a ses trois côtés égaux, est un triangle équilatéral.

Théorème V.

Deux triangles ABC, DEF (fig. 20) *qui ont un angle égal compris entre deux côtés égaux chacun à chacun, sont égaux.*

Soit l'angle D égal à l'angle A, le côté DE égal à AB, et le côté DF égal à AC.

Pour opérer la superposition des triangles, je place le côté

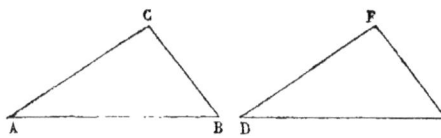
Fig. 20.

DE sur le côté égal AB. Puisque l'angle D est égal à l'angle A, le côté DF prendra la direction AC, et comme la longueur DF est égale à AC, le point F tombera en C; le troisième côté EF se confond alors avec BC et les deux triangles coïncident. Ceci montre bien que les deux triangles sont égaux.

Théorème VI.

Deux triangles ABC, DEF (fig. 21), *qui ont un côté égal adjacent à deux angles égaux chacun à chacun, sont égaux.*

Soit le côté DE égal à AB, l'angle D égal à A et l'angle E égal à B. Je place le côté DE sur son égal AB; comme l'angle D est égal à

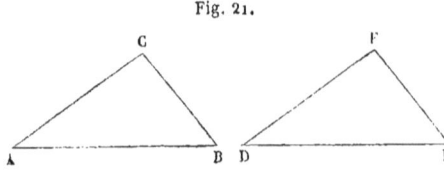
Fig. 21.

l'angle A, la droite indéfinie DF prendra la direction AC; comme l'angle E est égale à l'angle B, la droite indéfinie EF prendra la direction BC. Puisque les deux droites DF, EF, se confondent avec les deux droites AC, BC, le point F, intersection des deux premières, se confond avec le point C, intersection des deux dernières, et les deux triangles coïncident.

Théorème VII.

Lorsque deux triangles ABC, DEF (fig. 22) ont deux côtés égaux chàcun à chacun, et que l'angle compris est plus grand dans le premier triangle que dans le second, le troisième côté du premier triangle est plus grand que le troisième côté du second.

Soit le côté AB égal à DE, AC égal à DF, et l'angle BAC plus grand que l'angle EDF, je dis que le côté BC est plus grand que le côté EF.

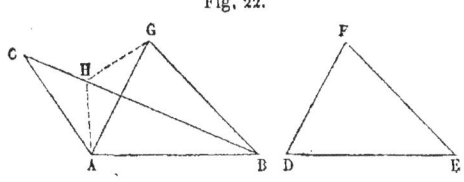

Fig. 22.

En effet, j'amène le second triangle DEF dans la position ABG; pour cela je place le côté DE sur le côté égal AB; puisque l'angle D est plus petit que l'angle A, le côté DF tombe en AG dans l'intérieur de l'angle BAC, et le côté EF se place sur BG. Il s'agit de démontrer que le côté BC du premier triangle est plus grand que le côté EF ou BG du second. Je mène la bissectrice AH de l'angle CAG, elle rencontre la ligne BC en un certain point H; je joins HG. Les deux triangles GAH, CAH, sont égaux comme ayant un angle égal compris entre deux côtés égaux chacun à chacun, savoir : l'angle GAH égal à CAH, puisque la ligne AH divise l'angle CAG en deux parties égales, le côté AH commun, le côté AG égal à DF et par conséquent à AC. Donc le troisième côté HG est égal à HC. Or la ligne droite BG est plus courte que la ligne brisée BH + HG; si l'on remplace la longueur HG par son égale HC, on voit que la ligne BG est plus courte que BH + HC, c'est-à-dire plus courte que BC.

Corollaire. Réciproquement *lorsque deux triangles ABC, DEF, ont deux côtés égaux chacun à chacun, et que le troisième côté* BC *du premier est plus grand que le troisième côté* EF *du second*, *l'angle opposé* A *du premier triangle est plus grand que l'angle opposé* D *du second*. Il résulte du théorème précédent, que le côté BC n'est plus grand que EF que lorsque l'angle A est plus grand que D; pour que le côté BC soit plus grand que EF, il faut donc nécessairement que l'angle A soit plus grand que l'angle D.

Théorème VIII.

Deux triangles ABC, DEF (fig. 23), *qui ont leurs trois côtés égaux chacun à chacun, sont égaux.*

Soit AB égal à DE, AC égal à DF, BC égal à EF. D'après le théorème précédent, lorsque les deux angles A et D, compris entre deux côtés égaux chacun à chacun, diffèrent, les côtés opposés BC et EF diffèrent aussi; puisque ces

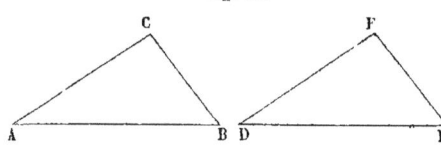
Fig. 23.

deux côtés sont égaux, il faut nécessairement que les angles A et D soient égaux; alors les deux triangles ont un angle égal compris entre deux côtés égaux chacun à chacun; donc ils sont égaux.

Remarque. Lorsque deux triangles sont égaux, les trois côtés et les trois angles sont égaux chacun à chacun, et l'on doit remarquer que les côtés égaux sont opposés aux angles égaux, et réciproquement.

Théorème IX.

Dans un triangle isocèle ABC (fig. 24), *les angles opposés aux côtés égaux sont égaux.*

Soit le côté AB égal à AC; je dis que l'angle C est égal à l'angle B.

Je joins le sommet A au point D, milieu de la base BC.

Les deux triangles ACD, ABD, sont égaux, comme ayant les trois côtés égaux chacun à chacun, savoir : AC égal à AB par hypothèse, CD égal à DB, puisque le point D est le milieu de BC, et AD commun. Donc l'angle C, opposé au côté AD dans le premier triangle, est égal à l'angle B, opposé au même côté dans le second triangle.

Fig. 24.

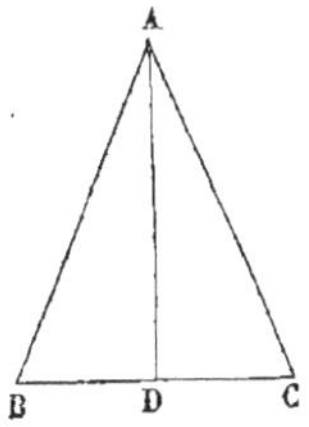

COROLLAIRE I. *La droite* AD, *qui joint le sommet d'un triangle isocèle au milieu de la base, est perpendiculaire sur la base, et, de plus, bissectrice de l'angle au sommet.* Car, d'une part, les deux angles adjacents ADC, ADB, opposés à des côtés égaux AC, AB, dans les deux triangles égaux, sont égaux, et par conséquent la droite AD est perpendiculaire sur BC ; d'autre part, les deux angles CAD, BAD, opposés aussi à des côtés égaux, sont égaux, et par conséquent la droite AD divise l'angle A du triangle isocèle en deux parties égales.

Fig. 25.

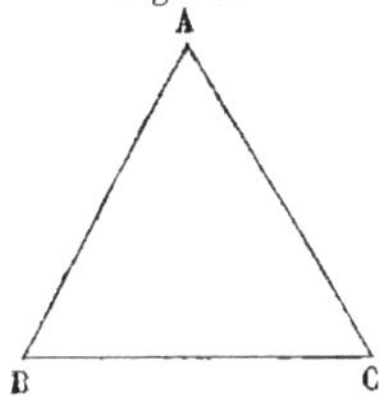

COROLLAIRE II. *Un triangle équilatéral* ABC (fig. 25) *est en même temps équiangle.* En effet, de ce que le côté AB est égal à AC, on conclut que l'angle C est égal à B ; de ce que le côté CA est égal à CB, on conclut de même que l'angle B est égal à A. Donc les trois angles sont égaux entre eux.

THÉORÈME X.

Réciproquement *lorsqu'un triangle* ABC *a deux angles égaux, les deux côtés opposés aux angles égaux sont égaux, et le triangle est isocèle.*

Soit l'angle B (fig. 26) égal à C, je dis que le côté AC est égal à AB.

J'imagine que le triangle ABC ait été retourné et appliqué sur son autre face en ACB ; puis je porte le second triangle sur le premier en plaçant le côté CB sur son égal BC, de

12   LIVRE I.

manière que le point C tombe en B et le point B en C ; puisque l'angle C est égal à l'angle B, le côté CA du second triangle

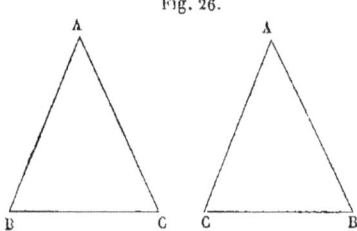

Fig. 26.

prendra la direction BA du premier, et le côté BA la direction CA. Le second triangle coïncidera alors avec le premier, et le côté CA se confondra exactement avec BA. Donc les deux côtés AC et AB, opposés aux angles égaux B et C, sont égaux, et par conséquent le triangle est isocèle.

COROLLAIRE. *Un triangle équiangle est en même temps équilatéral.*

THÉORÈME XI.

De deux côtés d'un triangle ABC (fig. 27), *celui-là est le plus grand qui est opposé au plus grand angle.*

Soit l'angle B plus grand que l'angle C ; je dis que le côté AC, opposé au premier angle, est plus grand que le côté AB opposé au second.

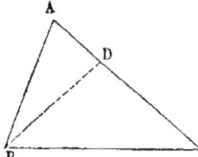

Fig. 27.

Dans le plus grand angle B, je fais l'angle CBD égal au plus petit C ; la droite BD tombera dans l'angle CBA et rencontrera le côté AC en un point D. Le triangle DBC, ayant deux angles égaux, est isocèle et les deux côtés DC et BB, opposés aux angles égaux, sont égaux. Or la ligne droite AB est plus courte que la ligne brisée AD+DB ; si l'on remplace la longueur DB par son égale DC, on voit que le côté AB est plus petit que AC.

COROLLAIRE. Réciproquement, *de deux angles d'un triangle* ABC, *celui-là est le plus grand qui est opposé au plus grand côté*. Soit le côté AC plus grand que AB ; je dis que l'angle B est plus grand que C. Il résulte en effet des deux théorèmes précédents que, suivant que l'angle B est supérieur, égal, ou inférieur à l'angle C, le côté opposé AC est lui-même supérieur, égal, ou inférieur à AB. Pour que le côté AC soit plus grand que AB, il faut donc nécessairement que l'angle B soit plus grand que C.

PERPENDICULAIRES.

Théorème XII.

D'un point C on ne peut abaisser qu'une seule perpendiculaire sur une droite AB.

Soit CD (fig. 28) une perpendiculaire abaissée du point C sur la droite AB. Je fais tourner la partie supérieure du plan au‑

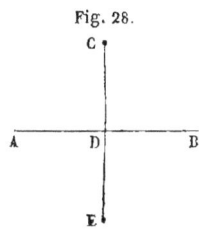

Fig. 28.

tour de AB comme charnière, de manière à la rabattre sur la partie inférieure. Le point C s'appliquera au point E, la droite DC sur DE, et l'angle ADC sur ADE. Puisque la droite CD est perpendiculaire sur AB, l'angle ADC est droit; l'angle égal ADE est aussi droit. La somme des deux angles adjacents ADC, ADE, étant égale à deux angles droits, en vertu du théorème III, les deux côtés DC, DE, sont en ligne droite. Ainsi la ligne CDE est une ligne droite. Comme on ne peut mener du point C au point E qu'une seule ligne droite, on ne pourra abaisser du point C qu'une seule perpendiculaire CD sur AB.

Théorème XIII.

La perpendiculaire CD (fig. 29), *abaissée du point C sur une droite AB, est plus courte que toute oblique CF.*

Je fais encore tourner la partie supérieure du plan autour de AB comme charnière, pour la rabattre sur la partie infé‑

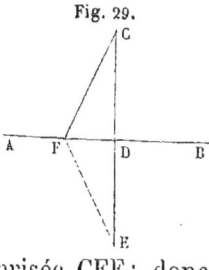

Fig. 29.

rieure. Le point C s'applique au point E, la perpendiculaire DC sur DE, l'oblique FC sur FE. Or nous avons vu, dans le théorème précédent, que la perpendiculaire CD s'applique sur son prolongement, c'est-à-dire que la ligne CDE est droite. Mais la ligne droite CDE est plus courte que la ligne brisée CFE; donc la perpendiculaire CD, moitié de la ligne droite, est plus courte que l'oblique CF, moitié de la ligne brisée.

14 LIVRE I.

Remarque. La perpendiculaire CD, étant le plus court chemin du point C à la droite AB, mesure la distance du point à la droite.

Théorème XIV.

Deux obliques CE, CF (fig. 30), également écartées du pied de la perpendiculaire, sont égales.

On suppose les obliques également écartées du pied de la perpendiculaire CD, c'est-à-dire les deux distances DE, DF, égales entre elles.

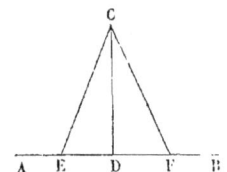

Fig. 30.

Je fais tourner la partie CDE de la figure autour de CD comme charnière, pour la rabattre sur l'autre partie. Les deux angles droits CDA, CDB, étant égaux, la droite DA s'applique sur DB; comme les deux longueurs DE, DF, sont égales, le point E tombe au point F; alors la droite CE se confond avec CF; donc les deux obliques sont égales.

Théorème XV.

De deux obliques quelconques celle qui s'écarte le plus du pied de la perpendiculaire est la plus longue.

Soit la perpendiculaire CD (fig. 31) et les deux obliques CF, CG. Je fais tourner la partie supérieure de la figure autour de AB, pour la rabattre de l'autre côté.

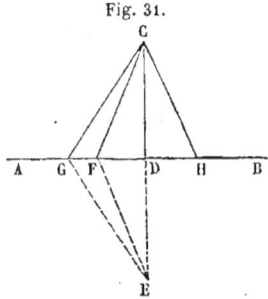

Fig. 31.

La perpendiculaire CD s'applique sur son prolongement DE, et les deux obliques sur FE et GE.

Il est visible que la ligne brisée CFE est plus courte que la ligne brisée enveloppante CGE; donc l'oblique CF, moitié de la première, est plus courte que l'oblique CG, moitié de la seconde. Ainsi l'oblique qui s'écarte le plus du pied de la perpendiculaire est la plus longue.

PERPENDICULAIRES.

Nous avons supposé les deux obliques situées d'un même côté de la perpendiculaire CD. Considérons maintenant deux obliques CH, CG, situées de part et d'autre de la perpendiculaire CD; si la distance DG est plus grande que DH, l'oblique CG sera plus longue que CH. En effet, je prends DF égale à DH, les deux obliques CF, CH, également écartées du pied de la perpendiculaire, sont égales; mais l'oblique CG est plus longue que CF; donc elle est plus longue que CH.

COROLLAIRE. *Deux obliques égales s'écartent également du pied de la perpendiculaire.*

Puisque l'oblique augmente de plus en plus à mesure qu'elle s'écarte davantage du pied de la perpendiculaire, deux obliques ne pourront être égales, que si elles s'écartent également de part et d'autre.

THÉORÈME XVI.

La perpendiculaire élevée sur le milieu d'une droite AB (fig. 32) *est le lieu des points également distants des deux extrémités de cette droite.*

Par le milieu D de la droite AB, élevez une perpendiculaire CE. Je dis d'abord que tout point M de la perpendiculaire est

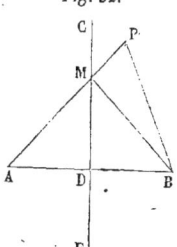
Fig. 32.

également distant des deux points A et B; car les deux droites MA, MB, sont égales comme obliques s'écartant également du pied de la perpendiculaire.

Je dis maintenant que tout point P, situé hors de la perpendiculaire, est inégalement distant des deux points A et B. Joignons PA et PB, la droite PA rencontre la perpendiculaire en un certain point M; joignons MB; puisque le point M est sur la perpendiculaire, les deux longueurs MA, MB sont égales. La ligne droite PB est plus courte que la ligne brisée PM+MB; si l'on remplace la longueur MB par son égale MA, on voit que la droite PB est plus courte que PM+MA, c'est-à-dire plus courte que PA : ainsi le point P est plus rapproché du point B que du point A. Si le point P était situé à gauche de la perpendiculaire, il serait au contraire plus rapproché de A que de B.

On appelle *lieu géométrique*, ou simplement *lieu*, l'ensemble des points qui jouissent d'une même propriété. Il résulte de ce qui précède que la perpendiculaire CE, élevée sur le milieu de la droite AB, est le lieu des points du plan également distants des deux points A et B.

Définitions.

1° Un triangle *rectangle* est un triangle qui a un angle droit.

2° Le côté opposé à l'angle droit se nomme *hypoténuse*.

Théorème XVII.

Deux triangles rectangles ABC, DEF (fig. 33), *qui ont l'hypoténuse égale et un côté de l'angle droit égal, sont égaux.*

Soit l'hypoténuse BC égale à EF, et le côté AC égal à DF. Je place le côté DF sur son égal AC; à cause des angles droits, la droite indéfinie DE prendra la direction AB; les deux hypoténuses sont alors deux obliques égales menées du même point C à la même droite AB; donc elles s'écartent également du pied de la perpendiculaire, c'est-à-dire que DE est égal à AB, et les deux triangles coïncident.

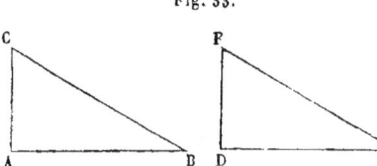

Fig. 33.

Théorème XVIII.

Deux triangles rectangles ABC, DEF, *qui ont l'hypoténuse égale et un angle égal, sont égaux.*

Soit l'hypoténuse BC égale à EF, et l'angle B égal à E. Je place l'hypoténuse EF sur son égale BC; l'angle E étant égal à

PERPENDICULAIRES.   17

l'angle B, la droite indéfinie ED prendra la direction BA ; les deux côtés FD et CA, étant alors des perpendiculaires abaissées du même point C sur la même droite BA, se confondent, et les deux triangles coïncident.

Théorème XIX.

La bissectrice AD d'un angle BAC est dans l'angle le lieu des points également distants des deux côtés.

Je dis d'abord que tout point M (fig. 34) de la bissectrice est également distant des deux côtés de l'angle, c'est-à-dire que les

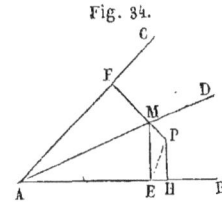

Fig. 34.

deux perpendiculaires ME, MF, abaissées du point M sur les deux côtés de l'angle, sont égales entre elles. Car, si l'on fait tourner la partie DAC de la figure autour de AD comme charnière, pour l'appliquer sur l'autre partie, l'angle DAC étant égal à DAB, la droite AC prendra la direction AB, et les deux perpendiculaires MF, ME, abaissées du même point M sur la même droite AB, coïncideront.

Je dis maintenant que tout point P situé en dehors de la bissectrice est inégalement distant des deux côtés de l'angle. Du point P j'abaisse les deux perpendiculaires PH, PF, sur les côtés de l'angle ; la perpendiculaire PF rencontrera la bissectrice en un certain point M ; j'abaisse du point M la perpendiculaire ME, et je joins PE. Le point M étant sur la bissectrice, les deux perpendiculaires ME, MF, sont égales. La perpendiculaire PH est plus courte que l'oblique PE ; mais cette ligne droite PE est plus courte que la ligne brisée PM+ME ; si l'on remplace la longueur ME par son égale MF, on voit que PE est plus courte que PM+MF, c'est-à-dire plus courte que PF. Ainsi PH est plus courte que PE, et celle-ci plus courte que PF ; donc, à plus forte raison, PH est plus courte que PF.

Lorsque l'angle BAC (fig. 35) est obtus, il peut arriver que la perpendiculaire PF tombe sur le prolongement de AC; alors elle rencontre le côté AB en un point K. La perpendi-

2

18   LIVRE I.

culaire PH, étant plus courte que l'oblique PK, est, à plus forte raison, plus courte que PF.

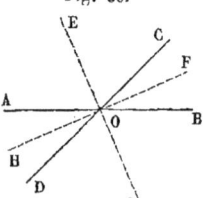

Fig. 35.

Il résulte de là que la bissectrice AD est, dans l'angle BAC, le lieu des points également distants des deux côtés de l'angle.

Corollaire. *Le lieu des points également distants de deux droites indéfinies* AB, CD (fig. 36), *qui se coupent au point* O, *se compose des deux bissectrices perpendiculaires* EG, FH.

Si l'on mène les bissectrices OE, OF, des deux angles adjacents AOC, COB, on sait que ces bissectrices sont perpendiculaires entre elles, et que leurs prolongements divisent aussi en deux parties égales les angles opposés par le sommet (4). Mais, dans l'angle AOC, la bissectrice OE est le lieu des points également distants des deux côtés de l'angle ; de même, dans l'angle BOC, la bissectrice OF est le lieu des points également distants des deux côtés de l'angle, et de même dans chacun des deux autres angles. Donc, dans toute l'étendue du plan, le lieu des points également distants des deux droites AB, CD, se compose des deux bissectrices EG, FH.

PARALLÈLES.

Définition.

1° Deux droites *parallèles* sont deux droites qui, situées dans le même plan, ne se rencontrent pas, si loin qu'on les prolonge.

Les deux droites AB, CD (fig. 37) sont parallèles.

2° On peut regarder la parallèle CD comme la position limite vers laquelle tend la droite CE (fig. 38) quand on la fait tourner autour du point C, de manière que le

PARALLÈLES. 19

point d'intersection E s'éloigne indéfiniment. Si l'on fait tourner de même la droite CF de manière que le point d'intersection E'

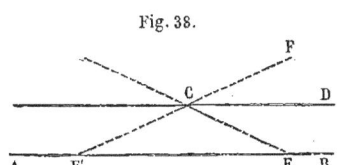
Fig. 38.

s'éloigne indéfiniment vers la gauche, cette droite tendra aussi à se confondre avec la parallèle CD.

3° Nous admettrons comme une chose évidente que *par un point donné* C (fig. 38), *on ne peut mener qu'une seule parallèle* CD *à une droite* AB, c'est-à-dire que toute droite CE, CF, différente de la parallèle CD, ira rencontrer AB d'un côté ou de l'autre, si on la prolonge suffisamment.

THÉORÈME XX.

Deux droites AB, CD (fig. 39), *perpendiculaires à une même droite* AC, *sont parallèles.*

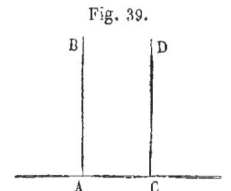
Fig. 39.

Puisque d'un point on ne peut abaisser qu'une seule perpendiculaire sur la droite AC (12), il est impossible que les deux perpendiculaires AB, CD, se rencontrent; donc elles sont parallèles.

COROLLAIRE. *Deux droites* AB, CE (fig. 40), *l'une perpendiculaire, l'autre oblique à une même droite* AC, *se rencontrent.*

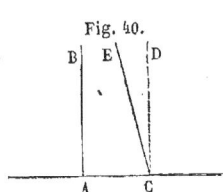
Fig. 40.

Par le point C élevez une perpendiculaire CD sur la droite AC, les deux perpendiculaires AB, CD, sont parallèles; l'oblique CE, différant de la perpendiculaire CD, c'est-à-dire de la parallèle CD à la droite AB, ira nécessairement rencontrer AB, si on la prolonge suffisamment.

Lorsque l'angle ACE est aigu, l'oblique CE, étant située à gauche de CD, va rencontrer la perpendiculaire AB au-dessus de la ligne AC. Mais quand l'angle ACE est obtus, la rencontre a lieu au-dessous de AC.

Théorème XXI.

Étant données deux parallèles AB, CD (fig. 41), *toute droite* AC *perpendiculaire à l'une est aussi perpendiculaire à l'autre.*

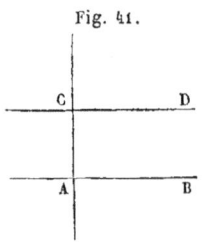

Fig. 41.

Je suppose que la droite AC soit perpendiculaire à AB; je dis qu'elle est aussi perpendiculaire à la parallèle CD. Remarquons d'abord que la droite AC différant de AB′, rencontrera nécessairement la parallèle CD en un point C. La droite AB étant perpendiculaire à AC, la parallèle CD ne peut être oblique à cette même droite; car on sait qu'une oblique rencontre la perpendiculaire.

Théorème XXII.

Lorsque deux parallèles AB, CD (fig. 42), *sont rencontrées par une sécante* EF, *les quatre angles aigus qui en résultent sont égaux entre eux, ainsi que les quatre angles obtus.*

Soient G et H les points où la sécante EF rencontre les deux parallèles. Je dis d'abord que les deux angles aigus AGH, GHD, sont égaux. Par le point I, milieu de GH, j'abaisse une perpendiculaire IK sur AB; cette droite KL, en vertu du théorème précédent, sera aussi perpendiculaire sur la parallèle CD; elle formera donc deux triangles rectangles IKG, ILH. Ces deux triangles rectangles sont égaux, comme ayant l'hypoténuse IG égale à IH, et l'angle GIK égal à l'opposé par le sommet HIL (18). Ainsi les deux angles aigus AGH, GHD, qui appartiennent aux deux triangles égaux, sont égaux.

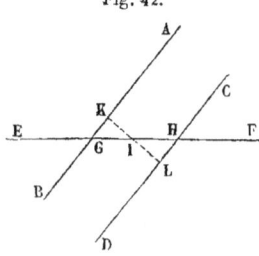

Fig. 42.

Les deux angles obtus BGH, GHC, sont aussi égaux; car ces

PARALLÈLES.   21

deux angles, ajoutés aux angles aigus égaux AGH, GHD, donnent des sommes égales à deux angles droits.

Autour du point G on a quatre angles, deux aigus et deux obtus; les deux angles aigus sont égaux comme opposés par le sommet, et aussi les deux angles obtus. Il en est de même autour du point H, ce qui fait en tout quatre angles aigus et quatre obtus. Nous avons démontré que l'un des angles aigus qui ont leur sommet en G est égal à l'un de ceux qui ont leur sommet en H. On en conclut que les quatre angles aigus sont égaux entre eux. De même les quatre angles obtus sont égaux entre eux.

Définitions.

On a donné à ces angles des dénominations différentes.

1° Les deux angles aigus AGH, GHD (fig. 43), situés entre les parallèles et de part et d'autre de la sécante, sont dits *alternes-internes*. Les deux angles obtus BGH, GHC, sont aussi alternes-internes.

Fig. 43.

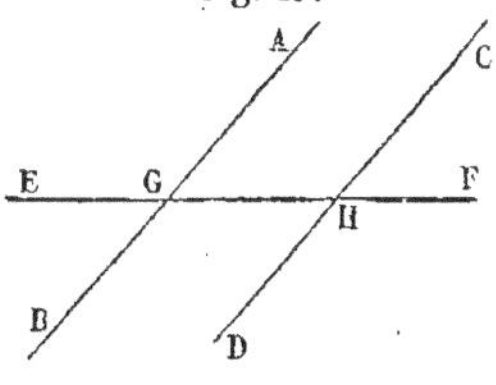

2° Les deux angles aigus BGE, CHF, situés en dehors des parallèles, et de part et d'autre de la sécante, sont dits *alternes-externes*. Les deux angles obtus AGE, DHF, sont aussi alternes-externes.

3° Les deux angles aigus AGH, CHF, situés d'un même côté de la sécante, l'un entre les parallèles, l'autre en dehors, sont dits *correspondants*. Les deux angles obtus AGE, CHG, sont aussi correspondants; de même les deux angles aigus DHG, BGE, et les deux angles obtus BGH, DHF.

4° Il résulte du théorème précédent que, *lorsque deux parallèles sont coupées par une sécante, les angles alternes-internes sont égaux, ainsi que les angles alternes-externes et les angles correspondants*.

5° On peut remarquer encore que les deux angles AGH, CHG, situés entre les parallèles et d'un même côté de la sécante EF, valent ensemble deux angles droits.

Théorème XXIII.

Réciproquement, *lorsque deux droites* AB, CD, *rencontrées par une sécante* EF, *forment avec celle-ci deux angles alternes-internes, ou deux angles alternes-externes, ou deux angles correspondants, égaux entre eux, ces deux droites sont parallèles.*

Supposons d'abord les deux angles alternes-internes AGH, GHD (fig. 44), égaux entre eux. Par le point I, milieu de GH,

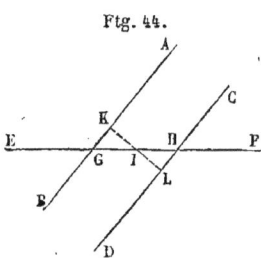

Fig. 44.

j'abaisse une perpendiculaire IK sur AB, et je prolonge cette droite de l'autre côté du point I suivant IL. La figure IHL est égale au triangle IGK comme ayant un côté égal adjacent à deux angles égaux, savoir : le côté IH égal à IG, l'angle HIL égal à son opposé par le sommet GIK, l'angle IHL égal à IGK par hypothèse. Si l'on superpose ces deux figures, elles coïncideront (6); ce sont deux triangles égaux, et les angles K et L, qui appartiennent à ces triangles égaux, sont égaux; mais l'angle K est droit, puisque IK a été menée perpendiculaire à AB; donc l'angle L est aussi droit. Les deux droites AB, CD, étant perpendiculaires sur la même droite KL, sont parallèles.

Supposons maintenant les deux angles correspondants AGH, CHF, égaux entre eux; on en conclut l'égalité des angles alternes-internes AGH, GHD, ce qui ramène au cas précédent.

Théorème XXIV.

Étant données deux droites parallèles AB, CD, *tous les points de la droite* CD *sont également distants de la parallèle* AB.

Prenons deux points quelconques E, F (fig. 45), sur la droite CD, et de ces points abaissons des perpendiculaires EG, FH, sur

PARALLÈLES.   23

AB; je dis que ces perpendiculaires, qui mesurent les distances des points E et F à la droite AB, sont égales.

En effet, nous remarquons d'abord que les droites EG, FH, perpendiculaires à AB, sont aussi perpendiculaires à la parallèle CD. Joignons FG; les deux parallèles AB, CD, forment avec la sécante FG, des angles alternes-internes GFE, FGH, égaux entre eux; donc les deux triangles rectangles FEG, FHG, qui ont l'hypoténuse FG commune et un angle égal (18), sont égaux, et le côté EG égale FH. Ainsi tous les points de la parallèle CD sont situés à une même distance de la droite AB. Cette longueur constante EG mesure la distance des deux parallèles.

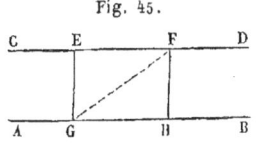
Fig. 45.

Définitions.

1° On dit que deux angles sont *supplémentaires* lorsque leur somme est égale à deux angles droits.

2° On dit que deux angles sont *complémentaires* lorsque leur somme est égale à un angle droit.

Théorème XXV.

Deux angles BAC, EDF, *qui ont leurs côtés parallèles, et dirigés dans le même sens, sont égaux.*

Je prolonge le côté FD (fig. 46) jusqu'à sa rencontre avec AB au point H. Les deux angles FDE, FHB, sont égaux comme correspondants, par rapport aux parallèles DE, AB, coupées par la sécante FH. Les deux angles FHB, CAB, sont aussi égaux comme correspondants, par rapport aux deux parallèles AC, HF, coupées par la sécante AB. Les deux angles FDE, CAB, étant égaux tous deux à l'angle FHB, sont égaux entre eux. Ainsi, deux angles, qui ont leurs côtés parallèles et dirigés dans le même sens, sont égaux.

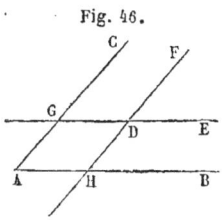
Fig. 46.

Remarque. Si l'on prolonge les côtés de l'angle EDF, on

forme autour du point D quatre angles qui ont leurs côtés respectivement parallèles à ceux de l'angle BAC.

Nous avons déjà démontré que l'angle EDF est égal à l'angle A. L'angle GDH, qui est égal à l'angle EDF comme opposé par le sommet, égale aussi l'angle A. La somme des deux angles adjacents FDG, EDF, étant égale à deux angles droits, l'angle FDG est supplémentaire de l'angle EDF, et par conséquent de l'angle A. De même, l'angle EDH est supplémentaire de l'angle EDF ou de l'angle A.

Ainsi, des quatre angles formés autour du point D par les parallèles aux côtés de l'angle A, deux sont égaux à l'angle A, deux supplémentaires. On voit que les angles sont égaux lorsque les côtés sont parallèles et dirigés, tous deux dans le même sens, ou tous deux en sens contraire.

Théorème XXVI.

Deux angles, qui ont leurs côtés perpendiculaires chacun à chacun, sont égaux ou supplémentaires.

Par le sommet A (fig. 47) de l'angle BAC, élevons une perpendiculaire AK sur le côté AB et une perpendiculaire AL sur l'autre côté AC.

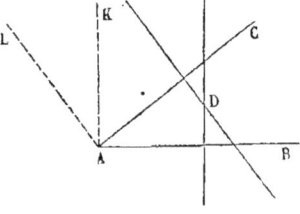

Fig. 47.

Les deux angles BAC, CAK, forment l'angle droit BAK; les deux angles CAK, KAL, forment de même l'angle droit CAL; les deux angles BAC, KAL, étant ainsi complémentaires du même angle CAK, sont égaux entre eux.

Traçons maintenant dans le plan deux droites perpendiculaires, l'une au côté AB, l'autre au côté AC. Ces droites, étant respectivement parallèles aux droites AK, AL, forment autour de leur point d'intersection D, deux angles égaux à l'angle KAL et par conséquent à l'angle BAC, et deux supplémentaires.

Remarque. Il importe de bien préciser le sens dans lequel

on mène les perpendiculaires AK, AL aux deux côtés de l'angle BAC, sans quoi, l'angle KAL, au lieu d'être égal à BAC, pourrait être supplémentaire. Imaginons que l'angle BAC tourne d'un angle droit dans le plan autour de son sommet comme autour d'un pivot; le côté AB, après avoir décrit l'angle droit BAK, vient se placer sur la perpendiculaire AK; en même temps, le côté AC décrit dans le même sens un angle droit CAL et vient se placer sur la perpendiculaire AL; l'angle BAC coïncide alors avec l'angle KAL, ce qui montre bien l'égalité de ces deux angles.

Problème XXVII.

La somme des trois angles d'un triangle ABC est égale à deux angles droits.

Je prolonge le côté AC (fig. 48) suivant CD, et par le sommet C je mène une parallèle CE au côté AB. Les deux angles CAB, DCE, sont égaux comme correspondants par rapport aux parallèles AB, CE, coupées par la sécante AD. Les deux angles ABC, BCE, sont égaux comme alternes-internes par rapport aux mêmes parallèles coupées par la sécante BC. Donc les deux angles A et B du triangle sont égaux aux deux angles DCE, ECB; or, ces derniers, avec le troisième angle BCA, font autour du point C, et d'un même côté de la droite AD, une somme égale à deux angles droits (2); donc aussi la somme des trois angles du triangle est égale à deux angles droits.

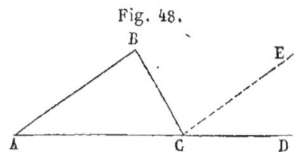

Fig. 48.

Corollaire I. *Tout angle extérieur* BCD, *formé par un côté* BC *d'un triangle* ABC *et le prolongement* CD *d'un autre côté* AC *est égal à la somme des deux angles intérieurs non adjacents.* Car cet angle BCD se compose de deux parties DCE, ECB, respectivement égales aux deux angles A et B du triangle.

Corollaire II. *Lorsqu'un triangle a un angle droit ou obtus, les deux autres angles sont aigus.* En effet, puisque la somme des trois angles est égale à deux angles droits, si l'un d'eux est égal ou supérieur à un angle droit, il faut que chacun des deux autres soit plus petit qu'un angle droit.

COROLLAIRE III. *Dans un triangle rectangle les deux angles aigus sont complémentaires.* En effet, puisque le triangle a un angle droit, les deux autres angles valent ensemble un angle droit.

COROLLAIRE IV. *Lorsque deux triangles ont deux angles égaux chacun à chacun, ils ont les trois angles égaux.* Car le troisième angle, devant faire deux angles droits avec la somme des deux autres, est le même de part et d'autre.

DÉFINITIONS.

1° Un *polygone* est une portion de plan ABCDE (fig. 49) terminée de toutes parts par des lignes droites.

Ces lignes droites sont les *côtés* du polygone.

L'ensemble des côtés constitue le *périmètre* du polygone.

2° Chacun des angles formés par deux côtés consécutifs est un *angle* du polygone.

Les sommets de ces angles sont les *sommets* du polygone.

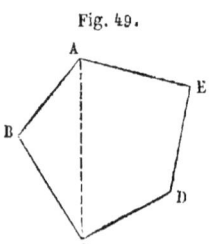

Fig. 49.

3° On nomme *diagonale* du polygone une droite AC qui joint deux sommets non consécutifs.

4° On classe les polygones d'après le nombre de leurs côtés.

Le *triangle* est le polygone de trois côtés.

Le *quadrilatère* est le polygone de quatre côtés.

Le *pentagone* a cinq côtés; l'*hexagone* six; l'*heptagone* sept; l'*octogone* huit, etc.

THÉORÈME XXVIII.

La somme des angles d'un polygone est égale à autant de fois deux angles droits qu'il y a de côtés moins deux.

Soit le polygone ABCDEF (fig. 50). Par le sommet A, je mène

les diagonales AC, AD, AE; je partage ainsi le polygone en autant de triangles qu'il y a de côtés moins deux. En effet, si

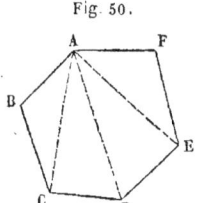

Fig. 50.

l'on regarde le point A comme le sommet commun de tous ces triangles, chaque côté BC, CD, DE, du polygone servira de base à un triangle, à l'exception des deux côtés AB, AF, qui forment l'angle A du polygone.

On voit d'ailleurs que les angles de tous ces triangles, pris ensemble et groupés convenablement, forment les angles mêmes du polygone; or la somme des angles de chaque triangle vaut deux angles droits; donc on aura en tout, pour la somme des angles du polygone, autant de fois deux angles droits qu'il y a de triangles, c'est-à-dire qu'il y a de côtés moins deux.

COROLLAIRE I. *La somme des quatre angles d'un quadrilatère est égale à quatre angles droits.* Car le nombre des côtés, moins deux, est deux, et la somme des angles est égale à deux fois deux, c'est-à-dire à quatre angles droits.

COROLLAIRE II. La somme des angles d'un pentagone est égale à trois fois deux, c'est-à-dire à six angles droits : la somme des angles d'un hexagone est égale à huit angles droits, etc.

REMARQUE. Dans ce qui précède, nous avons supposé le polygone *convexe*, c'est-à-dire tel qu'une droite quelconque ne puisse couper son contour ou son périmètre en plus de deux points. Si le polygone n'était pas convexe,

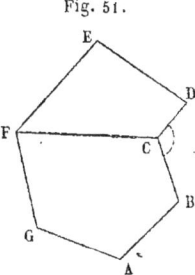

Fig. 51.

il offrirait des angles *rentrants;* tel est le polygone ABCDEF (fig. 51), qui présente un angle rentrant BCD. Dans ce cas, le théorème subsiste toujours, pourvu que l'on remplace chaque angle rentrant par l'excès de quatre angles droits sur cet angle. En effet, la diagonale FC partage le polygone en deux polygones convexes; puisque dans chaque polygone la somme des angles est égale à autant de fois deux angles droits qu'il y a de côtés moins deux, la somme des angles des deux polygones est égale à autant de fois deux angles droits qu'il y a de côtés dans les deux polygones moins quatre; la diagonale est comptée ainsi deux fois. Si on en fait abstraction, on peut dire que la somme totale est égale à autant de fois deux angles droits qu'il y a de côtés dans le polygone proposé, moins deux. Dans cette somme entrent les deux angles BCF, DCF, qui ont leur sommet en C. La somme de ces deux angles étant égale à quatre angles droits, moins l'angle rentrant BCD, on voit que dans l'évaluation de la somme des angles du polygone il faut remplacer chaque angle rentrant BCD par l'excès de quatre angles droits sur cet angle.

PARALLÉLOGRAMMES.

Définitions.

1° On appelle *quadrilatère* un polygone de quatre côtés ABCD (fig. 52).

2° Lorsque deux côtés AB et CD sont parallèles (fig. 53), le quadrilatère porte spécialement le nom de *trapèze*.

3° Lorsque les quatre côtés sont parallèles deux à deux, le quadrilatère reçoit le nom de *parallélogramme*. Le quadrilatère ABCD (fig. 54), dans lequel les deux côtés AB et CD sont parallèles ainsi que les deux autres côtés AD et BC, est un parallélogramme.

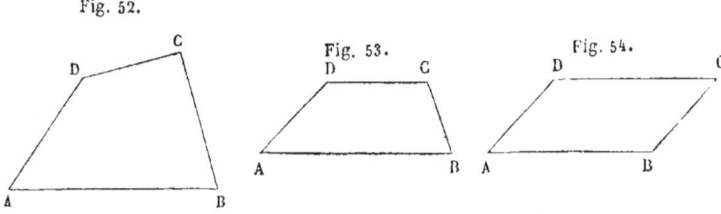

Fig. 52. Fig. 53. Fig. 54.

4° On appelle *rectangle* un parallélogramme qui a ses quatre angles droits (fig. 55).

PARALLÉLOGRAMMES. 29

5° *Losange* un parallélogramme qui a ses quatre côtés égaux (fig. 56).

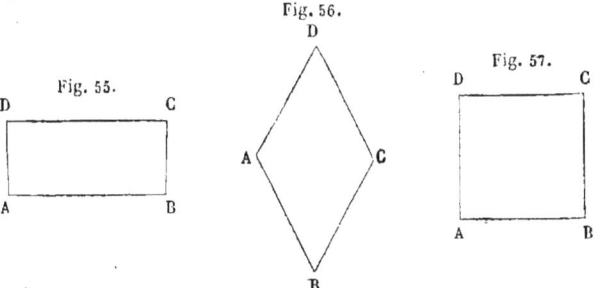

6° Enfin, on nomme *carré* un parallélogramme qui a à la fois ses angles droits et ses côtés égaux (fig. 57).

Théorème XXIX.

Dans un parallélogramme ABCD, les côtés opposés sont égaux, ainsi que les angles opposés.

Je vais démontrer d'abord qu'une diagonale BD (fig. 58) partage le parallélogramme en deux triangles égaux. En effet, le 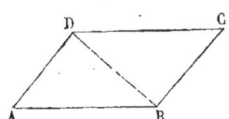 côté BD est commun ; les angles ABD, BDC, sont égaux comme alternes-internes, par rapport aux parallèles AB, DC, coupées par la sécante BD ; les angles ADB, DBC, sont aussi égaux comme alternes-internes, par rapport aux parallèles AD, BC, coupées par la sécante BD. Les deux triangles ABD, BDC, ont donc un côté égal adjacent à deux angles égaux, et par conséquent sont égaux. Dans ces triangles égaux, les deux côtés AD, BC, opposés aux angles égaux ABD, BDC, sont égaux. De même les deux côtés AB, DC, opposés aux angles égaux ADB, DBC, sont égaux.

Les deux angles A et C du parallélogramme, opposés au côté commun BD, dans les deux triangles égaux, sont égaux. Les deux angles opposés B et D du parallélogramme, étant formés de parties égales, sont aussi égaux.

Corollaire I. Lorsqu'un angle d'un parallélogramme est droit, tous les autres sont aussi droits, et la figure est un rec-

30   LIVRE I.

tangle. Soit A (fig. 59) un angle droit; l'angle opposé C, qui lui est égal, est aussi droit; d'ailleurs AD, perpendiculaire sur AB, est aussi perpendiculaire sur la parallèle DC; donc l'angle D est droit, et par suite son opposé B.

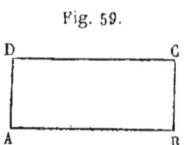
Fig. 59.

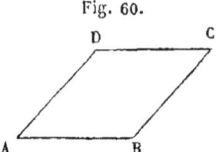
Fig. 60.

COROLLAIRE II. Lorsque deux côtés consécutifs d'un parallélogramme sont égaux, tous les côtés sont égaux et la figure est un losange. Soit AB (fig. 60) égal à AD; les deux autres côtés, opposés aux premiers, sont égaux à ceux-là et par conséquent égaux entre eux.

THÉORÈME XXX.

Réciproquement, *un quadrilatère, qui a ses côtés opposés égaux, ou ses angles opposés égaux, est un parallélogramme.*

Je suppose d'abord le côté AB (fig. 61) égal à DC et le côté AD égal à BC; je dis que les côtés égaux sont parallèles. Je

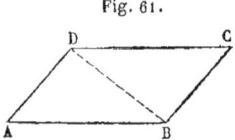
Fig. 61.

mène la diagonale BD; les deux triangles ABD, CBD, sont égaux comme ayant les trois côtés égaux chacun à chacun. Les angles ABD, BDC, opposés dans ces triangles égaux à des côtés égaux, sont égaux; donc les droites AB, DC, qui font avec une sécante BD des angles alternes-internes égaux, sont

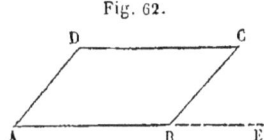
Fig. 62.

parallèles (23). De même AD est parallèle à BC; donc la figure est un parallélogramme.

Je suppose maintenant l'angle A (fig. 62) égal à C, et l'angle B égal à D. La somme des angles d'un quadrilatère est égale à quatre angles droits; la somme des deux angles A et B étant égale à celle des deux angles égaux C et D, chacune de ces sommes par-

PARALLÉLOGRAMMES. 31

tielles est la moitié de la somme totale, et vaut deux angles droits. Je prolonge AB suivant BE; la somme des deux angles A et B du quadrilatère étant égale à deux angles droits, ainsi que celle des deux angles adjacents CBA, CBE, les angles correspondants A et CBE sont égaux, et par suite les deux droites AD, BC, sont parallèles (23). L'angle C étant égal à l'angle A et par suite à l'angle alterne-interne CBE, les deux droites AB, CD, sont aussi parallèles. Donc la figure est un parallélogramme.

Théorème XXXI.

Un quadrilatère, qui a deux côtés opposés égaux et parallèles, est un parallélogramme.

Soit le côté AB (fig. 63) égal et parallèle à DC. Je mène la diagonale BD. Les deux triangles ABD, BDC, sont égaux comme ayant un angle égal compris entre deux côtés égaux chacun à chacun, savoir : l'angle ABD égal à BDC comme alternes-internes, par rapport aux parallèles AB, DC, coupées par la sécante BD; le côté AB égal à DC par hypothèse, et le côté BD commun. Les angles ADB, DBC, opposés dans ces triangles égaux à des côtés égaux, sont égaux; donc les droites AD, BC, qui forment avec la sécante BD des angles alternes-internes égaux, sont parallèles. Donc la figure est un parallélogramme.

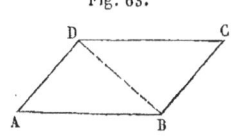
Fig. 63.

Théorème XXXII.

Les diagonales d'un parallélogramme se coupent mutuellement en deux parties égales.

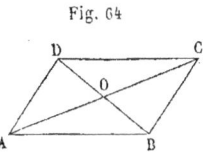
Fig. 64.

Soit O (fig. 64) le point de rencontre des deux diagonales du parallélogramme ABCD. Le côté AB est égal à son opposé DC; les angles alternes-internes OAB, OCD, sont égaux, et de même les angles OBA, ODC. Donc les deux triangles AOB, COD, sont égaux comme ayant un côté égal adjacent à deux angles égaux chacun à chacun.

32   LIVRE I.

Les côtés OA et OC, opposés dans ces deux triangles égaux à des angles égaux, sont égaux; de même OB est égal à OD. Ainsi chaque diagonale est partagée au point O en deux parties égales.

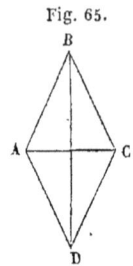

Fig. 65.

COROLLAIRE I. *Les diagonales d'un losange* ABCD (fig. 65) *sont perpendiculaires entre elles.* Le losange ayant ses quatre côtés égaux, les deux points B et D sont également distants des deux extrémités A et C de la droite AC, et la droite BD qui passe par ces deux points est perpendiculaire sur le milieu de AC (16).

COROLLAIRE II. *Les diagonales d'un rectangle* ABCD (fig. 66) *sont égales entre elles.* En effet, dans les triangles rectangles BAD, ABC, les angles droits sont égaux, le côté AD est égal à BC et le côté AB commun; donc ces deux triangles sont égaux comme ayant un angle égal compris entre deux côtés égaux, et le troisième côté BD de l'un est égal au troisième côté AC de l'autre.

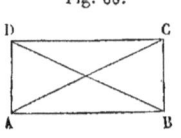

Fig. 66.

EXERCICES SUR LE LIVRE I.

THÉORÈMES A DÉMONTRER.

1. Si, dans un triangle, la droite qui joint le sommet au milieu de la base est perpendiculaire sur cette base, le triangle est isocèle.

2. Si, dans un triangle, la droite qui partage un angle en deux parties égales, partage aussi le côté opposé en deux parties égales, le triangle est isocèle.

3. Si, dans un triangle, la droite qui partage un angle en deux parties égales, est perpendiculaire sur le côté opposé, le triangle est isocèle.

4. Les perpendiculaires élevées sur les trois côtés d'un triangle, par le milieu, se coupent en un même point.

5. Les bissectrices des trois angles d'un triangle se coupent en un même point.

6. Les perpendiculaires abaissées des sommets d'un triangle sur les côtés opposés se coupent en un même point.

7. Si, dans un triangle, les perpendiculaires abaissées de deux sommets sur les côtés opposés sont égales, ces côtés sont égaux.

8. Dans un triangle isocèle, la somme des perpendiculaires abaissées d'un point quelconque de la base sur les deux autres côtés est constante.

9. Dans un triangle équilatéral, la somme des perpendiculaires abaissées d'un point quelconque de l'intérieur du triangle sur ses trois côtés est constante.

10. Si dans un quadrilatère les diagonales se coupent en parties égales, la figure est un parallélogramme.

11. Si dans un quadrilatère les diagonales se coupent en parties égales et à angle droit, la figure est un losange.

12. Si dans un quadrilatère les diagonales se coupent en parties égales et sont égales, la figure est un rectangle.

Si dans un quadrilatère les diagonales se coupent en parties égales, à angle droit, et sont égales, la figure est un carré.

13. Dans un triangle la droite qui joint les milieux de deux côtés est parallèle au troisième et égale à sa moitié.

14. Dans un quadrilatère, les milieux des quatre côtés sont les sommets d'un parallélogramme.

15. Dans un quadrilatère, les droites qui joignent les milieux des côtés opposés se coupent mutuellement en deux parties égales.

16. On appelle *médiane* la droite qui joint un sommet d'un triangle au milieu du côté opposé. Démontrer que deux médianes d'un triangle se coupent mutuellement en deux parties dont le rapport est $\frac{1}{2}$.

En déduire que les trois médianes d'un triangle se coupent en un même point.

17. On a tracé la droite qui joint les milieux de deux côtés opposés dans un quadrilatère, et on a mesuré la distance du milieu de cette ligne à une droite située dans le plan du quadrilatère. Démontrer que cette distance est moyenne arithmétique entre les distances des quatre sommets à la même droite.

LIEUX GÉOMÉTRIQUES.

1. Quel est le lieu géométrique des points dont la somme des distances à deux droites données est constante ?

2. Quel est le lieu géométrique des points dont la différence des distances à deux droites données est constante ?

3. Lieux des milieux des portions de droites comprises entre deux parallèles.

4. Lieux des milieux des portions de droites comprises entre un point et une droite donnés.

LIVRE DEUXIÈME.

LE CERCLE.

DÉFINITIONS.

1° Un *cercle* (fig. 67) est une portion de plan terminée par une ligne dont tous les points sont également distants d'un point intérieur appelé *centre*.

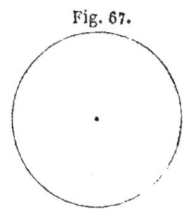

Fig. 67.

La *circonférence* du cercle est la ligne courbe qui le termine.

2° On nomme *rayon* une droite OA (fig. 68), qui joint le centre à un point quelconque de la circonférence.

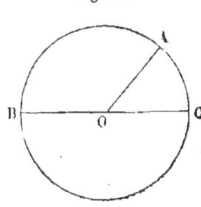

Fig. 68.

D'après la définition du cercle, tous les rayons sont égaux entre eux.

3° Un *diamètre* est une droite BC passant par le centre et terminée de part et d'autre à la circonférence.

Un diamètre se composant de deux rayons, tous les diamètres sont égaux entre eux.

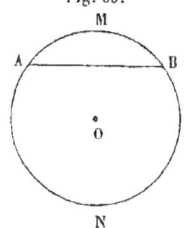

Fig. 69.

4° Un *arc* de cercle est une portion AMB (fig. 69) de la circonférence.

5° Une *corde* est une droite AB qui joint deux points quelconques de la circonférence.

On dit que l'arc AMB est *sous-tendu* par la corde AB.

6° Un *segment* de cercle est la portion du cercle comprise entre la corde AB et l'arc AMB sous-tendu par cette corde.

Une corde AB partage le cercle en deux segments, l'un AMB, l'autre ANB.

36   LIVRE II.

7° Un *secteur* est la portion du cercle comprise entre un arc AMB (fig. 70) et les deux rayons OA, OB, menés aux extrémités de cet arc.

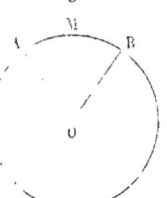
Fig. 70.

8° Un *angle au centre* est un angle AOB qui a son sommet au centre du cercle.

9° On appelle angle *inscrit* un angle formé par deux cordes qui se coupent sur la circonférence.

10° D'après la définition du cercle, tous les points de la circonférence sont également distants du centre, et cette distance est égale au rayon. Il est visible que les points situés à l'intérieur du cercle sont à une distance du centre moindre que le rayon, et que les points situés à l'extérieur sont à une distance plus grande que le rayon. Ainsi on pourra considérer *la circonférence comme le lieu des points situés à une distance du centre égale au rayon*.

11° Il résulte aussi de la définition que *deux cercles de même rayon sont égaux*. Car, si l'on place les deux cercles l'un sur l'autre, de manière que les centres coïncident, les deux circonférences coïncideront aussi, puisque tous les points sont également distants du centre.

Si l'on fait tourner le second cercle autour du centre comme autour d'un pivot, il ne cessera pas de coïncider avec le premier.

ARCS ET CORDES.

THÉORÈME I.

Tout diamètre AB *partage la circonférence et le cercle en deux parties égales.*

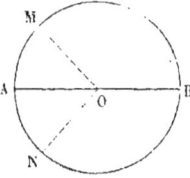
Fig. 71.

Je fais tourner autour de AB (fig. 71) comme charnière la partie AMB du cercle, pour la rabattre sur l'autre partie. Un rayon quelconque OM s'appliquera sur ON, et à cause de l'égalité des rayons, le point M tombera au point N. Tous les points de la ligne AMB se plaçant ainsi sur la ligne ANB, les deux demi-circonférences coïncideront, ainsi que les deux demi-cercles.

Théorème II.

Dans un même cercle ou dans des cercles égaux, des angles au centre égaux interceptent sur la circonférence des arcs égaux.

Dans les deux cercles égaux O et O' (fig. 72), soient les angles au centre égaux AOB, CO'D ; je dis que l'arc AB est égal à l'arc CD.

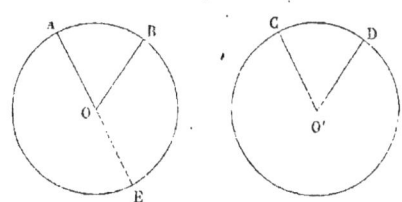

Fig. 72.

En effet, je superpose les deux cercles égaux, en plaçant le centre O' sur le centre O; puis je fais tourner le second autour de son centre jusqu'à ce que le rayon O'C prenne la direction OA ; à cause de l'égalité des angles, le rayon O'D prendra la direction OB. Les deux points C et D se trouvant ainsi en A et B, les deux arcs coïncideront.

Si les deux angles au centre étaient donnés dans le même cercle, on pourrait concevoir le cercle dédoublé, ce qui ramènerait au cas précédent.

Corollaire. Réciproquement, *dans un même cercle ou dans des cercles égaux, deux angles au centre qui interceptent des arcs égaux* AB, CD, *sont égaux*.

Car, si l'on superpose les arcs égaux AB, CD, les angles au centre AOB, CO'D, coïncideront.

Remarque. Imaginons qu'un point mobile B parte du point A, et marche sur la circonférence en décrivant un arc AB de plus en plus grand ; le rayon OB tournera en même temps autour du centre O, et décrira un angle AOB qui ira aussi en augmentant d'une manière continue, jusqu'à ce que le point mobile ait parcouru une demi-circonférence ; alors le rayon mobile se placera sur le prolongement OE de AO, et l'angle au centre deviendra égal à deux angles droits.

Théorème III.

Dans un cercle, une corde quelconque AB est plus petite que le diamètre.

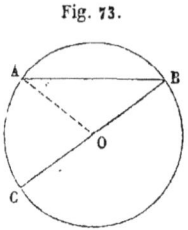

Fig. 73.

En effet, la ligne droite AB (fig. 73) est plus petite que la ligne brisée AOB, somme des deux rayons OA et OB; tout diamètre BC se composant de deux rayons, il en résulte que la corde AB est plus petite qu'un diamètre.

Théorème IV.

Dans un même cercle ou dans des cercles égaux, deux arcs égaux sont sous-tendus par des cordes égales.

Soient, dans les cercles égaux O et O' (fig. 74), les arcs égaux AMB, CND, je dis que les cordes AB et CD sont égales. Je

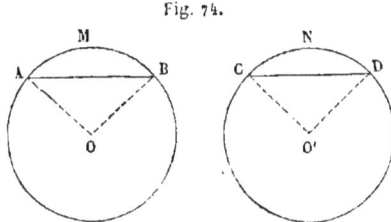

Fig. 74.

transporte le second cercle sur le premier, et je le fais tourner autour du centre commun comme autour d'un pivot, de manière à amener le point C en A. Comme les deux arcs sont égaux, l'autre extrémité D viendra en B, et la droite CD coïncidera avec AB.

Corollaire. Réciproquement, *dans un même cercle, ou dans des cercles égaux, deux cordes égales sous-tendent des arcs égaux.* Car, si l'on joint les centres aux extrémités des cordes, on a deux triangles égaux comme ayant les trois côtés égaux chacun à chacun; les angles au centre AOB, CO'D, sont donc égaux, et par suite les arcs interceptés AMB, CND (2).

Chaque corde sous-tend deux arcs, l'un plus petit qu'une demi-circonférence, l'autre plus grand; il est bien entendu que

ARCS ET CORDES. 39

l'on ne considère ici que les arcs plus petits qu'une demi-circonférence.

Théorème V.

Dans un même cercle ou dans des cercles égaux, de deux arcs, le plus grand est sous-tendu par une corde plus grande.

Soit l'arc AC (fig. 75) plus grand que AB; je dis que la

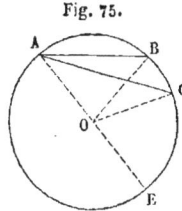

Fig. 75.

corde AC est plus grande que AB. En effet, les deux triangles AOC, AOB, ont deux côtés égaux chacun à chacun, savoir OA commun, et OC égal à OB; l'angle AOC, compris entre les deux côtés du premier, étant plus grand que l'angle AOB, compris entre les deux côtés du second, le troisième côté AC est plus grand que AB (7, 1).

COROLLAIRE. Puisque la corde augmente avec l'arc, il en résulte que réciproquement, *de deux cordes, la plus grande sous-tend le plus grand arc.*

REMARQUE. Imaginons comme précédemment que le point B parte du point A et se meuve sur la circonférence; la corde, d'abord très-petite, augmentera de plus en plus en même temps que l'arc, jusqu'à ce que le point mobile ait décrit une demi-circonférence ABE; alors la corde devient un diamètre AE et acquiert sa plus grande valeur.

Si le point mobile continuait son mouvement sur la seconde demi-circonférence, la corde irait au contraire en diminuant de plus en plus. Ainsi, dans le théorème précédent, on ne considère que les arcs plus petits qu'une demi-circonférence.

Théorème VI.

Le rayon perpendiculaire à une corde AB divise cette corde et chacun des arcs sous-tendus en deux parties égales.

Du centre O (fig. 76) j'abaisse une perpendiculaire OD sur la corde AB.

1° Les deux obliques OA et OB, étant égales comme rayons d'un même cercle, s'écartent également du pied de la perpen-

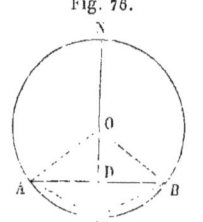
Fig. 76.

diculaire OD (15, I), et par conséquent le point D divise la corde AB en deux parties égales.

2° Puisque la droite OD est perpendiculaire sur le milieu de AB, le point M, où elle rencontre l'arc AMB, est également distant des deux extrémités de la droite AB (16, I), c'est-à-dire que les deux cordes MA et MB sont égales; donc les deux arcs MA et MB sont égaux (4).

De même le point N est le milieu de l'arc ANB.

COROLLAIRE I. *La perpendiculaire élevée sur le milieu d'une corde AB passe par le centre et divise chacun des deux arcs sous-tendus en deux parties égales.*

En effet, le centre O, étant également distant des deux extrémités de la corde AB, appartient à la perpendiculaire OD élevée sur le milieu de cette corde. On sait d'ailleurs que la perpendiculaire OD, abaissée du centre sur la corde, divise chacun des arcs sous-tendus en deux parties égales.

COROLLAIRE II. *Une droite AB ne peut rencontrer la circonférence en plus de deux points A et B.* Car, si l'on joint le centre à tout autre point de la droite AB, on aura une oblique qui sera plus petite ou plus grande que le rayon OA, comme s'écartant moins ou plus du pied de la perpendiculaire; ce point sera donc situé à l'intérieur ou à l'extérieur du cercle; ainsi la droite AB ne rencontre la circonférence qu'aux deux points A et B.

Théorème VII.

Par trois points A, B, C, *non en ligne droite, on peut toujours faire passer une circonférence de cercle, et on n'en peut faire passer qu'une.*

Je joins le point B (fig. 77) aux deux autres A et C; sur les milieux des droites AB, BC, j'élève les perpendiculaires DE, FG. Je dis d'abord que ces perpendiculaires se coupent; car la droite FG, perpendiculaire à BC, est oblique au prolongement de AB, et par conséquent rencontre la perpendiculaire DE (20, I).

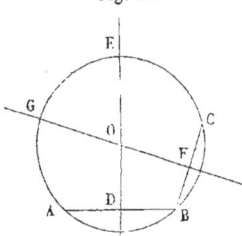

Fig. 77.

Soit O le point de rencontre; ce point, appartenant à la perpendiculaire élevée sur le milieu de AB, est également distant des extrémités A et B (16, I); appartenant à la perpendiculaire élevée sur le milieu de BC, il est également distant des extrémités B et C; donc les trois distances OA, OB, OC, sont égales. Donc si du point O comme centre, avec OA pour rayon, on décrit une circonférence, elle passera par les trois points A, B, C.

Je dis maintenant qu'on ne peut faire passer qu'une circonférence par ces trois points. En effet, le centre d'une circonférence passant par les trois points A, B, C, est également distant des deux points A et B, et par conséquent doit se trouver sur la perpendiculaire DE; il est également distant des deux points B et C, et doit se trouver aussi sur la perpendiculaire FG. Or ces deux droites ne se coupent qu'en un seul point O; donc il n'y a qu'un seul centre, et par suite une seule circonférence.

COROLLAIRE. De ce que par trois points on ne peut faire passer qu'une seule circonférence, on conclut que *deux circonférences ne peuvent se couper en plus de deux points.*

THÉORÈME VIII.

Dans un même cercle ou dans des cercles égaux, deux cordes égales sont également distantes du centre.

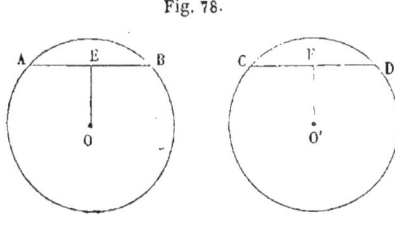

Fig. 78.

Soient dans les cercles égaux O et O' (fig. 78) les cordes égales AB, CD; je dis que les perpendiculaires OE, O'F, sont égales. En effet, je transporte le second cercle sur le premier, et je le fais tourner autour du centre commun de manière à amener le point C en A. Puisque les cordes sont égales, les arcs sous-tendus sont égaux (4), et le point D vient en B; la corde CD coïncide alors avec AB; donc les perpendiculaires O'F et OE, abaissées du même point O sur la même droite, coïncident, et sont égales.

Théorème IX.

De deux cordes, la plus grande est la plus rapprochée du centre.

Soit la corde AC (fig. 79) plus grande que AB; je dis que la perpendiculaire OG est plus petite que la perpendiculaire OF.

Fig. 79.

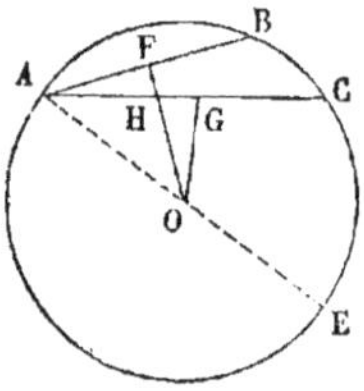

En effet, la droite OF rencontre la corde AC en un point H; la perpendiculaire OG est plus courte que l'oblique OH, et à plus forte raison plus courte que OF.

Corollaire. Puisque la corde se rapproche du centre à mesure qu'elle augmente, on conclut réciproquement que *dans un même cercle ou dans des cercles égaux, deux cordes également distantes du centre sont égales, et que, de deux cordes, la plus rapprochée du centre est la plus longue.*

Remarque. Si l'on imagine encore qu'un point mobile B parte du point A et se meuve sur la circonférence, la corde AB ira en augmentant et en se rapprochant du centre de plus en plus. Quand la corde coïncide avec le diamètre AE et devient la plus grande possible, sa distance au centre est nulle.

TANGENTE.

Définitions.

1° Lorsqu'une droite CD (fig. 80) coupe la circonférence en deux points A et B, on dit qu'elle est *sécante*.

2° Lorsqu'une droite EF ne touche la circonférence qu'en un seul point A, on dit qu'elle est *tangente* au cercle, et le point A s'appelle *point de contact*.

TANGENTE. 43

3° On peut regarder la tangente EF comme la position limite vers laquelle tend la sécante CD, quand on la fait tourner autour du point A, de manière que le second point d'intersection B se rapproche de plus en plus du premier. Si l'on continuait le mouvement, le point B passerait de l'autre côté du point A, et viendrait en B', et la droite C'D' couperait de nouveau la circonférence en deux points.

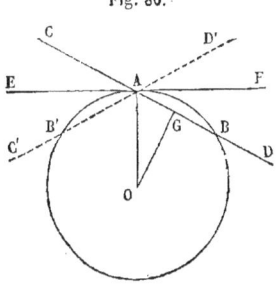
Fig. 80.

Théorème X.

Toute tangente au cercle est perpendiculaire au rayon qui va du centre au point de contact.

Considérons la sécante CD qui coupe la circonférence en deux points A et B, et du centre abaissons la perpendiculaire OG sur la corde AB; on sait que cette perpendiculaire divise la corde en deux parties égales. Imaginons maintenant que la sécante CD tourne autour du point A, de manière que le point B se rapproche de plus en plus du premier; cette sécante vient s'appliquer sur la tangente EF; en même temps le point G, milieu de AB, vient se confondre avec le point A et la perpendiculaire OG coïncide avec le rayon OA. Ceci montre bien que la tangente EF est perpendiculaire au rayon OA qui va du centre au point de contact A.

Théorème XI.

Réciproquement, *toute droite perpendiculaire à l'extrémité d'un rayon est tangente au cercle.*

On sait en effet que la tangente EF est perpendiculaire au rayon OA, qui va du centre au point de contact; si donc on mène par le point A une perpendiculaire au rayon OA, cette droite devra nécessairement coïncider avec la tangente EF.

Théorème XII.

Deux droites parallèles AB, CD, *interceptent sur la circonférence des arcs égaux.*

J'abaisse du centre une perpendiculaire OM (fig. 81) sur l'une d'elles ; elle est aussi perpendiculaire à l'autre. En vertu du théorème VI, ce rayon perpendiculaire OM divise en deux parties égales chacun des deux arcs AMB, CMD. Si des arcs égaux AM, BM, on retranche les arcs égaux CM, DM, on a des restes égaux AC, BD. Ainsi les deux parallèles AB, CD, interceptent sur la circonférence des arcs égaux AC, BD.

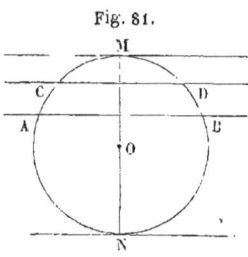

Fig. 81.

Si l'une des parallèles CD s'éloigne du centre de plus en plus, les deux points d'intersection C et D se rapprocheront de manière à se confondre au point M ; la droite deviendra tangente en M, et les deux arcs interceptés AM et BM restent toujours égaux entre eux.

Si l'autre parallèle AB devient aussi tangente, les deux points d'intersection A et B se confondent en N à l'extrémité du diamètre MN, et les deux arcs interceptés deviennent deux demi-circonférences.

CONTACT ET INTERSECTION DE DEUX CERCLES.

Définitions.

1° On dit que deux cercles sont *extérieurs* l'un à l'autre, lorsque tous les points de chacun d'eux sont hors de l'autre.

2° Un cercle est *intérieur* à un autre, quand tous les points du premier sont dans le second.

3° Lorsque deux circonférences se coupent en deux points, on dit qu'elles sont *sécantes* l'une à l'autre.

CONTACT ET INTERSECTION DES CERCLES. 45

4° Lorsque deux circonférences ne se touchent qu'en un seul point, on dit qu'elles sont *tangentes* l'une à l'autre.

Le point commun s'appelle *point de contact*.

On distingue deux sortes de contacts : le *contact extérieur*, lorsque les deux cercles sont extérieurs l'un à l'autre ; le *contact intérieur*, quand l'un des cercles est dans l'autre.

On peut considérer deux circonférences tangentes comme la position limite de deux circonférences sécantes, lorsque les deux points d'intersection se rapprochent de plus en plus, de manière à se confondre.

Théorème XIII.

Quand deux circonférences O et O' se coupent, la ligne des centres OO' est perpendiculaire sur le milieu de la corde AB *qui joint les deux points d'intersection.*

On sait, en effet, que la perpendiculaire élevée sur le milieu C (fig. 82) de la corde commune AB passe par l'un et l'autre centre (6), et par conséquent se confond avec la ligne des centres OO'.

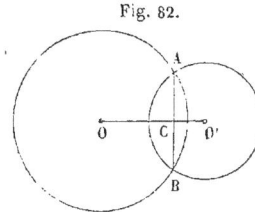
Fig. 82.

Corollaire. *Quand deux cercles sont tangents, le point de contact est sur la ligne des centres.*

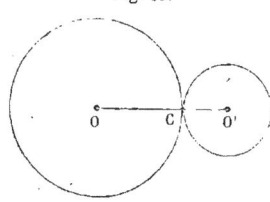
Fig. 83.

Nous venons de démontrer que, lorsque deux circonférences se coupent, les deux points d'intersection A et B (fig. 82) sont situés de part et d'autre, et à égale distance, de la ligne des centres. Supposons que l'on déplace les cercles de manière que les deux points d'intersection A et B se rapprochent de plus en plus, ils finiront par se confondre en C (fig. 83) sur la ligne des centres, et les deux cercles seront tangents.

Théorème XIV.

Quand deux cercles O et O′ sont extérieurs, la distance des centres est plus grande que la somme des rayons.

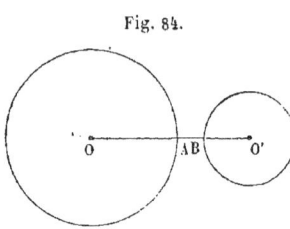

Fig. 84.

Puisque les deux cercles sont extérieurs l'un à l'autre, la distance des centres OO′ (fig. 84) se compose des deux rayons OA, O′B, et d'une partie AB interposée entre les deux cercles. Donc la distance OO′ est plus grande que la somme des rayons OA et O′B.

Théorème XV.

Quand un cercle O′ est intérieur à un cercle O, la distance des centres est plus petite que la différence des rayons.

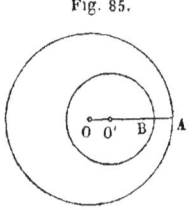

Fig. 85.

En effet, la distance des centres OO′ (fig. 85) est égale au plus grand rayon OA, moins le plus petit O′B, moins encore la partie interposée AB; donc la distance OO′ est plus petite que OA moins O′B.

Théorème XVI.

Quand deux cercles O et O′ sont tangents extérieurement, la distance des centres est égale à la somme des rayons.

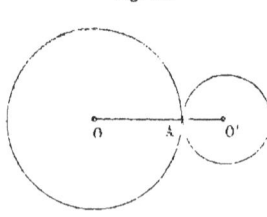

Fig. 86.

En effet, le point de contact A (fig. 86) est sur la ligne des centres (13), et comme les cercles sont extérieurs, les centres O et O′ sont de part et d'autre du point A; d'où il suit que OO′ est égale à OA plus O′A.

Théorème XVII.

Quand deux cercles sont tangents intérieurement, la distance des centres est égale à la différence des rayons.

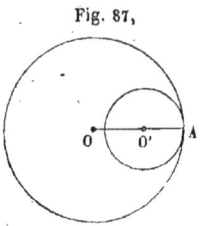
Fig. 87.

En effet, le point de contact A (fig. 87) est sur la ligne des centres, et comme le plus petit cercle est intérieur au plus grand, son centre O' est situé entre O et A. Donc OO' est égale à OA moins O'A.

Théorème XVIII.

Quand deux cercles O et O' se coupent, la distance des centres est plus petite que la somme des rayons et plus grande que leur différence.

Je joins les centres à l'un des points d'intersection A (fig. 88). La droite OO' étant plus petite que la ligne brisée OA + O'A,

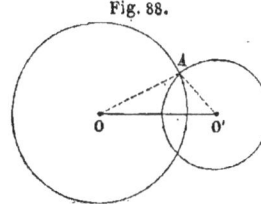
Fig. 88.

on voit immédiatement que la distance des centres est plus petite que la somme des rayons.

Je vais démontrer maintenant qu'elle est plus grande que leur différence. Soit OA le plus grand rayon, la ligne brisée OO' + O'A est plus grande que la ligne droite OA; si l'on retranche de part et d'autre O'A, on voit que OO' est plus grande que OA — O'A.

COROLLAIRE. Deux cercles ne peuvent présenter que les cinq positions respectives considérées dans les théorèmes précédents. Les deux cercles sont, ou extérieurs, ou tangents extérieurement, ou sécants, ou tangents intérieurement, ou intérieurs l'un à l'autre. Il est à remarquer que les propriétés dont jouit la ligne des centres dans deux quelconques de ces positions sont distinctes et incompatibles entre elles. Il en résulte que les réciproques sont vraies.

1° *Quand la distance des centres est plus grande que la somme des rayons, les deux cercles sont extérieurs l'un à l'autre.* Car cette position est la seule dans laquelle la distance des centres soit plus grande que la somme des rayons.

2° *Quand la distance est égale à la somme des rayons, les deux cercles sont tangents extérieurement.* Car cette position est la seule dans laquelle la distance des centres égale la somme des rayons.

3° *Quand la distance des centres est plus petite que la somme des rayons, et plus grande que leur différence, les deux cercles se coupent.* Car cette position est la seule dans laquelle la distance des centres soit à la fois plus petite que la somme des rayons et plus grande que leur différence.

4° *Quand la distance des centres est égale à la différence des rayons, les deux cercles sont tangents intérieurement.*

5° *Quand la distance des centres est plus petite que la différence des rayons, l'un des cercles est intérieur à l'autre.*

Remarque. Si deux cercles sont d'abord très-éloignés l'un de l'autre et que leurs centres se rapprochent peu à peu, les cercles passeront successivement par les cinq positions que nous avons étudiées. Tant que la distance des centres reste plus grande que la somme des rayons, les deux cercles sont extérieurs l'un à l'autre. Quand la distance des centres devient égale à la somme des rayons, les cercles sont tangents extérieurement. Les centres continuant à se rapprocher, la distance des centres devient plus petite que la somme des rayons; tant que cette distance reste plus grande que la différence des rayons, les cercles se coupent; quand la distance des centres devient égale à la différence des rayons, les cercles sont tangents intérieurement; enfin, lorsque la distance des centres devient plus petite que la différence des rayons, le petit cercle est intérieur au grand.

MESURE DES ANGLES.

Théorème XIX.

Si des sommets de deux angles on décrit deux arcs de cercle d'un même rayon, le rapport des angles est égal à celui des arcs compris entre leurs côtés.

Fig. 89.

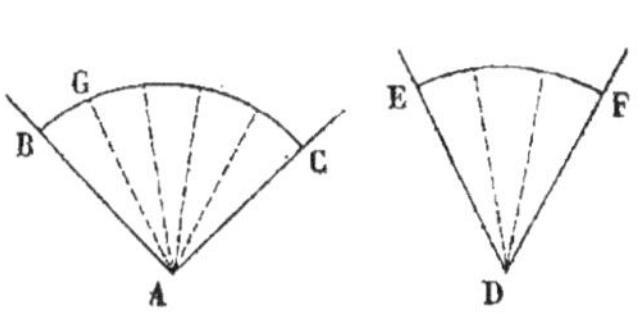

Soient les deux angles BAC, EDF (fig. 89). Des sommets A et D comme centres, avec un même rayon, je décris les deux arcs BC, EF ; je dis que le rapport des angles est égal à celui des arcs. En effet, supposons que l'on ait trouvé une commune mesure des deux arcs, c'est-à-dire un petit arc BG qui soit contenu exactement dans chacun d'eux, par exemple 5 fois dans le premier, 3 fois dans le second ; le rapport des deux arcs est exprimé par la fraction $\frac{5}{3}$. Si l'on joint les centres aux différents points de division, on partagera les angles BAC, EDF, le premier en 5, le second en 3 parties égales ; car tous les angles au centre ainsi formés, interceptant dans les deux cercles égaux des arcs égaux, sont égaux (2). Ainsi le rapport des deux angles est aussi exprimé par la fraction $\frac{5}{3}$, comme celui des arcs. On conclut de là que le rapport des angles est le même que celui des arcs.

Cette proposition, étant démontrée pour le cas où il y a entre les arcs une commune mesure, si petite qu'elle soit, sera par cela même considérée comme générale.

COROLLAIRE. Mesurer une grandeur, c'est chercher le rapport de cette grandeur à l'unité. Puisque les angles au centre sont proportionnels aux arcs compris entre leurs côtés, la mesure des angles peut être ramenée à celle des arcs. Si l'on prend pour unité d'arc un certain arc, et pour unité d'angle l'angle correspondant, la mesure d'un angle quelconque, c'est-à-dire le rapport de cet angle à l'unité d'angle, sera égale à la mesure de l'arc compris entre ses côtés, c'est-à-dire au rapport de cet arc à l'unité d'arc, ce qu'on exprime en disant qu'*un angle au centre a pour mesure l'arc compris entre ses côtés*. Voici comment dans la pratique on effectue cette mesure.

La circonférence a été divisée en 360 parties égales, que l'on nomme *degrés*; chaque degré a été subdivisé en 60 parties égales appelées *minutes*; chaque minute en 60 *secondes*. La moitié de la circonférence contient 180 degrés; le quart de la circonférence, que l'on nomme aussi *quadrant*, contient 90 degrés. On énonce la valeur d'un arc en disant combien il contient de degrés, minutes, secondes. Un arc de 25 degrés, 38 minutes, 54 secondes, s'écrit $25°\,38'\,54''$. On n'a pas poussé plus loin ce mode de division; les arcs plus petits qu'une seconde s'évaluent par des fractions décimales de seconde. Un arc de 25 degrés, 38 minutes, 54 secondes et 75 centièmes de seconde, s'écrit $25°\,38'\,54'',75$.

L'angle d'un degré est l'angle au centre qui comprend entre ses côtés l'arc d'un degré; de même l'angle d'une minute, d'une seconde, est celui qui comprend l'arc d'une minute, d'une seconde. Lorsqu'on dit qu'un angle est de $25°\,38'\,54''$, cela signifie qu'il contient 25 fois l'angle d'un degré, plus 38 fois l'angle d'une minute, plus 54 fois l'angle d'une seconde. Il est clair que l'arc compris entre ses côtés contient le même nombre de degrés, minutes, secondes. Par conséquent on obtiendra la mesure de l'angle en mesurant l'arc compris entre ses côtés, c'est-à-dire en cherchant combien cet arc contient de degrés, minutes, secondes.

Deux diamètres perpendiculaires entre eux partagent la circonférence en quatre parties égales; ainsi l'angle droit vaut 90 degrés. Deux angles droits valent 180 degrés. La somme des angles d'un triangle étant égale à deux angles droits ou à 180 degrés, si le triangle est équilatéral, chaque angle vaut le tiers, soit 60 degrés. De même, dans un triangle rectangle isocèle, la somme des deux angles aigus étant égale à un angle droit ou à 90 degrés, chacun d'eux vaut 45 degrés.

Théorème XX.

Un angle inscrit a pour mesure la moitié de l'arc compris entre ses côtés.

Considérons d'abord un angle inscrit BAD (fig. 90), dont un côté passe par le centre; joignons OB. Les rayons OA et OB étant égaux, le triangle AOB est isocèle, et les angles OAB,

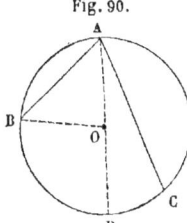

Fig. 90.

OBA, opposés aux côtés égaux, sont égaux. L'angle BOD, extérieur à ce triangle, est égal à la somme des deux angles intérieurs non adjacents OAB, OBA (27, I), ou bien à deux fois l'angle OAB. Ainsi l'angle inscrit BAD est moitié de l'angle au centre BOD. Mais ce dernier a pour mesure l'arc BD compris entre ses côtés : donc l'angle inscrit a pour mesure la moitié du même arc.

Je considère maintenant un angle inscrit BAC, formé par deux cordes situées de part et d'autre du centre. Le diamètre AD divise cet angle en deux, l'un BAD qui a pour mesure la moitié de l'arc BD, l'autre DAC qui a pour mesure la moitié de l'arc DC. Donc l'angle BAC, qui est la somme des deux angles, a pour mesure la demi-somme des deux arcs BD et DC, c'est-à-dire la moitié de l'arc BC.

J'examine enfin le cas où les deux cordes sont situées d'un même côté du centre (fig. 91). Je mène le diamètre AD, l'angle

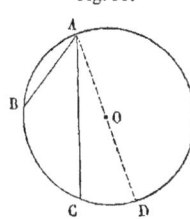

Fig. 91.

inscrit BAC est la différence des deux angles BAD et CAD. Mais l'angle BAD a pour mesure la moitié de l'arc BD, l'angle CAD la moitié de CD; donc l'angle BAC a pour mesure la moitié de BD, moins la moitié de CD, c'est-à-dire la moitié de BC.

Ainsi dans tous les cas l'angle inscrit a pour mesure la moitié de l'arc compris entre ses côtés.

Si, par exemple, les deux côtés d'un angle inscrit comprennent entre eux un arc de 120 degrés, on pourra dire que l'angle vaut 60 degrés.

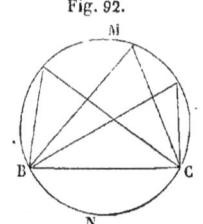

Fig. 92.

COROLLAIRE I. *Tous les angles inscrits dans un même segment* BMC (fig. 92) *sont égaux*, puisqu'ils ont pour mesure la moitié du même arc BNC. Ce segment est ce qu'on appelle segment *capable* d'un angle donné.

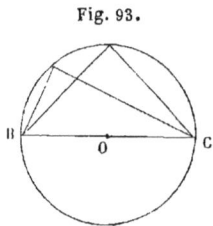

Fig. 93.

COROLLAIRE II. *Les angles inscrits dans un demi-cercle* (fig. 93) *sont droits*, puisqu'ils ont pour mesure la moitié d'une demi-circonférence, c'est-à-dire un quadrant ou 90 degrés.

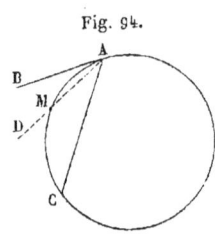

Fig. 94.

COROLLAIRE III. *L'angle* BAC, *formé par une tangente et une corde, a pour mesure la moitié de l'arc compris* AMC.

Car, si l'on fait tourner la sécante AD (fig. 94) autour du point A, de manière que le point M se rapproche indéfiniment du point A, on voit qu'elle tend à se confondre avec la tangente AB. Mais l'angle inscrit CAD a pour mesure la moitié de l'arc CM; donc l'angle CAB a pour mesure la moitié de l'arc CA.

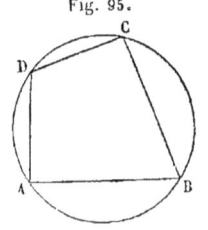

Fig. 95.

COROLLAIRE IV. *Dans tout quadrilatère* ABCD *inscrit dans un cercle* (fig. 95), *la somme de deux angles opposés est égale à deux angles droits*. L'angle inscrit A ayant pour mesure la moitié de l'arc BCD compris entre ses côtés et l'angle opposé C la moitié de l'arc BAD, la somme de ces deux angles a pour mesure la moitié de la circonférence entière; elle est donc égale à deux angles droits.

MESURE DES ANGLES. 53

Théorème XXI.

Un angle BAC, *dont le sommet est à l'intérieur d'un cercle, a pour mesure la moitié de l'arc* BC *compris entre ses côtés, plus la moitié de l'arc* DE, *compris entre les prolongements de ses côtés.*

Par le point E (fig. 96), je mène une parallèle EF au côté AC. L'angle BAC est égal à l'angle inscrit BEF, comme cor-

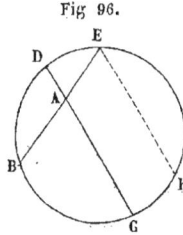
Fig. 96.

respondant; ce dernier a pour mesure la moitié de l'arc BF, c'est-à-dire la moitié de l'arc BC, plus la moitié de l'arc CF; mais les deux arcs CF, DE, interceptés sur la circonférence par les deux parallèles CD, FE, sont égaux (12); donc l'angle BAC a pour mesure la moitié de l'arc BC, plus la moitié de l'arc DE.

Théorème XXII.

Un angle BAC, *formé par deux sécantes qui se coupent hors du cercle, a pour mesure la moitié de la différence des arcs* BC *et* DE, *compris entre ses côtés.*

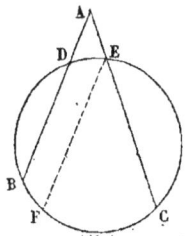
Fig. 97.

Par le point E (fig. 97) je mène une parallèle au côté AB. L'angle BAC est égal à l'angle inscrit CEF comme correspondant; ce dernier a pour mesure la moitié de l'arc CF, qui est la différence des deux arcs BC et BF; l'arc BF étant égal à DE, on voit que l'angle BAC a pour mesure la moitié de la différence des deux arcs BC et DE.

PROBLÈMES DU LIVRE II.

Jusqu'ici les figures qui ont servi à la démonstration des théorèmes, ont été tracées à main levée sans beaucoup de précision ; il suffisait de représenter grossièrement la figure, afin d'aider l'esprit à bien suivre le raisonnement. Mais dans la pratique, quand il s'agit de déterminer avec précision, soit la position d'un point, soit une grandeur inconnue, les constructions graphiques doivent être effectuées sur le papier avec une grande exactitude. Les deux instruments dont il faut d'abord apprendre l'usage, sont la règle et le compas.

Règle.

La règle est une petite planche longue (fig. 98), ordinairement en bois, et dont les côtés sont bien en ligne droite.

Quand on veut faire passer une droite par deux points donnés, on place la règle sur le papier de manière que le bord de la règle touche les deux points donnés, puis avec la pointe d'un crayon ou d'un tire-ligne, on suit le bord de la règle et l'on trace ainsi la ligne droite.

Avant de se servir d'une règle, il faut la vérifier. Pour cela, plaçant la règle sur le papier, on trace une ligne AB (fig. 99), et l'on marque les deux points A et B ; on retourne ensuite la règle, pour appliquer l'autre face sur le papier ; on amène le bord de la règle à toucher chacun des deux points A et B à peu près au même point de la règle que précédemment ; puis on trace de nouveau la ligne AB en suivant le bord de la règle. Si la règle est parfaitement droite, les deux lignes ainsi tracées coïncideront bien exactement. Mais si la règle n'est pas droite, on aura deux lignes différentes, telles que ACB, ADB.

Dans les constructions qui exigent une grande précision, les lignes que l'on trace doivent être aussi fines que possible. On se servira d'un crayon assez dur et taillé en pointe effilée, ou d'un bon tire-ligne dont on rapprochera les deux branches à l'aide de la vis disposée à cet effet.

Pour que la droite passant par deux points et prolongée soit bien déterminée, il ne faut pas que ces deux points soient trop rapprochés l'un de l'autre ; on conçoit en effet que la moindre erreur dans la position de la règle finirait par produire à une certaine distance un écartement notable.

On détermine ordinairement la position d'un point par l'intersection de deux lignes. Mais il ne faut pas que les deux lignes se coupent sous un trop petit angle ; car les deux lignes, ayant une certaine épaisseur, forment à leur croisement un losange allongé dans lequel il est difficile de fixer d'une manière précise la position du point d'intersection.

Compas.

Le compas est un instrument formé de deux branches réunies par un axe (fig. 100) autour duquel elles tournent à frottement, et terminées par deux pointes fines en acier. Le compas sert à relever les distances et à tracer les circonférences.

Fig. 100.

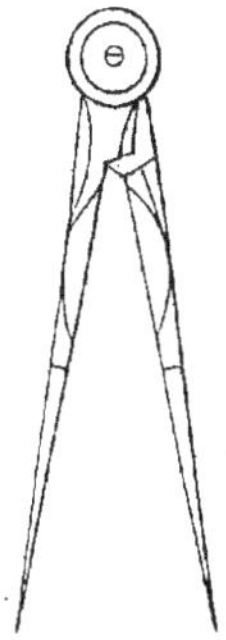

Quand on veut prendre la distance de deux points ou la longueur d'une droite, on ouvre le compas peu à peu, de manière que l'une des pointes étant placée à l'une des extrémités de la droite, l'autre pointe vienne toucher exactement l'autre extrémité.

Quand on veut décrire une circonférence, on remplace l'extrémité de l'une des branches du compas par un porte-crayon ou un tire-ligne ; puis, après avoir ouvert les deux branches d'une quantité égale au rayon, on place la pointe sèche au centre, et l'on fait tourner le compas autour du centre ; le crayon ou le tire-ligne trace sur le papier la circonférence demandée.

Les deux branches du compas doivent tourner à frottement dur autour de l'axe ; d'une part, il faut que l'on puisse ouvrir le compas progressivement sans trop d'effort ; d'autre part, quand on lui a donné une certaine ouverture, il faut qu'il la conserve sans altération. Une vis, placée à la tête du compas, et que l'on tourne plus ou moins à l'aide d'un tourne-vis, sert à presser les deux branches l'une contre l'autre, et à donner au frottement le degré convenable.

PROBLÈME I.

Construire un angle égal à un angle donné.

Au point D (fig. 101) de la droite DE, construire un angle égal à l'angle A. Du sommet A comme centre avec une ouverture de compas arbitraire, décrivez l'arc *bc* compris entre les deux côtés de l'angle. Du point D comme centre avec la même ouverture de compas, décrivez l'arc *eg*. Donnant ensuite au compas une ouverture égale à la corde *bc*, portez cette distance sur l'arc *eg* en *ef*. Tracez enfin la droite D*f*.

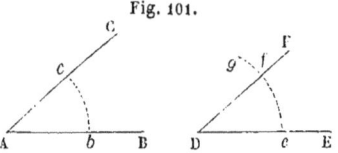

Fig. 101.

Je dis que l'angle D ainsi construit est bien égal à l'angle A. En effet, les deux arcs *bc*, *ef*, sous-tendus par des cordes égales dans des cercles égaux, sont égaux, et les angles au centre sont aussi égaux.

PROBLÈME II.

Construire un triangle dont on connaît deux côtés et l'angle compris.

Soient *b* et *c* (fig. 102) les deux côtés donnés, A l'angle donné. Faites un angle égal à A; sur l'un des côtés portez, à partir du point A, la longueur *b*, ce qui déterminera le point C; sur l'autre côté, portez de même la longueur *c*, ce qui déterminera le point B; puis tracez la droite BC, vous aurez le triangle demandé.

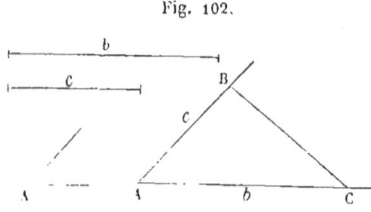

Fig. 102.

Il est évident qu'avec un angle et deux côtés donnés on peut toujours construire un triangle et un seul.

PROBLÈMES.   57

Problème III.

Construire un triangle dont on connaît un côté et les deux angles adjacents.

Soit c (fig. 103) le côté donné, A et B les deux angles donnés. Il faut que la somme de ces deux angles soit plus petite que deux angles droits.

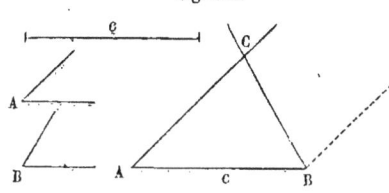

Fig. 103.

Sur une droite indéfinie prenez la longueur AB égale à c; au point A faites un angle BAC égal à A; au point B un angle ABC égal à B. Les deux droites indéfinies AC et BC se couperont au point C, et vous aurez le triangle demandé.

Il est facile de voir que les deux droites AC et BC se coupent en un point C au-dessus de la droite AB. En effet, menons par le point B une droite BE parallèle à AC, la somme des deux angles intérieurs CAB, ABE vaut deux angles droits (22, 1); la somme des deux angles donnés étant plus petite que deux angles droits, l'angle ABC est plus petit que ABE, et par conséquent la droite BC rencontre la droite AC au-dessus de AB.

Avec un côté et deux angles donnés, on ne peut construire qu'un seul triangle.

Problème IV.

Construire un triangle dont on connaît les trois côtés.

Soient a, b, c (fig. 104) les trois côtés donnés.

On sait que dans un triangle un côté quelconque est plus petit que la somme des deux autres. Pour que l'on puisse former un triangle avec les trois côtés donnés, il faut donc que le plus grand côté a soit plus petit que la somme des deux autres. Nous verrons que cette condition est suffisante.

Sur une droite indéfinie prenez une longueur BC égale à a;

58 LIVRE II.

du point C comme centre, avec une ouverture de compas égale à b, décrivez un arc de cercle ; du point B comme centre, avec une ouverture de compas égale à c, décrivez un second arc de cercle qui coupera le premier au point A ; joignez BA et CA, vous aurez le triangle demandé.

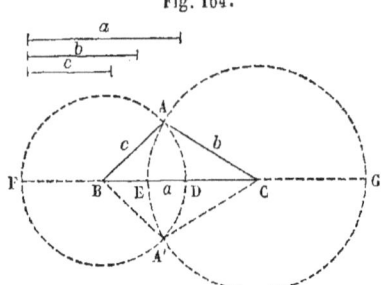

Fig. 104.

Il est facile de voir que les deux cercles se coupent en un point A au-dessus de BC. En effet, sur la droite BC, prenons de part et d'autre du point B les longueurs BD et BF égales à c, et de part et d'autre du point C les longueurs CE et CG égales à b. La première circonférence passera par les points D et F, la seconde par les points E et G. Puisque le plus grand côté BC est plus petit que la somme des deux autres BD + CE, le point E est situé à gauche du point D entre B et D ; il est à l'intérieur du premier cercle. Le point G d'ailleurs est à l'extérieur. Ainsi la seconde circonférence EAG va d'un point E intérieur au premier cercle à un point extérieur G ; elle rencontre donc cette première circonférence en un point A, ce qui donne le triangle ABC.

Les deux circonférences se coupent en un second point A′ situé au-dessous de BC, mais le triangle A′BC est égal au précédent ABC (8, I).

Problème V.

Construire un triangle dont on connaît deux côtés et l'angle opposé à l'un d'eux.

Soient a et b (fig. 105) les deux côtés donnés, A l'angle opposé au premier.

Faites l'angle CAE égal à A. Sur l'un des côtés prenez une longueur AC égale à b ; du point C comme centre, avec une ouverture de compas égale à a, décrivez une circonférence qui coupera la droite indéfinie AE au point B, et joignez CB, vous aurez le triangle demandé.

REMARQUE. Le triangle n'est pas toujours possible. Pour que le triangle existe, il faut que la circonférence décrite du point C comme centre avec le rayon a, rencontre la ligne indéfinie AE en un point B, à droite du point A.

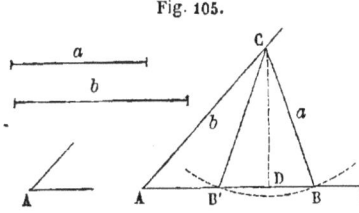
Fig. 105.

Considérons d'abord le cas où l'angle donné A est aigu, ce qui a lieu dans la figure précédente. Du point C abaissons la perpendiculaire CD sur AE; pour que la circonférence rencontre la droite AE, il faut évidemment que le rayon a soit plus grand que CD. Si le côté a est plus petit que b, mais plus grand que la perpendiculaire CD, la circonférence coupera la ligne AE en deux points B et B', et l'on aura deux triangles ABC, AB'C, satisfaisant à la question. Dans ce cas, le problème admet deux solutions. Si le côté a est égal à la perpendiculaire CD, la circonférence ne fera que toucher la ligne AE au point D, et l'on aura un seul triangle rectangle ADC. Quand le côté a est égal à b, le second point d'intersection B' coïncide avec A; le second triangle disparaît, et le premier devient isocèle. Si le côté a est plus grand que b, la circonférence coupera toujours la ligne AE, mais en un seul point à droite du point A, et l'on aura un seul triangle. La circonférence rencontrerait le prolongement de EA en un second point à gauche du point A; mais ce second point ne convient pas à la question.

Considérons maintenant le cas où l'angle A (fig. 106) est obtus.

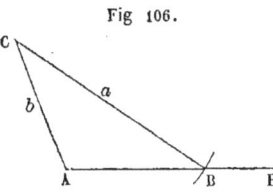
Fig 106.

Il faut que le côté a, opposé à l'angle obtus A, soit plus grand que le côté b (11, I), opposé à un angle aigu. Quand cette condition est remplie, la circonférence décrite du point C comme centre avec le rayon a coupe la ligne AE en un point B, à droite du point A, et l'on a une seule solution ABC.

Lorsque l'angle donné A est droit, il faut de même que l'hypoténuse a soit plus grande que le côté b.

60 LIVRE II.

Problème VI.

Par un point M donné sur une droite AB, élever une perpendiculaire à cette droite.

De part et d'autre du point M (fig. 107), prenez sur la droite donnée deux longueurs égales Ma, Mb. Du point a comme centre,

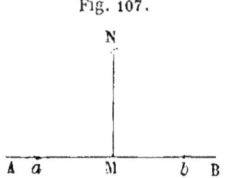
Fig. 107.

avec une ouverture de compas arbitraire, mais plus grande que Ma, décrivez un arc de cercle; du point b comme centre, avec la même ouverture de compas, décrivez un second arc qui coupera le premier au point N. Joignez MN, vous aurez la perpendiculaire demandée.

Car le point N, également distant des points a et b, est situé sur la perpendiculaire élevée sur le milieu de ab (16, 1).

Pour déterminer la perpendiculaire avec une grande précision, il faut prendre les longueurs égales Ma, Mb, aussi grandes que possible, et donner aussi à l'ouverture de compas avec laquelle on décrit les circonférences une grandeur convenable.

Problème VII.

D'un point M situé hors d'une droite AB, abaisser une perpendiculaire sur cette droite.

Du point M (fig. 108) comme centre, avec une ouverture de compas suffisamment grande, décrivez un arc de cercle qui

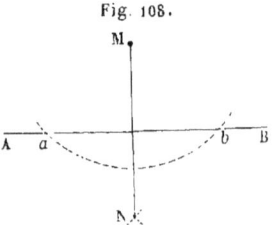
Fig. 108.

coupera la droite AB en deux points a et b. Du point a comme centre, avec une ouverture de compas arbitraire, mais plus grande que la moitié de ab, décrivez un arc de cercle de l'autre côté de AB; du point b comme centre, avec la même ouverture de compas, décrivez un second arc qui coupera le premier au point N. Tracez la droite MN, vous aurez la perpendiculaire demandée.

PROBLÈMES. 61

Car les deux points M et N, également distants des deux points a et b, appartiennent à la perpendiculaire élevée sur le milieu de ab.

Problème VIII.

Par un point M mener une parallèle à une droite donnée AB.

Du point M (fig. 109) comme centre, avec une ouverture de compas suffisamment grande, décrivez un arc de cercle qui coupe la droite donnée au point b.

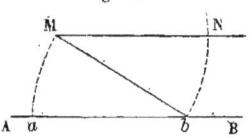

Fig. 109.

Du point b comme centre, avec la même ouverture de compas, décrivez un second arc Ma qui coupe la droite donnée en a. Portez ensuite sur le premier arc, à partir du point b, une distance bN égale à aM, et tracez la droite MN, vous aurez la parallèle demandée.

En effet, les deux angles au centre abM, bMN, qui interceptent dans des cercles égaux des arcs égaux aM, bN, sont égaux ; de l'égalité de ces deux angles alternes-internes, il résulte que la droite MN est parallèle à AB (23, I).

Problème IX.

Elever une perpendiculaire à l'extrémité B d'une droite AB que l'on ne peut prolonger.

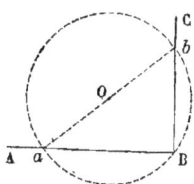

Fig. 110.

D'un point O (fig. 110) pris arbitrairement dans le plan comme centre, avec un rayon égal à la distance OB, décrivez une circonférence qui coupe la ligne AB au point a; tirez la droite aO jusqu'à la rencontre de la circonférence en b et joignez Bb, vous aurez la perpendiculaire demandée. Car l'angle aBb, inscrit dans un demi-cercle, est droit (20).

Équerre.

L'équerre est un triangle en bois *abc*, dont l'un des angles *a* est droit.

Nous allons expliquer comment on se sert de l'équerre pour tracer rapidement les perpendiculaires et les parallèles.

1° *En un point* M *donné sur une droite* AB, *élever une perpendiculaire à cette droite.*

Placez l'équerre dans la position *abc* (fig. 111), de manière que le côté *ab* coïncide bien exactement avec la droite AB, et, appuyant avec la main l'équerre sur le papier, appliquez la règle contre l'hypoténuse *bc*; puis, appuyant avec la main la règle sur le papier pour la tenir parfaitement immobile, faites glisser l'équerre le long de la règle jusqu'à ce que le côté *ac* passe par le point M; fixant alors l'équerre dans cette position, tracez la ligne MN en suivant avec la pointe du crayon le côté *a'c'*; vous aurez la perpendiculaire demandée.

En effet, les angles correspondants *c* et *c'* étant égaux entre eux, les deux droites *ac*, *a'c'*, sont parallèles (23, I); mais la droite *ac* est perpendiculaire sur AB; donc la parallèle *a'c'* est aussi perpendiculaire à cette même droite.

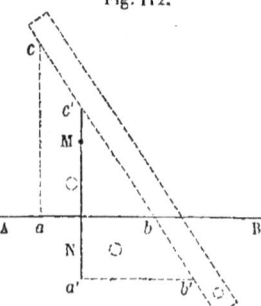

2° *D'un point extérieur* M *abaisser une perpendiculaire sur la droite* AB.

Placez le côté *ab* (fig. 112) de l'équerre sur la droite AB; appliquez la règle contre l'hypoténuse; puis, fixant la règle avec la main, faites glisser l'équerre le long de la règle jusqu'à ce que le côté *ac* passe par le point M, et tracez la perpendiculaire.

3° *Vérification de l'équerre.* Avant de se servir d'une équerre, il importe de la vérifier avec soin. On commence par s'assurer que chacun de ses côtés est bien droit, comme on l'a fait pour la règle. On reconnaît ensuite si l'angle *a* est bien un angle droit.

Pour cela, on trace une ligne droite AB (fig. 113) sur une feuille de papier; on place le côté *ab* de l'équerre sur cette

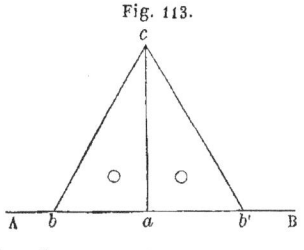

Fig. 113.

droite, et l'on trace la ligne *ac*; on retourne ensuite l'équerre dans la position *b'ac*, et l'on regarde si le côté *ac* dans sa nouvelle position coïncide bien avec la ligne tracée précédemment. Dans ce cas, l'équerre est bonne; les deux angles adjacents *cab*, *cab'*, étant égaux entre eux, l'angle *a* est droit.

4° *Par un point M mener une parallèle à une droite* AB.

Placez un côté quelconque *ab* (fig. 114) de l'équerre sur la droite AB; appliquez la règle contre le côté *ac* de l'équerre, et fixez

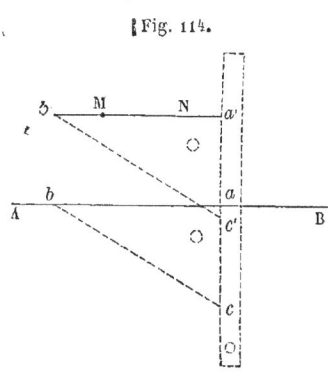

Fig. 114.

la règle. Puis faites glisser l'équerre le long de la règle jusqu'à ce que le côté *ab* passe par le point M; fixez l'équerre dans cette position *a'b'c'*, et tracez la droite MN en suivant le côté *b'a'* de l'équerre avec la pointe du crayon, vous aurez la parallèle demandée. Car, les angles correspondants *a* et *a'* étant égaux entre eux, les droites AB et MN sont parallèles.

Ce moyen de tracer les parallèles est très-précis et très-rapide; on l'emploie de préférence à tout autre; il n'exige même pas que l'équerre ait réellement un angle droit.

Quant aux perpendiculaires, la construction à l'aide du compas les donne avec plus de précision que l'équerre. Lorsqu'on a plusieurs perpendiculaires à une même droite, on détermine l'une d'elles avec soin à l'aide du compas, et l'on trace ensuite les autres en menant des parallèles à la première à l'aide de l'équerre.

5° *Élever une perpendiculaire à l'extrémité B d'une droite AB que l'on ne peut prolonger.*

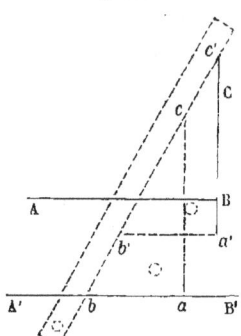

Fig. 115.

Menez une parallèle A'B'(fig. 115) à la droite AB ; placez le côté *ab* de l'équerre sur cette parallèle, et appliquez la règle sur le côté *bc* de l'équerre ; puis faites glisser l'équerre le long de la règle jusqu'à ce que le côté *ac* passe par le point B, et tracez la perpendiculaire BC.

Rapporteur.

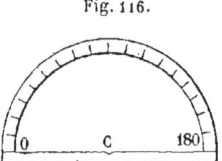

Fig. 116.

Le rapporteur est un demi-cercle en corne ou en cuivre; au milieu du diamètre D est marqué le centre C (fig. 116) ; la demi-circonférence est divisée en 180 parties égales ou degrés marqués par des traits au burin. Cet instrument sert à évaluer un angle en degrés.

Pour mesurer un angle donné AOB (fig. 117), on place le rapporteur sur l'angle, faisant coïncider le centre avec le sommet O, et donnant au diamètre la direction OA; puis on lit sur le limbe la division *b*, par laquelle passe le côté OB.

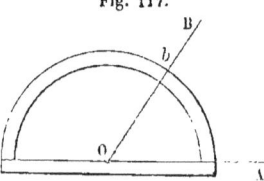

Fig. 117.

Si au point A sur une droite OA on veut construire un angle d'une grandeur donnée, on place le centre du rapporteur au point O, et l'on donne au diamètre la direction OA; puis, lisant sur le limbe le nombre de degrés donné, on marque avec la pointe d'un crayon la division correspondante *b* ; enlevant ensuite le rapporteur, on trace avec une règle la droite OB.

On abrége un peu la construction des angles en employant pour règle le bord même du rapporteur, lequel est parallèle au diamètre 0°—180°. S'agit-il, par exemple, de faire avec OA, au point O et au-dessus de cette ligne, un angle de 48°, placez le rapporteur sur le papier, de manière que le centre C (fig. 118) et la division 48° soient sur OA', faites glisser le rapporteur, cette double condition étant toujours remplie, jusqu'à ce que le bord du rapporteur passe par le point O; et avec un crayon, en suivant ce bord, tirez la ligne OB; l'angle AOB est égal à l'angle A'OB' ou à 48°.

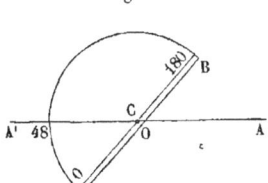

Fig. 118.

Pour obtenir une exactitude suffisante dans les constructions graphiques, on emploie ordinairement un rapporteur de 2 décimètres de diamètre, dont la circonférence est divisée en degrés et demi-degrés.

On donne souvent à ce rapporteur une forme rectangulaire qui permet de l'introduire dans une petite boîte de compas. La circonférence sur laquelle sont inscrites les graduations est alors remplacée par un cadre rectangulaire.

La forme rectangulaire du rapporteur présente de l'avantage (fig. 119); si l'on veut faire avec OA au point O un angle de 48 degrés, après avoir placé le rapporteur de manière que son centre C et la division 48 soient sur la ligne OA, on applique une règle contre un des petits côtés, puis on fait glisser le rapporteur, en l'appuyant contre la règle, jusqu'à ce que le bord du rapporteur passe par le point O, et l'on trace OB.

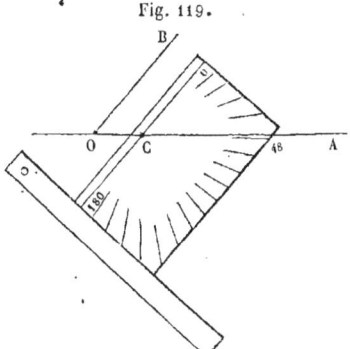

Fig. 119.

On peut aussi se servir du rapporteur pour élever des perpendiculaires; car la droite qui va du centre à la 90° division est perpendiculaire sur le diamètre.

Problème X.

Diviser une droite donnée AB en deux parties égales.

Du point A (fig. 120) comme centre, avec une ouverture de compas arbitraire, mais plus grande que la moitié de AB, dé-

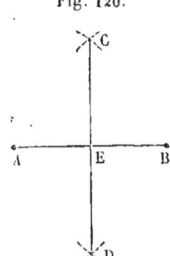
Fig. 120.

crivez de part et d'autre de la droite AB deux arcs de cercle. Du point B comme centre, avec la même ouverture de compas, décrivez aussi deux arcs de cercle qui couperont les premiers aux points C et D ; joignez ces deux points par une ligne droite. Cette droite divisera la ligne AB en deux parties égales au point E.

Car les deux points C et D, également distants des deux points A et B, appartiennent à la perpendiculaire élevée sur le milieu de AB.

Problème XI.

Diviser l'arc AB en deux parties égales.

Du point A (fig. 121) comme centre, avec une ouverture de compas plus grande que la moitié de AB, décrivez un arc de

Fig. 121.

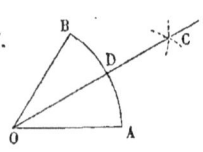

cercle ; du point B comme centre avec la même ouverture de compas, décrivez un autre arc de cercle qui coupera le premier au point C. Joignez le centre O du cercle au point C par une ligne droite. Cette droite divisera l'arc AB en deux parties égales au point D.

Car les deux points O et C, également distants des deux points A et B, appartiennent à la perpendiculaire élevée sur le milieu de la corde AB, et l'on sait que cette perpendiculaire divise l'arc sous-tendu en deux parties égales (6).

Si l'on voulait diviser un angle AOB en deux parties égales, du sommet O comme centre, avec un rayon arbitraire, on décrirait l'arc AB compris entre ses côtés ; puis on effectuerait la construction précédente. La droite OC, qui divise l'arc en deux parties égales, divise aussi l'angle au centre en deux parties égales.

PROBLÈME XII.

Décrire une circonférence qui passe par trois points donnés A, B, C.

Du point B (fig. 122) comme centre, avec une ouverture de compas suffisamment grande, décrivez deux arcs d'une cer‑

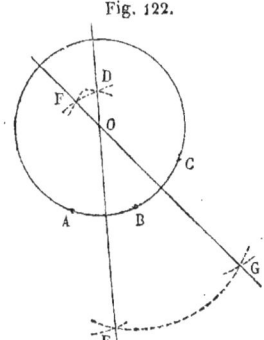

Fig. 122.

taine étendue; du point A comme centre, avec la même ouverture de compas, décrivez deux petits arcs qui couperont les premiers en D et en E; du point C comme centre, avec la même ouverture de compas, dé‑ crivez aussi deux petits arcs qui cou‑ peront les premiers en deux points F et G; joignez DE et FG. Du point d'intersection O de ces deux droites comme centre, avec une ouverture de compas égale à la distance OA, décrivez une circonférence; elle passera par les trois points donnés.

En effet, d'après la construction même, les droites DE, FG, sont perpendiculaires sur le milieu des cordes AB, BC, et l'on sait que leur point de rencontre O est le centre de la circonférence demandée (7).

PROBLÈME XIII.

Par un point A donné sur un cercle, mener une tangente à ce cercle.

Tracez la droite OA (fig. 123), et au point A élevez sur cette droite une perpendiculaire MN, vous aurez la tangente de‑ mandée (11).

On peut aussi tracer la tangente d'une manière très-simple

à l'aide de l'équerre. Placez le côté *ac* (fig. 124) de l'équerre suivant la droite OA; appliquez la règle contre le côté *bc* de

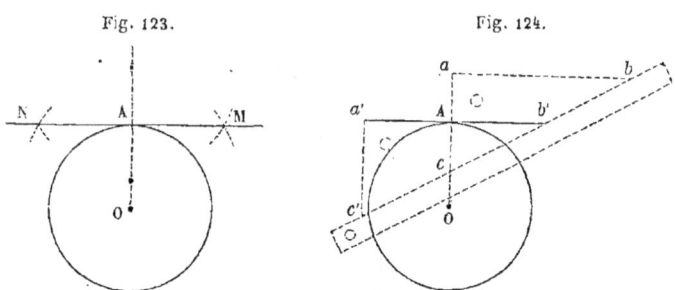

l'équerre. Puis, fixant la règle, faites glisser l'équerre jusqu'à ce que le côté *ab* passe par le point A, et tracez la tangente.

Problème XIV.

D'un point A pris hors d'un cercle, mener une tangente à ce cercle.

1ʳᵉ Méthode. Joignez le centre O (fig. 125) au point donné A; du milieu C de la droite OA comme centre, avec une ouverture de compas égale à la distance CA, décrivez une circonférence qui coupera la circonférence donnée en deux points D et E; joignez AD et AE, vous aurez les deux tangentes demandées.

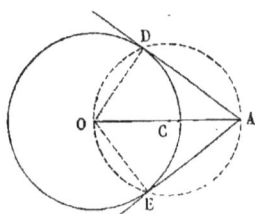

En effet, si l'on mène les rayons OD et OE, on voit que chacun des deux angles ODA, OEA, inscrit dans une demi-circonférence, est droit (20); les droites AD, AE, étant perpendiculaires à l'extrémité des rayons OD, OE, sont tangentes au cercle (11).

2ᵉ Méthode. Du point A (fig. 126) comme centre, avec une ouverture de compas égale à la distance AO, décrivez un cercle; du point O comme centre, avec une ouverture de compas

PROBLÈMES. 69

égale au double du rayon du cercle donné, décrivez un second cercle qui coupe le premier aux deux points G et H; tirez les droites OG et OH qui coupent le cercle proposé en D et E, et joignez AD et AE, vous aurez les tangentes demandées.

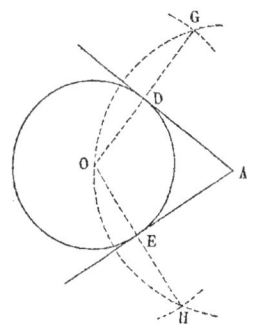

En effet, puisque OG est le double de OD, le point D est le milieu de OG ; le point A, étant également distant des deux points O et G, appartient à la perpendiculaire élevée sur le milieu de OG; donc la droite DA est perpendiculaire à OD, et par conséquent tangente au cercle. De même AE.

Cette seconde construction est un peu plus simple que la première; elle dispense de diviser la droite OA en deux parties égales.

PROBLÈME XV.

Mener une tangente commune à deux cercles.

Supposons le problème résolu et soit AB (fig. 127) une tangente commune aux deux cercles O et O'. Elle sera perpendi-

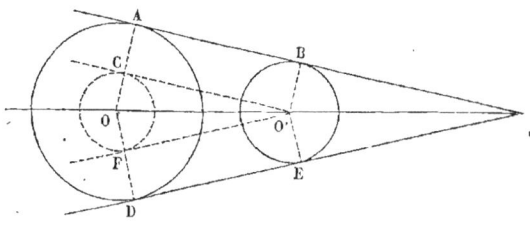

culaire aux rayons OA et O'B. Du point O' menons une parallèle O'C à la droite AB; les deux longueurs AC et O'B seront égales comme côtés opposés d'un rectangle, et OC sera la différence des rayons OA et O'B. Si du point O comme centre, avec un rayon égal à cette différence, on décrit une circonférence, elle sera tangente à la droite O'C au point C, puisque O'C est perpendiculaire à l'extrémité du rayon OC. Il est clair que, si l'on connaissait la droite O'C, il serait facile d'en déduire la parallèle demandée AB. Ainsi la question est ramenée au problème connu : d'un point extérieur O' mener une tangente au cercle de rayon OC. De là résulte la construction suivante :

Du centre O du plus grand cercle, avec une ouverture de compas égale à la différence des rayons, décrivez un cercle; du centre O' de l'autre cercle, menez des tangentes O'C, O'F, à la circonférence précédemment tracée. Joignez le centre O aux points de contact C et F, et prolongez ces rayons jusqu'à la grande circonférence en A et D. Du point A menez une parallèle à CO', du point D une parallèle à FO', vous aurez deux tangentes communes AB, DE, aux cercles donnés. Ces deux tangentes communes sont dites tangentes *extérieures*.

Quand les deux cercles donnés sont extérieurs l'un à l'autre, on peut aussi mener deux tangentes communes *intérieures*.

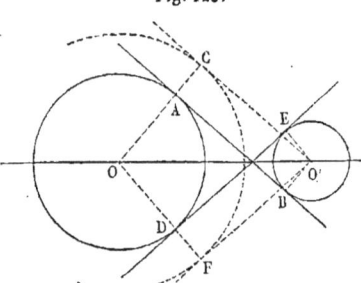

Fig. 128.

Soit AB (fig. 128) l'une de ces tangentes; elle sera perpendiculaire aux rayons OA et O'B. Du point O' menons une parallèle O'C à AB, et prolongeons le rayon OA; les deux longueurs AC et O'B seront égales comme côtés opposés d'un rectangle, et OC sera la somme des rayons OA et O'B. Si du point O comme centre, avec un rayon égal à cette somme, on décrit une circonférence, elle sera tangente à la droite O'C au point C, puisque O'C est perpendiculaire à l'extrémité du rayon OC. Il est visible que si l'on connaissait la droite O'C, il serait facile d'en déduire la parallèle AB. Ainsi la question est encore ramenée à celle-ci : du point extérieur O' mener une tangente au cercle de rayon OC. De là résulte la construction suivante :

Du centre O de l'un des cercles donnés, avec une ouverture de compas égale à la somme des rayons, décrivez un cercle; du centre O' de l'autre cercle menez des tangentes O'C, O'F, à la circonférence précédemment tracée. Par les points A et D, où les rayons OC et OF rencontrent la première circonférence, menez les parallèles AB, DE, aux droites CO', FO', vous aurez les deux tangentes communes intérieures demandées.

Remarque. Il importe de remarquer la méthode que nous avons suivie pour résoudre le problème précédent, méthode que l'on suit habituellement pour résoudre les problèmes dont on n'aperçoit pas immédiatement la solution. Nous avons supposé le problème résolu, et tracé à main levée une droite qui satisfît à peu près aux conditions énoncées ; puis, à l'aide de diverses lignes, nous avons cherché à découvrir une propriété qui pût servir à déterminer la droite demandée. Après avoir trouvé cette propriété, nous avons indiqué la construction qu'il faudra exécuter ensuite avec précision sur le papier, avec la règle et le compas.

Problème XVI.

Décrire sur une ligne donnée AB *un segment capable d'un angle donné.*

Menez par le point A (fig. 129) une droite AC qui fasse avec AB un angle BAC égal à l'angle donné. Élevez une perpendiculaire

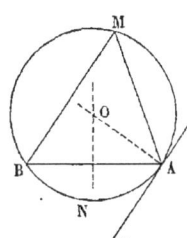

sur le milieu de AB ; par le point A élevez une perpendiculaire sur AC ; du point de rencontre O de ces deux perpendiculaires comme centre, avec un rayon égal à OA, décrivez une circonférence ; le segment AMB sera le segment capable de l'angle donné.

En effet, tout angle AMB, inscrit dans ce segment, a pour mesure la moitié de l'arc ANB ; mais l'angle BAC, formé par une tangente et une corde, a aussi pour mesure la moitié du même arc (20); dont l'angle inscrit AMB est égal à l'angle donné BAC.

Remarque. L'arc AMB est, dans la partie du plan située au-dessus de AB, le lieu des points d'où l'on voit la droite AB sous l'angle donné. Car, lorsque son sommet est situé à l'intérieur du segment, l'angle, ayant pour mesure la moitié de l'arc ANB, plus la moitié de l'arc intercepté par le prolongement de ses côtés (21), est plus grand que l'angle donné. D'autre part, lorsque le sommet est hors du cercle, l'angle, ayant alors pour mesure la moitié de l'arc ANB, moins la moitié du second arc intercepté par ses côtés (22), est plus petit que l'angle donné.

EXERCICES SUR LE LIVRE II.

THÉORÈMES A DÉMONTRER.

1. Lorsque dans un quadrilatère la somme de deux angles opposés est égale à celle des deux autres, le quadrilatère est inscriptible dans un cercle.

2. Les bissectrices des angles intérieurs d'un quadrilatère forment un quadrilatère inscriptible dans un cercle.

3. Si par l'un des points d'intersection de deux circonférences qui se coupent, on mène un diamètre dans chaque circonférence, la droite qui joint les extrémités de ces diamètres passe par le second point d'intersection des deux cercles.

4. Si par le point de contact de deux circonférences on mène deux cordes quelconques, les droites qui joignent les extrémités de ces cordes sont parallèles.

5. Si par l'un des points d'intersection de deux circonférences on mène deux cordes quelconques, les droites qui joignent les extrémités de ces cordes forment un angle constant.

6. Les bissectrices des angles formés par les côtés opposés d'un quadrilatère inscrit se coupent à angle droit.

7. Les pieds des perpendiculaires abaissées d'un point quelconque d'une circonférence sur les trois côtés d'un triangle inscrit dans cette circonférence sont en ligne droite.

8. Les perpendiculaires abaissées des sommets d'un triangle

sur les côtés opposés sont bissectrices des angles du triangle qui a pour sommets les pieds de ces perpendiculaires.

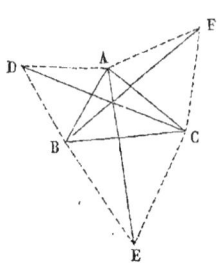

9. Étant donné un triangle ABC, sur chacun des côtés du triangle et extérieurement on construit les triangles équilatéraux, ABD, BCE, ACF, on joint les points A et E, B et F, C et D ; démontrer que les droites AE, BF, CD sont égales, se coupent en un même point, et que de ce point les trois côtés du triangle sont vus sous le même angle.

PROBLÈMES A RÉSOUDRE.

1. Lorsqu'une bille de billard s'avançant contre une bande MN dans une direction AC a rencontré cette bande, elle s'en éloigne suivant une direction CB telle, que l'angle d'incidence ACM est égal à l'angle de réflexion BCN.

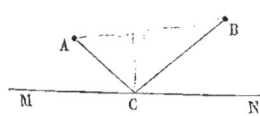

Cela posé, quel chemin doit suivre la bille pour aller d'un point donné A à un autre point donné B, après une réflexion sur la bande MN.

Démontrer que le chemin suivi par la bille est plus court que tout autre chemin allant du point A au point B et touchant la bande.

2. Même question si l'on veut que la bille aille du point A au point B après avoir touché deux ou trois ou quatre bandes (le billard étant supposé rectangulaire).

Démontrer que dans chaque cas le chemin suivi par la bille est plus court que tout autre chemin allant du point A au point B et touchant les mêmes bandes.

3. Trouver sur un côté d'un angle un point également éloigné d'un point de ce côté et de l'autre côté de l'angle.

4. Étant donnés deux couples de parallèles et un point dans leur plan, mener par ce point une sécante telle, que la partie

de cette ligne comprise entre deux parallèles soit égale à la partie de cette ligne comprise entre les deux autres.

5. Mener une parallèle à un côté d'un triangle telle, que la portion de cette ligne comprise dans le triangle soit égale à sa somme ou à la différence des parties des deux autres côtés comprises entre cette ligne et le côté du triangle auquel elle est parallèle.

6. Construire un triangle connaissant deux côtés et une médiane.

7. Construire un triangle connaissant un côté et deux médianes.

8. Construire un triangle connaissant les trois médianes.

9. Construire un triangle connaissant le périmètre et deux angles.

10. Construire un triangle connaissant la base, un angle à la base et la somme ou la différence des deux autres côtés.

11. Construire un quadrilatère connaissant les quatre côtés et une des droites qui joignent les milieux de deux côtés opposés.

12. Construire un pentagone connaissant les milieux des cinq côtés.

13. Étant données deux circonférences qui se coupent, mener par un des points d'intersection une sécante commune qui ait une longueur donnée.

14. Inscrire entre deux circonférences une droite d'une longueur donnée et parallèle à une ligne donnée.

15. Construire un triangle connaissant les pieds des perpendiculaires abaissées des sommets sur les côtés opposés.

16. Construire un triangle connaissant un côté, l'angle opposé, et la somme ou la différence des deux autres côtés.

17. Construire un triangle connaissant un angle, la hauteur correspondante, et le rayon du cercle inscrit.

EXERCICES. 75

18. Construire un triangle connaissant un angle à la base, la hauteur et le périmètre.

19. Construire un triangle connaissant les centres des trois cercles ex-inscrits.

20. D'un point pris hors d'une circonférence mener une sécante telle, que la partie extérieure soit égale à la partie comprise dans le cercle.

21. Tracer une circonférence également distante de quatre points. (Concours de 1853).

22. Avec un rayon donné décrire une circonférence :
1° Tangente à deux droites données.
2° Tangente à une droite et à une circonférence données.
3° Tangente à deux circonférences données.
4° Passant par un point et tangente à une droite donnée.
5° Passant par un point et tangente à une circonférence donnée.

23. Des sommets d'un triangle comme centres décrire trois circonférences qui se touchent mutuellement.

LIEUX GÉOMÉTRIQUES.

1. Lieu géométrique des milieux des cordes inscrites dans une circonférence donnée et passant par un point donné.

2. Lieu géométrique des sommets des triangles ayant pour base commune AB et dans lesquels la médiane partant du sommet A est égale à une longueur donnée.

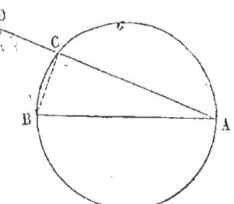

3. Étant donné un cercle, et un diamètre AB, par le point A on mène une sécante quelconque AC, que l'on prolonge d'une longueur CD égale à CB. Quel est le lieu géométrique des points D ainsi obtenus?

4. Par un point A situé hors d'un cercle, on mène une sécante quelconque ABC, par le milieu de BC on élève une perpendiculaire à cette ligne, et on prend sur cette perpendiculaire une longueur ID égale à IA. Quel est le lieu géométrique des points D ?

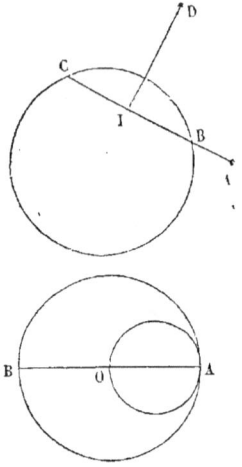

5. La circonférence OA est tangente intérieurement à la circonférence AB, et a pour diamètre le rayon de la circonférence AB. On fait rouler sans glissement la petite circonférence à l'intérieur de la grande, quelle est la ligne parcourue par le point A de la petite circonférence ?

LIVRE TROISIÈME.

LES FIGURES SEMBLABLES.

LIGNES PROPORTIONNELLES.

Définitions et Principes.

1° On dit que deux longueurs sont *proportionnelles* à deux autres longueurs lorsque le rapport des deux premières est égal au rapport des deux dernières.

L'égalité de deux rapports constitue ce qu'on appelle une *proportion*. Soient a et b les deux premières lignes, c et d les deux dernières, l'égalité des deux rapports ou la proportion s'écrira

$$\frac{a}{b} = \frac{c}{d}.$$

2° On dit que des longueurs a, b, c, d, sont proportionnelles à d'autres longueurs a', b', c', d', lorsque, comparées deux à deux, elles présentent une suite de rapports égaux

$$\frac{a}{a'} = \frac{b}{b'} = \frac{c}{c'} = \frac{d}{d'}.$$

Supposons, par exemple, que la valeur de ce rapport soit égale à $\frac{3}{5}$; cela signifie que la longueur a est les $\frac{3}{5}$ de a', que b est les $\frac{3}{5}$ de b', c les $\frac{3}{5}$ de c', et ainsi de suite. En d'autres termes, les longueurs de la première série sont égales à celles de la seconde série, multipliées par la valeur du rapport.

3° Je rappelle ce principe établi en arithmétique, principe

dont nous ferons fréquemment usage. Lorsqu'on a une suite de rapports égaux

$$\frac{a}{a'} = \frac{b}{b'} = \frac{c}{c'} = \ldots,$$

si l'on fait la somme des numérateurs et celle des dénominateurs, on obtient un nouveau rapport

$$\frac{a+b+c+\ldots}{a'+b'+c'+\ldots}$$

égal à chacun des rapports proposés. Supposons, par exemple, que les rapports proposés aient pour valeur $\frac{3}{5}$; chacune des grandeurs $a, b, c\ldots$, étant les $\frac{3}{5}$ de la grandeur correspondante $a', b', c'\ldots$, il est clair que la somme des premières sera aussi les $\frac{3}{5}$ de la somme des dernières ; donc le nouveau rapport aura même valeur que les rapports proposés.

Si on retranche l'un de l'autre les numérateurs et les dénominateurs de deux rapports égaux $\frac{a}{a'}, \frac{b}{b'}$, au lieu de les ajouter, on forme encore un nouveau rapport $\frac{a-b}{a'-b'}$, égal à chacun des premiers, car si chacune des deux grandeurs a et b est les $\frac{3}{5}$ de la grandeur correspondante a' et b', il est clair que la différence $a - b$ est aussi les $\frac{3}{5}$ de la différence $a' - b'$.

4° Si les longueurs ont été mesurées au moyen d'une même unité, il est évident que l'on pourra substituer, dans chaque rapport, aux lignes elles-mêmes, les nombres qui les mesurent, ce qui permet d'effectuer sur ces nombres les opérations de l'arithmétique. Ainsi les lettres désigneront à volonté, soit les longueurs elles-mêmes, soit les nombres qui les représentent.

Par exemple, si dans les deux rapports égaux

$$\frac{a}{b} = \frac{c}{d},$$

on suppose que les lettres désignent les nombres qui mesurent les longueurs au moyen d'une même unité, et si l'on multiplie ces deux rapports égaux par le nombre b et encore par le nombre d, on aura les deux produits égaux

$$a \times d = b \times c.$$

5° La longueur d, qui occupe le quatrième rang dans la proportion, est dite *quatrième proportionnelle* entre les trois autres a, b, c.

Si l'on remplace les longueurs par les nombres qui les représentent, et si l'on divise par le nombre a les deux produits égaux

$$a \times d = b \times c,$$

on trouve

$$d = \frac{b \times c}{a}.$$

6° Lorsque, dans deux rapports égaux, le second terme du premier rapport est le même que le premier terme du second rapport, on dit que cette longueur est *moyenne proportionnelle* entre les deux autres. Soient, par exemple, les deux rapports égaux

$$\frac{a}{b} = \frac{b}{c};$$

la longueur b sera moyenne proportionnelle entre les deux longueurs a et c.

En remplaçant les longueurs par les nombres qui les représentent, et faisant la multiplication, on déduit de là

$$b^2 = a \times c.$$

Ainsi, lorsqu'une longueur est moyenne proportionnelle entre deux autres, le carré du nombre qui la représente est égal au produit des nombres qui représentent les deux autres.

7° Considérons un point M (fig. 130) divisant la droite AB dans un certain rapport. Si l'on imagine que ce point parte de l'extrémité A, et marche vers B, la partie AM augmentant, et la partie MB diminuant, on voit que pour ces deux raisons le rapport de AM à MB ira en croissant d'une manière continue, de zéro à l'infini. Il y aura donc une position du point M pour laquelle le rapport de AM à MB aura une valeur donnée, et il n'y en aura qu'une.

Fig. 130.

80 LIVRE III.

Quand le point M arrive au milieu de AB, le rapport devient égal à 1 ; jusque-là il était plus petit que 1 ; quand il dépasse le milieu, le rapport devient plus grand que l'unité.

Théorème I.

Toute parallèle à l'un des côtés d'un triangle divise les deux autres côtés en parties proportionnelles.

Soit la droite DE (fig. 131) parallèle à la base BC du triangle ABC ; je dis qu'elle divise les deux autres côtés AB, AC, en parties proportionnelles. En effet, supposons que les deux longueurs AD et DB aient une commune mesure qui soit contenue, par exemple, trois fois dans la première, deux fois dans la seconde ; le rapport de ces deux longueurs sera exprimé par la fraction $\frac{3}{2}$. Par les points de division F, G, H, menons des parallèles au côté BC du triangle. Je vais démontrer que le côté AC est divisé par ces parallèles en cinq parties égales, comme le côté AB. Si par les points F, G, D, H, on mène des parallèles au côté AC, on forme cinq petits triangles AFK, FGN, GDO, DHP, HBQ, qui sont égaux entre eux, comme ayant un côté égal adjacent à deux angles égaux chacun à chacun ; par exemple, le côté AF du premier triangle est égal au côté FG du second, l'angle FAK est égal à l'angle correspondant GFN, et l'angle AFK à l'angle correspondant FGN. Ces triangles étant égaux, les côtés AK, FN, GO, DP, HQ, sont égaux entre eux. Mais les droites FN et KL sont égales comme côtés opposés d'un parallélogramme ; de même, GO = LE, DP = EM, HQ = MC. Ainsi, le côté AC est divisé en cinq parties égales, comme le côté AB. La portion AE contient trois de ces parties, la portion EC en contient deux ; ainsi le rapport des deux longueurs AE et EC sera exprimé par la fraction $\frac{3}{2}$, comme celui des deux longueurs AD et DB. On voit par là que le rapport des deux parties AE et EC est le même que celui des deux parties

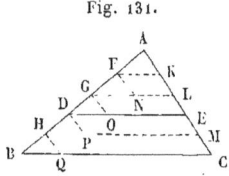

Fig. 131.

AD et DB, ce qu'on énonce en disant que la parallèle DE divise les deux côtés AB, AC, en parties proportionnelles.

Cette propriété, ayant lieu si petite que soit la commune mesure des longueurs AD et DB, subsiste dans tous les cas.

COROLLAIRE. On voit sur la figure que le rapport des deux longueurs AE et AC est exprimé par la fraction $\frac{3}{5}$, comme celui des deux longueurs AD et AB. Ainsi, on peut dire encore que le rapport de AE à AC est égal à celui de AD à AB. De même, le rapport de EC à AC est égal à celui de DB à AB.

THÉORÈME II.

Réciproquement, *lorsqu'une droite* DE *divise deux côtés d'un triangle en parties proportionnelles, elle est parallèle au troisième côté* BC.

Comme nous l'avons expliqué précédemment (page 79), il n'y a qu'un seul point E (fig. 132) qui divise la droite AC, de telle sorte que le rapport de AE à EC soit égal au rapport donné de AD à DB. Si par le point D on mène une parallèle à BC, cette parallèle, divisant le côté AC dans ce même rapport, passera nécessairement par le point E, et la droite DE se confondra avec la parallèle.

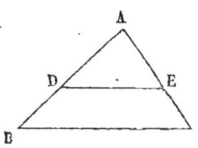
Fig. 132.

REMARQUE. Au lieu de supposer que les deux longueurs AE et EC sont proportionnelles aux deux longueurs AD et DB, on aurait pu supposer, ce qui revient au même, que les deux longueurs AE et AC sont proportionnelles aux deux longueurs AD et AB. Car l'une des hypothèses entraîne l'autre.

THÉORÈME III.

La bissectrice AD *de l'angle* A *d'un triangle divise le côté opposé* BC *en deux parties proportionnelles aux côtés adjacents* AB *et* AC.

Du sommet C (fig. 133) je mène une parallèle CE à la bissectrice AD jusqu'à sa rencontre avec le prolongement du côté BA. L'angle AEC est égal à l'angle correspondant BAD, et l'angle ACE à l'angle alterne-interne CAD; les deux angles BAD, CAD, étant égaux, à cause de la bissectrice AD, les deux angles AEC, ACE, sont aussi égaux; donc le triangle CAE est isocèle, et les côtés AC et AE, opposés aux angles égaux, sont égaux (10, I.).

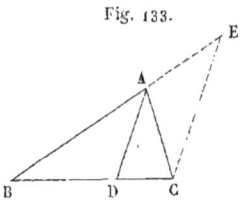

Fig. 133.

La droite DA parallèle au côté CE du triangle CBE, divise les deux côtés BC et BE en parties proportionnelles (1), c'est-à-dire que le rapport des deux parties BD et DC est égal au rapport des deux parties BA et AE; en remplaçant la longueur AE par son égale AC, on voit que les deux parties BD et DC, déterminées par la bissectrice sur le côté BC, sont proportionnelles aux deux côtés adjacents AB et AC.

COROLLAIRE. Réciproquement, *si un point* D *partage le côté* BC *d'un triangle en deux parties* BD *et* DC *proportionnelles aux côtés adjacents* AB *et* AC, *la droite* AD *est bissectrice de l'angle* A. Puisqu'il n'y a qu'un seul point D qui divise la droite BC dans le rapport des côtés AB et AC, la bissectrice de l'angle A, divisant cette droite dans ce même rapport, passera nécessairement par le point D et la droite AD se confondra avec la bissectrice.

REMARQUE. Nous avons, dans le théorème précédent, mené la bissectrice AD de l'angle intérieur A du triangle; la bissectrice AF (fig. 134) de l'angle extérieur CAE jouit d'une propriété analogue; elle détermine sur le prolongement du côté opposé BC un point F dont les distances aux points B et C sont proportionnelles aux côtés adjacents AB et AC.

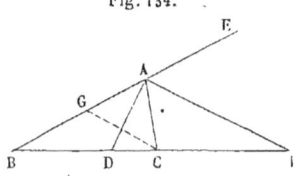

Fig. 134.

En effet, si, par le sommet C on mène une parallèle CG à la bissectrice AF, on démontrera, comme précédemment, que le triangle ACG est isocèle, et que le côté AC

LIGNES PROPORTIONNELLES.

égale AG ; à cause de la parallèle CG au côté FA du triangle ABF, on a les deux rapports égaux

$$\frac{FB}{FC} = \frac{AB}{AG};$$

en remplaçant la longueur AG par son égale AC, on voit que les distances FB et FC, déterminées par la bissectrice de l'angle extérieur, sont proportionnelles aux deux côtés adjacents AB et AC.

La réciproque est vraie : si le point F, pris sur le prolongement de BC, est tel, que le rapport de FB à FC soit égal au rapport de AB à AC, la droite AF est bissectrice de l'angle extérieur CAE. Nous supposons le côté AB plus grand que AC. Il est aisé de voir d'abord qu'il existe sur le prolongement de BC un point F tel, que le rapport de FB à FC ait une valeur donnée plus grande que l'unité et qu'il n'en existe qu'un ; en effet, ce rapport peut s'écrire

$$\frac{FB}{FC} = \frac{FC + BC}{FC} = 1 + \frac{BC}{FC};$$

imaginons que le point F parte du point C, et se meuve sur le prolongement de BC en s'éloignant indéfiniment ; le rapport de BC à FC ira en diminuant d'une manière continue de l'infini à zéro, puisque le numérateur BC est constant, tandis que le dénominateur augmente de plus en plus ; le rapport de FB à BC, qui surpasse le précédent d'une unité, ira aussi en diminuant d'une manière continue de l'infini à 1. Puisqu'il n'existe sur le prolongement de BC qu'un seul point F pour lequel le rapport de FB à FC soit égal au rapport de AB à AC, la bissectrice de l'angle extérieur, donnant ce même rapport, passera nécessairement par le point F et coïncidera avec AF.

Si le côté AB était plus petit que AC, la bissectrice de l'angle extérieur rencontrerait le prolongement du côté CB en sens inverse, vers la gauche.

84   LIVRE III.

POLYGONES SEMBLABLES.

Définitions.

1° On dit que deux polygones sont *semblables* lorsqu'ils ont les angles égaux chacun à chacun, et les côtés homologues proportionnels.

On entend par côtés *homologues* les côtés adjacents aux angles égaux.

2° Le rapport constant des côtés homologues est le rapport de *similitude* des deux figures.

Par exemple, si deux polygones ont les angles égaux chacun à chacun, et si les côtés du premier sont deux fois plus grands que les côtés homologues du second, les deux polygones sont semblables et le rapport de similitude est 2.

Théorème IV.

Une droite DE *parallèle à l'un des côtés* BC *d'un triangle* ABC *détermine un second triangle* ADE *semblable au premier.*

On voit immédiatement que les deux triangles ont leurs angles égaux chacun à chacun, savoir : l'angle A (fig. 135) commun, les angles D et B égaux comme correspondants, de même les angles E et C.

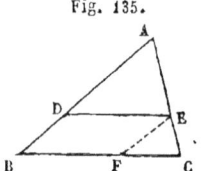

Fig. 135.

Je dis maintenant que les côtés sont proportionnels. De ce que la droite DE est parallèle à BC, il résulte déjà que le rapport des deux côtés AB et AD est le même que celui des deux côtés AC et AE. Par le point E menons une parallèle EF au côté AB ; cette parallèle divisera de même les deux côtés CA et CB en parties proportionnelles et le rapport de BC à BF sera le même que celui de AC à AE. Mais les deux droites BF et DE sont égales comme côtés opposés d'un parallélogramme ; on en conclut que le rapport des deux côtés BC et DE est aussi égal à celui des côtés AC et AE, comme celui

POLYGONES SEMBLABLES. 85

de AB à AD. Les deux triangles ABC, DEF, ayant ainsi les angles égaux chacun à chacun et les côtés proportionnels, sont semblables.

Théorème V.

Deux triangles ABC, A'B'C', *qui ont leurs angles égaux chacun à chacun, sont semblables.*

Soit l'angle A (fig. 136) égal à A' et l'angle B égal à B'; le troisième angle C sera nécessairement égal à C', puisque la somme des trois angles d'un triangle vaut deux angles droits. Sur le côté AB, prenons une longueur AD égale à A'B', et par le point D menons une parallèle DE à BC. On sait, en vertu du théorème précédent, que cette parallèle détermine un triangle ADE semblable à ABC. Mais le triangle ADE est égal au triangle A'B'C', comme ayant un côté égal adjacent à deux angles égaux, savoir : le côté AD égal à A'B', l'angle A égal à A', et l'angle ADE égal à l'angle correspondant B et par conséquent à l'angle B'. Puisque le triangle A'B'C' est égal au triangle ADE, il est évidemment semblable au triangle ABC.

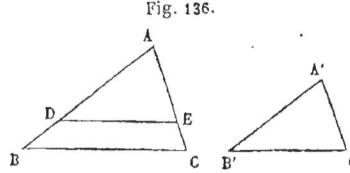
Fig. 136.

Remarque. Pour que deux triangles soient semblables, il suffit qu'ils aient deux angles égaux chacun à chacun; car alors les troisièmes angles sont aussi égaux.

Il faut remarquer que, dans deux triangles semblables, les côtés homologues sont opposés aux angles égaux.

Théorème VI.

Deux triangles ABC, A'B'C', *qui ont leurs côtés proportionnels, sont semblables.*

Nous supposons que le rapport du côté A'B' au côté AB (fig. 137) est le même que celui de A'C' à AC, et aussi le même que celui de B'C' à BC. Pour fixer les idées, soit $\frac{3}{5}$ la valeur de ce rapport. Sur le côté AB, prenons comme précédemment une longueur AD égale à A'B', et par le point D menons une parallèle DE à BC, parallèle qui détermine un triangle ADE semblable à ABC. Il est aisé de voir que ce triangle ADE est égal au triangle A'B'C'. Les triangles semblables ADE, ABC, ont leurs côtés proportionnels; puisque le rapport de A'B' ou de AD à AB est $\frac{3}{5}$, chacun des côtés du triangle ADE sera les trois cinquièmes du côté homologue du triangle semblable ABC. Mais, par hypothèse, les côtés du triangle A'B'C' sont aussi les trois cinquièmes de ces mêmes côtés. On en conclut que les deux triangles ADE, A'B'C', ont leurs côtés égaux chacun à chacun et par conséquent sont égaux entre eux. Donc les triangles ABC, A'B'C', sont semblables.

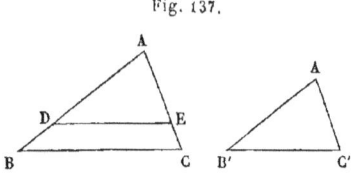

Fig. 137.

Remarque. D'après la définition générale de la similitude des polygones, deux triangles semblables sont deux triangles qui ont leurs angles égaux chacun à chacun et leurs côtés homologues proportionnels. Il faut remarquer que l'une de ces conditions suffit pour la similitude des triangles : nous avons démontré, en effet, dans le théorème V, que si deux triangles ont leurs angles égaux chacun à chacun, ils sont semblables, et par conséquent ont leurs côtés homologues proportionnels, et, dans le théorème VI, que si deux triangles ont leurs côtés proportionnels, ils sont semblables, et par conséquent ont leurs angles égaux chacun à chacun. Ainsi l'égalité des angles entraîne la proportion des côtés, et réciproquement. Il suffit de reconnaître une seule de ces deux conditions pour que l'on puisse affirmer la similitude des triangles.

Théorème VII.

Deux triangles ABC, A'B'C', *qui ont un angle égal compris entre deux côtés proportionnels, sont semblables.*

Soit l'angle A (fig. 137) égal à A' et les côtés AB et AC proportionnels aux côtés A'B' et A'C'. Nous supposerons comme précédemment que le rapport de A'B' à AB, ou de A'C' à AC soit égal à $\frac{3}{5}$. Prenons encore sur AB une longueur AD égale à A'B' et par le point D menons à BC une parallèle DE, qui détermine un triangle ADE semblable à ABC. Ces triangles semblables ont leurs côtés proportionnels ; puisque AD est les trois cinquièmes de AB, le côté AE sera les trois cinquièmes de AC. Mais A'C' est aussi les trois cinquièmes de AC; donc le côté A'C' est égal à AE. Il résulte de là que les deux triangles ADE, A'B'C', sont égaux comme ayant un angle égal compris entre deux côtés égaux chacun à chacun, savoir : l'angle A égal à A', le côté AD égal à A'B', et le côté AE égal à A'C'. Ainsi les deux triangles ABC, A'B'C', sont semblables.

Théorème VIII.

Deux triangles qui ont leurs côtés parallèles ou perpendiculaires chacun à chacun, sont semblables.

Ce théorème est une conséquence immédiate du théorème V. Supposons d'abord que les deux triangles aient leurs côtés parallèles chacun à chacun (fig. 138). Nous avons démontré que deux angles, qui ont leurs côtés respectivement parallèles, sont égaux ou supplémentaires (25, I). Les deux triangles auront donc leurs angles égaux ou supplémentaires. Mais il est aisé de voir qu'ils sont nécessairement égaux. En effet, si les trois angles, ou seulement deux, étaient supplémentaires chacun à chacun, la somme des six angles des deux triangles serait plus grande que quatre angles droits. Ainsi il y a au moins deux angles égaux chacun à chacun; mais alors les trois angles sont égaux, et les triangles sont semblables. Les côtés parallèles sont homologues.

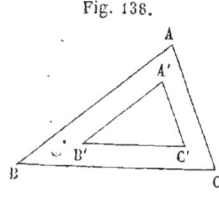
Fig. 138.

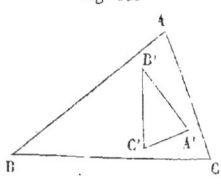
Fig. 139

Il en est de même si les deux triangles ont leurs côtés perpendiculaires chacun à chacun (fig. 139). Les angles seront encore égaux entre eux et les triangles semblables. Les côtés perpendiculaires sont homologues.

Théorème IX.

Deux polygones composés d'un même nombre de triangles semblables chacun à chacun, et disposés dans le même ordre, sont semblables.

Soient les deux polygones ABCDE, A'B'C'D'E' (fig. 140), composés de triangles semblables chacun à chacun et disposés dans le même ordre. Dans les triangles semblables, les rapports des côtés homologues sont égaux; mais les triangles consécutifs ayant un côté commun, il est clair que tous ces rapports sont égaux entre eux. Ainsi les deux polygones ont leurs côtés proportionnels. D'autre part, les angles des triangles semblables étant égaux chacun à chacun, les deux polygones auront leurs angles égaux, soit directement, soit comme formés de parties égales. Les deux polygones, ayant ainsi leurs côtés proportionnels et leurs angles égaux, sont semblables.

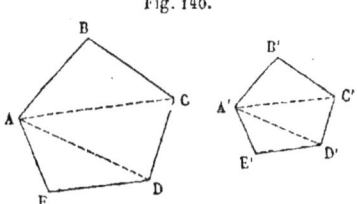
Fig. 140.

Théorème X.

Réciproquement, *deux polygones semblables sont décomposables en un même nombre de triangles semblables chacun à chacun.*

Soient les deux polygones semblables ABCDE, A'B'C'D'E' (fig. 140). Je partage le premier polygone en triangles par les diagonales AC, AD, et aussi le second par les diagonales homologues A'C', A'D'. L'angle B étant égal à B' et le rapport de AB à A'B' égal à celui de BC à B'C', les deux triangles ABC, A'B'C', sont semblables comme ayant un angle égal compris entre

POLYGONES SEMBLABLES.   89

deux côtés proportionnels (7). Dans ces triangles semblables, les angles BCA, B'C'A', sont égaux. Si on les retranche des angles égaux C et C' des polygones, il reste des angles égaux ACD, A'C'D'. Dans ces mêmes triangles semblables, le rapport de AC à A'C' égale celui de BC à B'C'; mais ce dernier rapport, dans les polygones semblables, égale celui de CD à C'D'; donc le rapport de AC à A'C' égale celui de CD à C'D', et les deux triangles ACD, A'C'D', sont semblables comme ayant un angle égal compris entre côtés proportionnels. On continuera de la même manière de proche en proche jusqu'aux derniers triangles.

REMARQUE. Pour que deux triangles soient semblables, il suffit, comme nous l'avons vu, que les angles soient égaux, ou les côtés proportionnels. L'une des conditions entraîne l'autre. Il n'en est pas de même pour les polygones. Par exemple, deux rectangles quelconques ont les angles égaux, et cependant ils ne sont pas semblables; il faut pour cela qu'ils aient les côtés proportionnels. Deux losanges quelconques ont les côtés proportionnels, et cependant ils ne sont pas semblables; il faut pour cela qu'ils aient un angle égal.

THÉORÈME XI.

Les périmètres de deux polygones semblables sont proportionnels à deux côtés homologues.

Dans les deux polygones semblables, les côtés homologues sont proportionnels. Mais on sait que lorsqu'on a une suite de rapports égaux, si l'on fait la somme des numérateurs et celle des dénominateurs, on obtient un nouveau rapport égal à chacun des rapports proposés. Ainsi le rapport des périmètres des deux polygones est égal à celui de deux côtés homologues.

Pour faire bien comprendre le principe sur lequel nous nous appuyons, il est bon de l'expliquer directement sur l'exemple actuel. Supposons d'abord que le rapport de similitude soit un nombre entier 2; les côtés du premier polygone étant deux fois plus grands que les côtés homologues du second polygone, il est clair que le périmètre du premier polygone sera lui-même deux fois plus grand que le périmètre du second. En général, le rapport de similitude sera un nombre fractionnaire, par exemple $\frac{8}{5}$; chacun des côtés du premier polygone étant les huit cinquièmes du côté homologue du second polygone, le périmètre du premier polygone sera également les huit cinquièmes du périmètre du second. Ainsi le rapport des périmètres de deux polygones semblables est égal au rapport de deux côtés homologues.

Théorème XII.

Si l'on joint un point quelconque aux différents sommets d'un polygone et si l'on prend sur ces droites des longueurs proportionnelles, on forme un second polygone semblable au premier.

Soit le polygone ABCDE (fig. 141). Je joins un point arbitraire O aux différents sommets et sur les droites OA, OB,

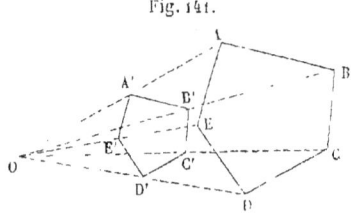
Fig. 141.

OC,..., je prends des longueurs proportionnelles OA', AB', OC',..., c'est-à-dire des longueurs telles que le rapport de OA' à OA soit le même que celui de OB' à OB, que celui de OC' à OC,.... La droite A'B', divisant les lignes OA et OB en parties proportionnelles, est parallèle à AB (2), et à cause de la similitude des triangles OA'B', OAB, le rapport de A'B' à AB est le même que celui de OA' à OA. De même B'C' est parallèle à BC, et le rapport de B'C' à BC est le même que celui de OB' à OB ou de OA' à OA; et ainsi de suite. Les deux polygones, ayant leurs côtés parallèles et dirigés dans le même sens, ont leurs angles égaux; on a vu d'ailleurs que les côtés sont proportionnels; donc les deux polygones sont semblables.

Remarque I. Les deux polygones ainsi disposés sont dits

semblables et semblablement placés. Le point O est le *centre de similitude*, le rapport de OA′ à OA est le rapport de similitude.

Si l'on fait varier le rapport de similitude de zéro à l'infini, on construira de cette façon tous les polygones semblables au polygone proposé. Dans la figure précédente, le rapport de similitude est plus petit que 1. S'il était plus grand que 1, il faudrait prolonger les droites OA, OB..., et le second polygone serait plus grand que le premier.

REMARQUE II. Si l'on portait les longueurs proportionnelles sur les prolongements des droites OA, OB, OC (fig. 142),.... de l'autre côté du point O, on formerait encore un polygone semblable au polygone proposé, et il serait dit *inversement placé*. En effet, les deux triangles OAB, OA′B′ sont semblables,

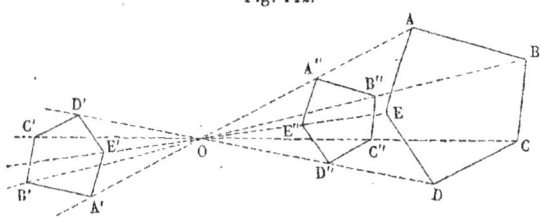

Fig. 142.

comme ayant l'angle opposé par le sommet égal et compris entre deux côtés proportionnels ; à cause de l'égalité des angles alternes-internes OAB, OA′B′, le côté A′B′ est parallèle à AB, mais dirigé en sens contraire ; d'ailleurs ces deux côtés sont entre eux dans le rapport de OA′ à OA. Les deux polygones, ayant leurs côtés respectivement parallèles et dirigés en sens contraire, ont leurs angles égaux ; comme ils ont aussi leurs côtés proportionnels, ils sont semblables.

Imaginons que ce second polygone tourne autour du point O comme autour d'un pivot, de manière que OA′ vienne se placer en OA″, le polygone occupera alors la position A″B″C″D″E″ et sera semblablement placé relativement au premier polygone.

REMARQUE III. Il est facile d'étendre ces propriétés aux figures terminées par des lignes courbes. On peut considérer deux courbes semblables comme les limites de deux polygones semblables dont le nombre des côtés augmente indéfiniment.

Soit AD une courbe quelconque (fig. 143). Joignons un point fixe O du plan aux différents points A, B, C,..., de cette courbe, et sur ces droites prenons des longueurs proportionnelles OA', OB', OC',...; la courbe A'D' qui passe par tous les points ainsi déterminés est semblable à la courbe proposée AD; car on peut considérer ces deux courbes comme les limites vers lesquelles tendent les deux lignes brisées semblables ABCD, A'B'C'D', quand on augmente indéfiniment le nombre des divisions. Non-seulement les deux courbes sont semblables, mais encore elles sont semblablement placées; le point O est le centre de similitude.

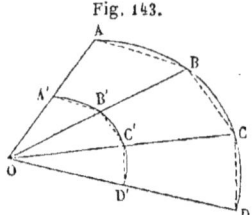

Fig. 143.

Deux cercles sont évidemment des figures semblables; car si on les place l'un sur l'autre de manière que leurs centres coïncident, les rayons partant du centre sont dans un rapport constant.

Dans des cercles différents, deux arcs, ou deux secteurs, ou deux segments, qui ont même angle au centre, sont aussi des figures semblables. Car, si on superpose ces angles égaux, les rayons sont encore dans un rapport constant.

REMARQUE IV. Deux cercles présentent cette particularité remarquable, que, quelle que soit leur situation dans le plan, ils sont toujours semblablement placés. Ceci tient à ce qu'un cercle occupe toujours la même position dans le plan, quand on le fait tourner autour de son centre. Soient les deux cercles C et C' (fig. 144); menons deux rayons parallèles CA, C'A' dans

Fig. 144.

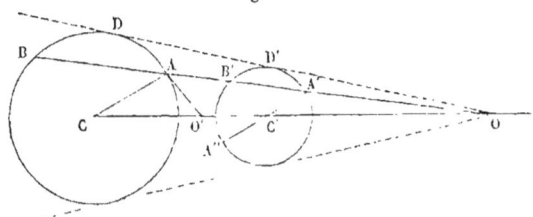

une direction quelconque, la droite AA' qui joint leurs extrémités rencontre la ligne des centres prolongée en un

point O. Les triangles semblables OCA, OC'A', donnent les rapports égaux
$$\frac{OC}{CA} = \frac{OC'}{C'A'}.$$

Si on prend la différence des numérateurs et celle des dénominateurs, on forme un nouveau rapport $\frac{OC - OC'}{CA - C'A'}$ ou $\frac{CC'}{CA - C'A'}$, égal à chacun des premiers; on a donc
$$\frac{OC}{CA} = \frac{CC'}{CA - C'A'};$$
d'où l'on déduit $\quad OC = CC' \times \frac{CA}{CA - C'A'}.$

La distance des centres CC' étant constante, ainsi que les deux rayons, il en résulte que la longueur OC reste la même, quelle que soit la direction dans laquelle on mène les deux rayons parallèles CA, C'A', et par conséquent toutes les droites telles que AA' passent par un même point O situé sur la lignes des centres. Comme d'ailleurs, en vertu de la similitude des mêmes triangles, le rapport des longueurs OA et OA' est constant et égal au rapport des rayons CA et C'A', ce point O est le centre de similitude directe.

Les deux cercles admettent un autre centre de similitude. Menons le rayon C'A" parallèle à CA mais en sens inverse, la droite AA" rencontre la ligne des centres en un point O'. Les triangles semblables O'CA, O'C'A", donnent les deux rapports égaux
$$\frac{O'C}{CA} = \frac{O'C'}{C'A''};$$
si l'on ajoute les numérateurs et les dénominateurs, on forme un nouveau rapport $\frac{O'C + O'C'}{CA + C'A''}$ ou $\frac{CC'}{CA + C'A''}$ égal à chacun des premiers : on a donc
$$\frac{O'C}{CA} = \frac{CC'}{CA + C'A''},$$
d'où l'on déduit $\quad O'C = CC' \times \frac{CA}{CA + C'A''}.$

Ainsi la longueur O'C est constante et toutes les droites telles que AA″ passent par un même point O′ situé sur la ligne des centres. Comme d'ailleurs le rapport de O′A à O′A″ est constant, on en conclut que le point O′ est un centre de similitude inverse.

Il est à remarquer que les tangentes communes aux deux cercles passent par l'un ou l'autre des deux centres de similitude. Par exemple, la tangente extérieure DD′ passe par le centre de similitude directe O; car si l'on imagine que la sécante OB tourne autour du point O, quand les deux points A et B se confondront en D, les deux points homologues A′ et B′ se confondront aussi en D′ et la droite deviendra tangente aux deux cercles. Ceci nous fournit un nouveau moyen de mener une tangente commune à deux cercles.

Quand les deux cercles sont égaux, la droite AA′ devient parallèle à CC′ et le point O, centre de similitude directe, s'éloigne à l'infini; le point O′, centre de similitude inverse, se place au milieu de la ligne des centres.

APPLICATION AUX LIGNES PROPORTIONNELLES.

THÉORÈME XIII.

Si, du sommet de l'angle droit d'un triangle rectangle, on abaisse une perpendiculaire sur l'hypoténuse : 1° chacun des côtés de l'angle droit est moyenne proportionnelle entre l'hypoténuse et le segment adjacent ; 2° la perpendiculaire est moyenne proportionnelle entre les deux segments de l'hypoténuse.

Soit le triangle rectangle ABC (fig. 145). Du sommet A de l'angle droit, j'abaisse la perpendiculaire AD sur l'hypoténuse.

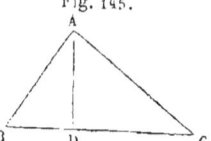
Fig. 145.

Je remarque d'abord que cette perpendiculaire détermine deux triangles partiels semblables au triangle proposé.

En effet, les deux triangles ABD, ABC ont l'angle aigu B commun; l'angle droit ADB est égal à l'angle droit BAC; donc le troisième angle BAD de l'un est égal au troisième angle C de l'autre, et les deux

APPLICATION AUX LIGNES PROPORTIONNELLES. 95

triangles sont semblables comme ayant leurs trois angles égaux chacun à chacun. De même les deux triangles ACD, ABC ont l'angle aigu C commun; les angles droits ADC, BAC sont égaux : donc le troisième angle CAD de l'un égale le troisième angle B de l'autre, et les triangles sont semblables.

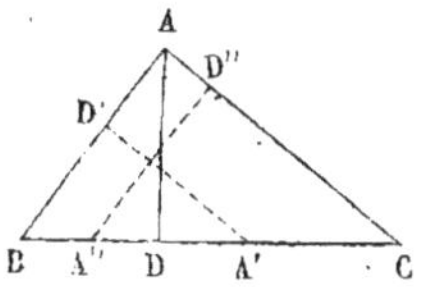

Pour bien montrer aux yeux la similitude de ces triangles, j'imagine les deux triangles partiels retournés et appliqués, l'un en BD'A', l'autre en CD"A" (fig. 146); à cause de l'angle droit D', le côté D'A' sera parallèle à AC; de même, à cause de l'angle droit D", le côté D"A" sera parallèle à AB. Dans cette postion, on reconnaît immédiatement les côtés homologues.

Fig. 146.

Les deux triangles semblables BAC, BD'A' ont leurs côtés homologues proportionnels; le rapport des côtés homologues BC et BA' est égal au rapport des côtés homologues BA et BD', ce qui s'écrit

$$\frac{BC}{BA'} = \frac{BA}{BD'}.$$

Mais la ligne BA' est la même que BA, la ligne BD' la même que BD; on a donc les deux rapports égaux

$$\frac{BC}{BA} = \frac{BA}{BD}.$$

Dans cette proportion ou égalité de deux rapports, on voit que le côté BA occupe les deux places moyennes, c'est-à-dire la seconde et la troisième. Ainsi le côté BA de l'angle droit est moyenne proportionnelle entre l'hypoténuse entière BC, et le segment ou partie adjacente BD.

De même les triangles semblables CAB, CD"A", donnent les deux rapports égaux

$$\frac{CB}{CA''} = \frac{CA}{CD''};$$

comme les lignes CA'' et CD'' ne sont autre chose que CA et CD, ces rapports égaux deviennent

$$\frac{CB}{CA} = \frac{CA}{CD},$$

et l'on voit que le côté CA de l'angle droit est moyenne proportionnelle entre l'hypoténuse entière CB et le segment adjacent CD.

Considérons maintenant les deux triangles semblables $BD'A'$, $A''D''C$; le rapport des deux côtés homologues BD' et $A''D''$ est égal au rapport des deux côtés homologues $A'D'$ et CD'', ce qui s'écrit

$$\frac{BD'}{A''D''} = \frac{A'D'}{CD''}.$$

Mais les deux lignes $A'D'$ et $A''D''$ ne sont autre chose que la perpendiculaire AD; d'ailleurs les lignes BD' et CD'' sont les mêmes que BD et CD; les deux rapports égaux deviennent donc

$$\frac{BD}{AD} = \frac{AD}{CD}.$$

Ainsi la perpendiculaire AD, abaissée du sommet de l'angle droit sur l'hypoténuse, est moyenne proportionnelle entre les deux segments BD et CD de l'hypoténuse.

COROLLAIRES. Supposons que les longueurs de la figure aient été mesurées au moyen d'une même unité, et remplaçons les longueurs par les nombres qui les représentent. Des deux rapports égaux

$$\frac{BD}{AD} = \frac{AD}{DC},$$

on déduit, par la multiplication,

$$\overline{AD}^2 = BD \times DC.$$

Ainsi, *le carré de la perpendiculaire égale le produit des deux segments de l'hypoténuse.*

Des deux rapports égaux

$$\frac{BC}{AB} = \frac{AB}{BD},$$

APPLICATION AUX LIGNES PROPORTIONNELLES.

on déduit de même
$$\overline{AB}^2 = BC \times BD;$$
les deux rapports égaux
$$\frac{BC}{AC} = \frac{AC}{DC}$$
donnent pareillement
$$\overline{AC}^2 = BC \times DC.$$

Ainsi, *le carré de chacun des côtés de l'angle droit égale le produit de l'hypoténuse par le segment adjacent.*

APPLICATION.

Supposons que les deux segments BD et DC, déterminés sur l'hypoténuse par la perpendiculaire AD abaissée du sommet de l'angle droit, soient, l'un de 3 mètres, l'autre de 5 mètres, et proposons-nous de calculer les deux côtés de l'angle droit et la perpendiculaire. L'hypoténuse entière vaut 3 + 5 ou 8 mètres. On a, en vertu de ce qui précède,

$$\overline{AB}^2 = 8 \times 3 = 24,$$
$$\overline{AC}^2 = 8 \times 5 = 40,$$
$$\overline{AD}^2 = 3 \times 5 = 15;$$

d'où l'on déduit, en extrayant la racine carrée,

$$AB = \sqrt{24} = 4,899,$$
$$AC = \sqrt{40} = 6,325,$$
$$AD = \sqrt{15} = 3,873,$$

à un millimètre près.

REMARQUES.

Avant d'aller plus loin, nous allons établir sur les nombres quelques propositions très-simples dont nous nous servirons par la suite.

Désignons par les lettres a et b deux nombres quelconques, et proposons-nous de faire le carré de la somme $a+b$ de ces deux nombres.

$$\begin{array}{r} a+b \\ a+b \\ \hline a^2+ba \\ +ab+b^2 \\ \hline a^2+2ab+b^2. \end{array}$$

Il faut d'abord multiplier chacune des parties du multiplicande par la première partie a du multiplicateur, ce qui donne a^2+ba; il faut ensuite multiplier chacune des parties du multiplicande par la seconde partie b du multiplicateur, ce qui donne $ab+b^2$. En ajoutant les deux produits partiels, et remarquant que $b \times a = a \times b$, on obtient pour le produit demandé

$$(a+b)^2 = a^2+2ab+b^2.$$

Ainsi *le carré de la somme de deux nombres est égal à la somme des carrés de ces deux nombres, plus deux fois leur produit*. Cette propriété a déjà été vue en arithmétique.

Proposons-nous maintenant de faire le carré de la différence des deux nombres a et b.

$$\begin{array}{r} a-b \\ a-b \\ \hline a^2-ba \\ -ab+b^2 \\ \hline a^2-2ab+b^2. \end{array}$$

Il faut d'abord multiplier les deux termes du multiplicande par le premier terme a du multiplicateur, ce qui donne a^2-ba. Il faut ensuite multiplier les deux termes du multiplicande par b, ce qui donne $ab-b^2$, et retrancher ce dernier produit. Si l'on retranche ab, on retranche une quantité trop grande de b^2, ce qui donne un résultat trop petit de b^2; il faut donc, pour corriger l'erreur, ajouter b^2. On aura donc

$$(a-b)^2 = a^2+b^2-2ab.$$

Ainsi *le carré de la différence de deux nombres est égal à la somme des carrés de ces deux nombres, moins deux fois leur produit*.

APPLICATION AUX LIGNES PROPORTIONNELLES. 99

Théorème XIV.

Le carré de l'hypoténuse d'un triangle rectangle est égal à la somme des carrés des deux autres côtés.

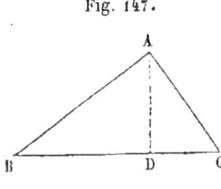

Fig. 147.

Du sommet A (fig. 147) de l'angle droit, j'abaisse la perpendiculaire AD sur l'hypoténuse. On sait, d'après le théorème précédent, que le carré de chacun des côtés de l'angle droit est égal au produit de l'hypoténuse par le segment adjacent, ce qui donne

$$\overline{AB}^2 = BC \times BD,$$
$$\overline{AC}^2 = BC \times DC.$$

En additionnant ces deux égalités, on a

$$\overline{AB}^2 + \overline{AC}^2 = BC \times (BD + DC);$$

car multiplier la longueur BC séparément par chacun des deux nombres BD et DC, et ajouter les produits partiels, revient évidemment à multiplier cette longueur par leur somme BD + DC. Mais la somme BD + DC des deux segments est égale à l'hypoténuse entière BC; on a donc le produit du nombre BC par ce nombre lui-même, c'est-à-dire le carré de BC, et l'égalité précédente devient

$$\overline{AB}^2 + \overline{AC}^2 = \overline{BC}^2.$$

Donc le carré du nombre qui exprime l'hypoténuse est égal à la somme des carrés des nombres qui expriment les deux côtés de l'angle droit.

Corollaires. Le carré de la diagonale d'un rectangle est égal à la somme des carrés de deux côtés adjacents du rectangle. Car cette diagonale est l'hypoténuse d'un triangle rectangle dont les côtés du rectangle forment l'angle droit.

Fig. 148.

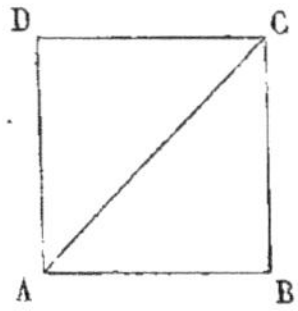

Il en résulte que le carré de la diagonale AC (fig. 148) d'un carré est égal à deux fois le carré du côté AB, ce qui donne

$$\overline{AC}^2 = 2\overline{AB}^2;$$

d'où l'on déduit, en extrayant la racine carrée,

$$AC = AB \times \sqrt{2},$$

ou
$$\frac{AC}{AB} = \sqrt{2}.$$

Ainsi le rapport de la diagonale au côté du carré est exprimé par $\sqrt{2}$. Comme il n'existe pas de nombre fractionnaire dont le carré soit exactement 2, ceci nous apprend que ces deux lignes n'ont pas de commune mesure, c'est-à-dire qu'il n'existe pas de longueur, quelque petite qu'elle soit, qui soit contenue exactement dans chacune d'elles. Si donc l'on prend pour unité de longueur le côté du carré, la diagonale, n'ayant pas de commune mesure avec l'unité, sera dite *incommensurable*. Il sera impossible de l'exprimer exactement par un nombre fractionnaire : mais on pourra l'obtenir avec une approximation aussi grande qu'on voudra, à l'aide des nombres fractionnaires dont les carrés diffèrent très-peu de 2 ; la diagonale sera donc représentée par le symbole $\sqrt{2}$, à qui, par extension d'idée, on a donné le nom de nombre incommensurable.

APPLICATIONS.

1° Supposons que les côtés de l'angle droit AB et AC aient des longueurs égales à $3^m,40$ et $2^m,58$, on aura

$$\overline{BC}^2 = 3,40^2 + 2,58^2 = 18,22,$$

en ne conservant dans le calcul que les deux premiers chiffres décimaux ; d'où l'on déduit

$$BC = \sqrt{18,22} = 4,27.$$

L'hypoténuse cherchée est de $4^m,27$ à un centimètre près.

2° L'hypoténuse BC est de $4^m,27$, le côté AB de $3^m,40$; calculer l'autre côté AC de l'angle droit. Il est évident que le carré d'un côté de l'angle droit est égal au carré de l'hypoténuse, moins le carré de l'autre côté. On aura donc

$$\overline{AC}^2 = \overline{4,27}^2 - \overline{3,40}^2 = 6,67.$$

APPLICATION AUX LIGNES PROPORTIONNELLES. 101

On en déduit $\quad AC = \sqrt{6,67} = 2^m,58,$

à un centimètre près.

3° Calculer, à un millimètre près, la diagonale d'un carré dont le côté est de $7^m,234$.

Si l'on appelle x cette diagonale, on aura

$$x = 7,234 \times \sqrt{2}.$$

Extrayant la racine de 2 avec quatre décimales, on trouve

$$\sqrt{2} = 1,4142,$$

d'où

$$x = 10,230.$$

4° Calculer, à un millimètre près, le côté d'un carré dont la diagonale est de $10^m,230$.

Puisque la diagonale est égale au côté du carré multiplié par $\sqrt{2}$, réciproquement le côté du carré est égal à la diagonale divisée par $\sqrt{2}$. En appelant x le côté cherché, on aura donc

$$x = \frac{10,230}{\sqrt{2}}.$$

On abrége le calcul en multipliant les deux termes de la fraction par $\sqrt{2}$, ce qui donne

$$x = \frac{10,230 \times \sqrt{2}}{2} = 7,234.$$

DÉFINITIONS.

1° On appelle *projection* d'un point A (fig. 149) sur une droite CD, le pied a de la perpendiculaire abaissée du point A sur la droite CD.

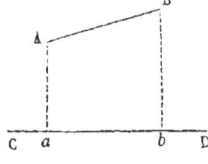

Fig. 149.

2° On appelle *projection* d'une ligne AB sur une droite CD, la portion ab comprise entre les pieds des perpendiculaires abaissées des points A et B sur la droite CD.

LIVRE III.

Théorème XV.

Dans un triangle quelconque, le carré d'un côté opposé à un angle aigu est égal à la somme des carrés des deux autres côtés, moins deux fois le produit de l'un d'eux par la projection du second sur le premier.

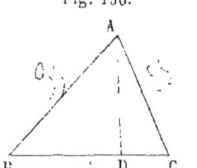
Fig. 150.

Considérons le côté AB (fig. 150) opposé à l'angle aigu C, et du sommet A abaissons une perpendiculaire AD sur le côté opposé BC; la longueur CD est la projection du côté AC sur la droite BC. Dans le triangle rectangle ABD, le carré de l'hypoténuse AB étant égal à la somme des carrés des deux côtés de l'angle droit, on a

$$\overline{AB}^2 = \overline{AD}^2 + \overline{BD}^2.$$

Cherchons maintenant les valeurs de $\overline{AD}^2$ et de $\overline{BD}^2$.

Dans le triangle rectangle ADC, le carré du côté AD de l'angle droit étant égal au carré de l'hypoténuse AC, moins le carré de l'autre côté CD de l'angle droit, on a

$$\overline{AD}^2 = \overline{AC}^2 - \overline{CD}^2.$$

D'autre part, la longueur BD est la différence des deux longueurs BC et CD; mais on a vu que le carré de la différence de deux nombres est égal à la somme des carrés de ces deux nombres moins deux fois leur produit, on a donc

$$\overline{BD}^2 = (BC - CD)^2 = \overline{BC}^2 + \overline{CD}^2 - 2 BC \times CD.$$

Si l'on remplace $\overline{AD}^2$ et $\overline{BD}^2$ par les valeurs que nous venons de trouver, il vient

$$\overline{AB}^2 = \overline{AC}^2 - \overline{CD}^2 + \overline{BC}^2 + \overline{CD}^2 - 2 BC \times CD;$$

en supprimant le terme $\overline{CD}^2$ qui s'ajoute et se retranche, on a finalement

$$\overline{AB}^2 = \overline{BC}^2 + \overline{AC}^2 - 2 BC \times CD.$$

Ainsi le carré du côté AB, opposé à l'angle aigu C, est égal à la

APPLICATION AUX LIGNES PROPORTIONNELLES.   103

somme des carrés des deux autres côtés BC et AC, moins deux fois le produit du premier côté BC par la projection CD du second côté AC sur le premier BC.

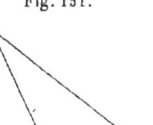

Fig. 151.

Nous avons supposé que la perpendiculaire AD (fig. 151) tombe dans l'intérieur du triangle. Si elle tombait en dehors, CD serait la projection du côté AC sur la droite indéfinie BC, et la même propriété aurait lieu. En effet, le triangle rectangle ABD donne toujours

$$\overline{AB}^2 = \overline{AD}^2 + \overline{BD}^2.$$

Le triangle rectangle ADC donne pareillement

$$\overline{AD}^2 = \overline{AC}^2 - \overline{CD}^2.$$

La longueur BD est ici la différence des longueurs CD et BC, et l'on a

$$\overline{BD}^2 = (CD - BC)^2 = \overline{CD}^2 + \overline{BC}^2 - 2\,BC \times CD.$$

En remplaçant $\overline{AD}^2$ et $\overline{BD}^2$ par leurs valeurs, il vient encore

$$\overline{AB}^2 = \overline{BC}^2 + \overline{AC}^2 - 2\,BC \times CD.$$

Théorème XVI.

Dans un triangle, le carré d'un coté opposé à un angle obtus est égal à la somme des carrés des deux autres côtés, plus deux fois le produit de l'un de ces côtés par la projection du second sur le premier.

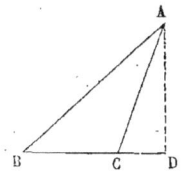

Fig. 152.

Soit le côté AB (fig. 152), opposé à l'angle obtus C. La perpendiculaire AD tombe nécessairement en dehors du triangle, et la longueur CD est la projection du côté AC sur la droite indéfinie BC. Dans le triangle rectangle ABD, le carré de l'hypoténuse AB étant égal à la somme des carrés des deux côtés de l'angle droit, on a

$$\overline{AB}^2 = \overline{AD}^2 + \overline{BD}^2.$$

Cherchons les valeurs de $\overline{AD}^2$ et de $\overline{BD}^2$. Dans le triangle rectangle ACD le carré du côté AD de l'angle droit étant égal au carré de l'hypoténuse AC, moins le carré de l'autre côté CD de l'angle droit, on a
$$\overline{AD}^2 = \overline{AC}^2 - \overline{CD}^2.$$

D'autre part, la longueur BD est la somme des deux longueurs BC et CD; mais on sait que le carré de la somme de deux nombres est égal à la somme des carrés de ces deux nombres, plus deux fois leur produit; on a donc
$$\overline{BD}^2 = (BC + CD)^2 = \overline{BC}^2 + \overline{CD}^2 + 2\,BC \times CD.$$

Si l'on remplace $\overline{AD}^2$ et $\overline{BD}^2$ par leurs valeurs, il vient
$$\overline{AB}^2 = \overline{BC}^2 + \overline{AC}^2 + 2\,BC \times CD.$$

Ainsi le carré du côté AB, opposé à l'angle obtus C, est égal à la somme des carrés des deux autres côtés BC et AC, plus deux fois le produit du premier côté BC par la projection CD du second côté AC sur le premier BC.

COROLLAIRE. Il résulte des théorèmes précédents que réciproquement, *lorsque dans un triangle le carré d'un côté est égal à la somme des carrés des deux autres, l'angle opposé au premier côté est droit, et le triangle rectangle.*

THÉORÈME XVII.

Si, d'un point P *pris dans le plan d'un cercle, on mène des sécantes, le produit des distances de ce point aux deux points d'intersection de chaque sécante avec la circonférence est constant, quelle que soit la direction de la sécante.*

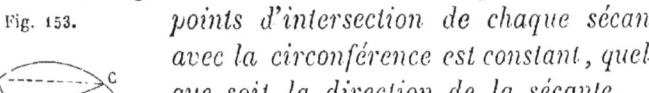

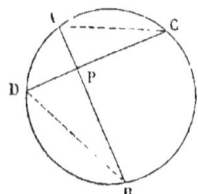

Fig. 153.

Considérons d'abord le cas où le point P (fig. 153) est pris à l'intérieur du cercle. Par ce point menons deux sécantes quelconques AB, CD, et joignons AC, BD. Dans les deux triangles PAC, PDB, les angles en P, opposés par le sommet, sont égaux; les angles inscrits ACD, ABD, ayant pour

APPLICATION AUX LIGNES PROPORTIONNELLES. 105

mesure la moitié du même arc AD, sont aussi égaux, et de même les deux angles inscrits CAB, CDB, qui ont pour mesure la moitié du même arc BC. Ces deux triangles, ayant leurs angles égaux chacun à chacun, sont semblables, et ont leurs côtés homologues proportionnels. On sait que les côtés homologues sont opposés aux angles égaux. Le côté PA du premier triangle, opposé à l'angle C, a pour homologue dans le second le côté PD, opposé à l'angle égal B ; de même le côté PC du premier triangle, opposé à l'angle A, a pour homologue dans le second le côté PB, opposé à l'angle égal D. On a donc les deux rapports égaux

$$\frac{PA}{PD} = \frac{PC}{PB},$$

d'où l'on déduit par la multiplication

$$PA \times PB = PC \times PD.$$

On voit que le produit des deux segments de la première sécante est égal au produit des deux segments de la seconde sécante. Ainsi, pour toutes les sécantes menées par un même point intérieur P, le produit des deux segments de chaque sécante est constant.

Considérons maintenant le cas où le point P (fig. 154) est pris en dehors du cercle. Par ce point menons deux sécantes quelconques PA, PC, et joignons AD, BC. Les deux triangles PAD, PBC ont l'angle P commun ; les deux angles inscrits BAD, BCD sont égaux, comme ayant pour mesure la moitié du même arc BD ; donc les troisièmes angles PDA, PBC sont aussi égaux et les triangles semblables. Le côté PA du premier triangle, opposé à l'angle PDA, a pour homologue dans le second le côté PC, opposé à l'angle égal PBC ; de même le côté PD du premier triangle, opposé à l'angle A, a pour homologue dans le second le côté PB, opposé à l'angle égal C. On a donc les deux rapports égaux

Fig. 154.

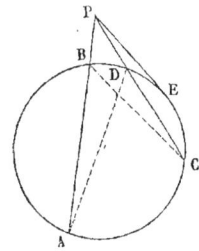

$$\frac{PA}{PC} = \frac{PD}{PB},$$

d'où l'on déduit

$$PA \times PB = PC \times PD.$$

On voit que le produit de la première sécante PA par sa partie extérieure PB est égal au produit de la seconde sécante PC par sa partie extérieure PD ; ainsi, pour toutes les sécantes menées par un point extérieur P, le produit de la sécante entière par sa partie extérieure est constant.

COROLLAIRE. Supposons que la sécante PC tourne autour du point P, de manière que les deux points C et D se rapprochent de plus en plus pour se réunir en E; la sécante entière PC et sa partie extérieure PD se confondront toutes deux avec la tangente PE, et le produit PC × PD deviendra le carré de PE. Comme ce produit conserve toujours la même valeur, quand la sécante tourne autour du point P, on a

$$\overline{PE}^2 = PA \times PB.$$

Ainsi, *quand d'un point extérieur P on mène au cercle une tangente et diverses sécantes, le carré de la tangente est égal au produit de chaque sécante entière par sa partie extérieure.*

REMARQUES. Lorsque le point P (fig. 155) est à l'intérieur du cercle, le produit des deux segments de chacune des sécantes, menées par le point P, est constant; mais la valeur de ce produit varie avec la position du point P. Si l'on considère en particulier la sécante AB perpendiculaire au diamètre OP, les deux segments étant égaux, le produit constant relatif au point P est égal au carré de PA. Quand le point P coïncide avec le centre du cercle, le produit constant est égal au carré du rayon; la valeur de ce produit diminue ensuite de plus en plus, à mesure que le point P s'éloigne du centre; elle devient nulle quand le point P arrive sur la circonférence. Si le point P sort

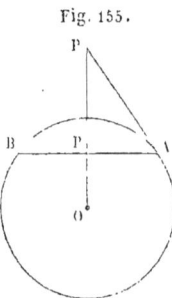

Fig. 155.

APPLICATION AUX LIGNES PROPORTIONNELLES. 107

du cercle, le produit étant égal au carré de la tangente, sa valeur augmente indéfiniment, à mesure que le point P s'éloigne.

PROBLÈME I.

Diviser une droite en un certain nombre de parties égales.

Soit à diviser la droite AB (fig. 156) en cinq parties égales. Du point A tracez une droite quelconque AC; sur cette droite, avec une ouverture de compas arbitraire, portez à la suite les unes des autres cinq longueurs égales AC, CD, DE, EF, FG. Joignez l'extrémité G au point B, et par les points de division menez des parallèles à la droite GB, ces parallèles diviseront la droite AB en cinq parties égales. Car on sait que, lorsqu'un côté AG d'un triangle est divisé en parties égales, des parallèles au côté BG divisent l'autre côté AB en un même nombre de parties égales (1).

Fig. 156.

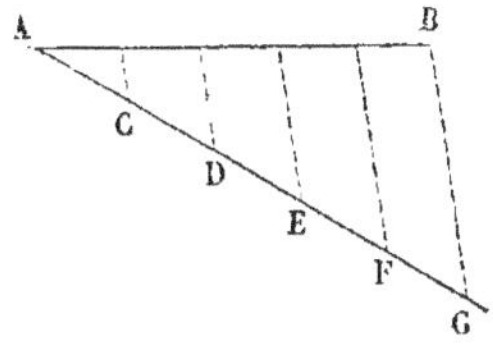

PROBLÈME II.

Diviser une droite en parties proportionnelles à des lignes données.

Soit à diviser la droite AB (fig. 157) en trois parties proportionnelles aux trois lignes a, b, c. Du point A tracez une droite quelconque AE; sur cette droite, portez les unes à la suite des autres trois longueurs AC, CD, DE, égales aux trois lignes données a, b, c. Joignez l'extrémité E au point B, et par les points C et D, menez des parallèles à la droite EB, ces parallèles diviseront la droite AB en trois parties proportionnelles aux lignes données.

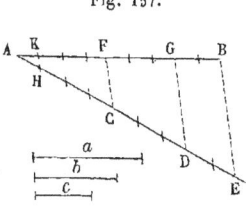

Fig. 157.

Car, supposez que les trois lignes données aient une commune mesure AH qui soit contenue exactement, par exemple, 4 fois dans AC, 3 fois dans CD, 2 fois dans DE, et imaginez que par les points de division on ait mené des parallèles à EB; ces parallèles diviseront la droite AB en 9 parties égales comme la droite AE (1); soit AK l'une des parties; la partie AF en contiendra 4; la seconde FG en contiendra 3, et la troisième 2. On voit immédiatement que le rapport de AF à FG est le même que celui de AC à CD, et le rapport de FG à GB le même que celui de CD à DE.

On peut envisager les rapports d'une autre manière. Puisque AF $=4$AK et AC$=4$AH, le rapport de AF à AC est égal à celui de AK à AH. De même, puisque FG$=3$AK et CD$=3$AH, le rapport de FG à CD est égal à celui de AK à AH. De même, puisque GB$=2$AK et DE$=2$AH, le rapport de GB à DE est égal à celui de AK à AH. On a donc les trois rapports égaux

$$\frac{AF}{AC} = \frac{FG}{CD} = \frac{GB}{DE},$$

et la droite AB est divisée par les points F et G en trois parties proportionnelles aux trois lignes données.

Pour montrer une application numérique de cette question, proposons-nous de diviser une ligne AB, qui a 45 mètres de longueur, en trois parties proportionnelles aux trois nombres 4, 3, 2. Imaginons la droite AB divisée en $4+3+2$, c'est-à-dire en 9 parties égales, chaque division vaudra $\frac{45}{9}$ ou 5 mètres. La première partie AF, devant contenir 4 divisions, vaudra 5×4 ou 20 mètres; la seconde 5×3 ou 15 mètres, et la troisième 5×2 ou 10 mètres.

Cette règle est générale; on l'applique, quels que soient les nombres donnés, entiers ou fractionnaires. On divise la longueur donnée par la somme des nombres donnés, puis on multiplie le quotient par chacun de ces nombres.

Problème III.

Trouver une quatrième proportionnelle à trois lignes données a, b, c.

Tracez deux droites sous un angle quelconque (fig. 158);

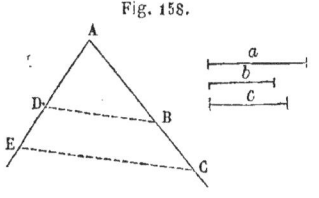
Fig. 158.

sur l'une d'elles portez AB égale à a et BC égale à b; sur l'autre, portez AD égale à c. Joignez BD, et par le point C menez une parallèle CE à la droite BD; cette parallèle déterminera la quatrième proportionnelle demandée DE.

Car les deux parallèles donnent les rapports égaux

$$\frac{AB}{BC} = \frac{AD}{DE}.$$

La ligne DE qui occupe le quatrième rang dans la proportion, est quatrième proportionnelle entre les trois longueurs données AB, BC, AD.

Comme exemple numérique, supposons que les trois lignes données aient, la première $6^m,2$, la seconde 4,5 et la troisième 5,7. Si l'on désigne par x la ligne cherchée, on aura

$$\frac{6,2}{4,5} = \frac{5,7}{x};$$

d'où l'on déduit

$$x = \frac{5,7 \times 4,5}{6,2} = 4,137,$$

à un millimètre près.

Problème IV.

Trouver une moyenne proportionnelle entre deux lignes données a *et* b.

Première construction. Sur une droite indéfinie (fig. 159) portez deux longueurs AB et BC égales aux deux lignes données a

et b. Sur AC comme diamètre décrivez une demi-circonférence, et au point B élevez sur la droite AC une perpendiculaire qui rencontrera la circonférence en un point D ; cette perpendiculaire BD sera la moyenne proportionnelle demandée.

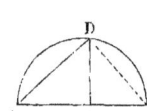
Fig. 159.

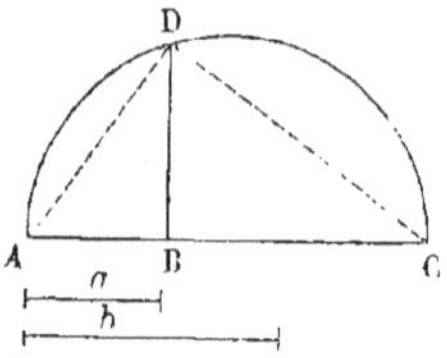

Car l'angle ADC, inscrit dans un demi-cercle, est droit, et l'on sait que la perpendiculaire DB, abaissée du sommet de l'angle droit d'un triangle rectangle sur l'hypoténuse, est moyenne proportionnelle entre les deux segments a et b de l'hypoténuse.

Deuxième construction. Prenez AB = a et AC = b ; sur AC (fig. 160) comme diamètre décrivez une demi-circonférence ; au point B élevez sur AC une perpendiculaire qui rencontrera la circonférence en un point D ; joignez AD ; la ligne AD sera la moyenne proportionnelle demandée.

Fig. 160.

Car on sait que, dans le triangle rectangle ADC, le côté AD de l'angle droit est moyen proportionnel entre l'hypoténuse entière AC et le segment adjacent AB.

PROBLÈME V.

Construire, sur une ligne donnée, un polygone semblable à un polygone donné.

Étant donné le polygone ABCDE (fig. 161), on veut, sur la droite A'B', homologue de AB, construire un polygone semblable.

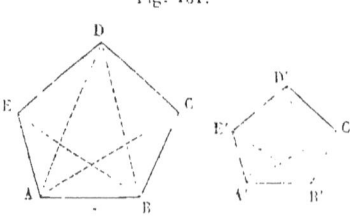
Fig. 161.

Tracez les diagonales AC, AD ; au point A' faites l'angle B'A'C' égal à BAC ; au point B' faites l'angle A'B'C' égal à ABC ; les deux lignes A'C' et B'C' se couperont en C' et formeront un triangle A'B'C' semblable au triangle ABC, comme ayant les angles égaux. Sur la droite A'C', homologue de AC, construisez de même un triangle A'C'D' semblable à ACD, et sur A'D' homologue de AD un triangle A'D'E' semblable à ADE; vous aurez formé ainsi un polygone A'B'C'D'E' semblable au polygone proposé. Car ces deux polygones sont composés d'un même nombre de triangles semblables et disposés dans le même ordre (9).

On préfère quelquefois déterminer chacun des sommets C', D', E', par l'intersection de deux droites partant des points donnés A' et B'. Pour cela, on fera au point A' les angles B'A'C', B'A'D', B'A'E', égaux respectivement aux angles BAC, BAD, BAE; et de même au point B' on fera les angles A'B'C', A'B'D', A'B'E', égaux respectivement aux angles ABC, ABD, ABE. Les deux droites A'C' et B'C', par leur intersection, détermineront le sommet C'; de même les deux droites A'D' et B'D' détermineront le sommet D' et les deux droites A'E' et B'E' le sommet E'.

Pour construire un polygone semblable à un polygone donné ABCDE, avec un rapport de similitude donné, on peut se servir avec avantage du moyen indiqué dans le théorème XII. Il suffit de joindre un point O du plan à tous les sommets du polygone donné (fig. 162), et de prendre sur ces diverses droites des longueurs OA', OB',... qui soient aux longueurs OA, OB,... dans le rapport donné.

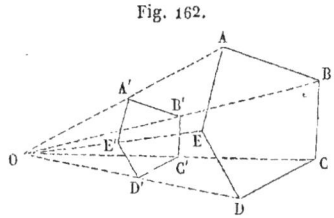

Fig. 162.

POLYGONES RÉGULIERS.

Définitions.

1° On appelle polygone *régulier* un polygone qui a tous ses côtés égaux et tous ses angles égaux.

Le triangle équilatéral est le polygone régulier de trois côtés. Le carré celui de quatre côtés.

2° Il existe des polygones réguliers d'un nombre quelconque de côtés. Car, si l'on conçoit la circonférence divisée en un certain nombre de parties égales, et que l'on joigne les points de division consécutifs, le polygone ainsi formé ABCDEF (fig. 163)

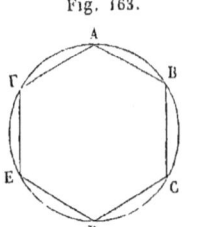

Fig. 163.

aura tous ses côtés égaux comme cordes sous-tendant des arcs égaux, et tous ses angles égaux comme ayant pour mesure la moitié d'arcs égaux. Ce sera donc un polygone régulier.

3° On dit qu'un polygone est *inscrit* dans un cercle, lorsque tous ses sommets sont situés sur la circonférence.

Réciproquement, on dit que le cercle est circonscrit au polygone.

4° On dit qu'un polygone est *circonscrit* à un cercle, lorsque tous ses côtés sont tangents au cercle.

Réciproquement, on dit que le cercle est inscrit dans le polygone.

5° Un triangle quelconque ABC (fig. 164) peut être inscrit dans un cercle. Car, par les trois sommets du triangle, on peut

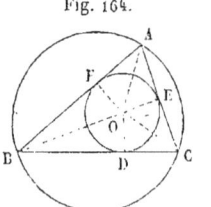

Fig. 164.

toujours faire passer une circonférence. Ce cercle circonscrit au triangle a pour centre le point de rencontre des perpendiculaires élevées sur les milieux de deux côtés du triangle, et, comme ce point est également distant des trois sommets, la perpendiculaire élevée sur le milieu du troisième côté passe aussi en ce point.

6° De même, un triangle quelconque peut être circonscrit à un cercle. En effet, menons les bissectrices des deux angles B et C; elles se coupent en un point O. Ce point, appartenant à la bissectrice de l'angle B, est également distant des deux côtés BA et BC; appartenant à la bissectrice de l'angle C, il est également distant des deux côtés CB et CA; donc le point O est également distant des trois côtés du triangle, ce qui signifie que les trois perpendiculaires OD, OE, OF, abaissées de ce

POLYGONES RÉGULIERS.

point sur les trois côtés, sont égales. Si donc du point O comme centre, avec un rayon égal à OD, on décrit une circonférence, elle passera par les trois points D, E, F, et, comme les côtés du triangle sont perpendiculaires à l'extrémité des rayons, ils seront tangents au cercle. Le cercle O est le cercle inscrit dans le triangle. On remarque que la bissectrice du troisième angle A passe aussi par le centre du cercle inscrit.

7° Mais il n'en est pas de même des polygones quelconques. Il n'est pas possible en général d'inscrire un polygone quelconque dans un cercle, ou de le circonscrire à un cercle. Cependant tous les polygones réguliers jouissent de cette propriété, comme nous allons le voir.

Théorème XVIII.

Tout polygone régulier peut être inscrit et circonscrit au cercle.

Soit le polygone régulier ABCDEFG (fig. 165). Faites passer une circonférence par trois sommets consécutifs A, B, C ; pour

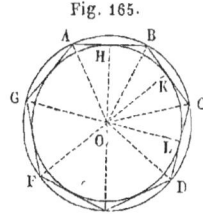

Fig. 165.

cela, sur les milieux H et K des côtés AB et BC, élevez des perpendiculaires qui se couperont en un certain point O, et du point O comme centre, avec OA pour rayon, décrivez une circonférence, elle passera par les trois premiers sommets, A, B, C ; je dis qu'elle passera aussi par le quatrième sommet D. En effet, je fais tourner le quadrilatère OKBA autour de OK comme charnière, pour le rabattre de l'autre côté ; à cause des angles droits en K, la droite KB s'appliquera sur KC ; la longueur KB étant égale à KC, le point B tombera en C ; l'angle B du polygone régulier étant égal à l'angle C, le côté BA prendra la direction CD ; les côtés du polygone étant égaux, le point A tombera en D, et la droite OA coïncidera avec OD. Puisque la droite OD est égale au rayon OA de la circonférence, il est clair que la circonférence passera aussi par le sommet D.

8

La circonférence passant par les trois sommets consécutifs B, C, D, on démontrerait de la même manière qu'elle passera par le sommet suivant E, et ainsi de suite. Donc la circonférence passera par tous les sommets du polygone. On dira alors que le polygone est inscrit dans le cercle, ou le cercle circonscrit au polygone.

Les côtés du polygone, étant des cordes égales dans ce cercle, sont également distants du centre, et les perpendiculaires OH, OK, OL, ..., abaissées du centre sur les cordes, sont égales. Donc si, du point O comme centre, avec OH pour rayon, on décrit une seconde circonférence, elle passera par les pieds H, K, L, ..., de toutes les perpendiculaires. Chacun des côtés du polygone, étant perpendiculaire à l'extrémité d'un rayon, sera tangent à ce second cercle, et l'on dira que le polygone est circonscrit au second cercle, ou que le cercle est inscrit dans le polygone. On voit que le cercle inscrit OH a même centre O que le cercle circonscrit OA, et que le cercle inscrit touche les côtés du polygone, chacun en son milieu.

Corollaire. Si l'on joint le centre O aux différents sommets du polygone, on décompose le polygone en autant de triangles isocèles égaux entre eux qu'il y a de côtés; chacun des angles au centre est égal à quatre angles droits, ou à 360 degrés, divisés par le nombre des côtés.

Théorème XIX.

Le rapport des périmètres de deux polygones réguliers, d'un même nombre de côtés, est le même que celui des rayons des cercles circonscrits.

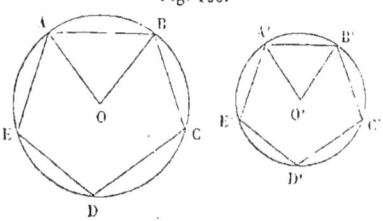

Fig. 166.

On voit d'abord que deux polygones réguliers d'un même nombre de côtés (fig. 166) sont semblables. Car les angles ont la même valeur dans les deux polygones, puisque leur somme est la même de part et d'autre; d'ailleurs, il est clair que le rapport d'un côté du premier po-

POLYGONES RÉGULIERS. 115

lygone à un côté du second est constant; ainsi, deux polygones réguliers d'un même nombre de côtés sont semblables.

Soient O et O' les centres des cercles circonscrits aux deux polygones. Les deux triangles isocèles AOB, A'O'B', sont aussi semblables, comme ayant les angles égaux chacun à chacun, puisque les angles au centre sont une même fraction de quatre angles droits. Dans ces deux triangles semblables, le rapport des côtés homologues AB et A'B' est le même que celui des côtés homologues OA et O'A'.

Les périmètres des deux polygones contenant le même nombre de fois les côtés AB et A'B', il est clair que le rapport des périmètres est le même que celui des côtés AB et A'B', et par conséquent le même que celui des rayons OA et O'A' des cercles circonscrits.

THÉORÈME XX.

Le rapport d'une circonférence à son diamètre est un nombre constant

Concevons un polygone régulier d'un très-grand nombre de côtés inscrit dans un cercle (fig. 167); on voit que le périmètre de ce polygone se confond sensiblement avec la circonférence. Si l'on suppose que le nombre des côtés augmente indéfini-

Fig. 167.   Fig. 168.

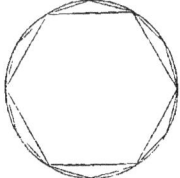
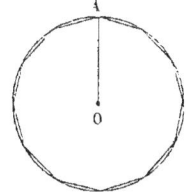
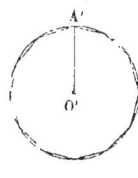

ment, le périmètre du polygone se rapprochera de plus en plus de la circonférence, de manière à en différer aussi peu qu'on voudra. Ainsi on pourra considérer la circonférence comme la limite vers laquelle tend le périmètre d'un polygone régulier inscrit, dont on augmente indéfiniment le nombre des côtés.

Soient maintenant deux cercles O et O' (fig. 168). Concevons dans ces deux cercles deux polygones réguliers inscrits d'un même nombre de côtés. En vertu du théorème précédent, le rapport des périmètres des deux polygones est égal au rapport des rayons OA et O'A', et ceci est vrai, si grand que soit le nombre des côtés. Si l'on imagine que le nombre des côtés augmente indéfiniment, les périmètres des deux polygones ayant pour limites les longueurs des deux circonférences, on en conclut que le rapport des circonférences est égal au rapport des rayons.

Désignons par C et C' les longueurs des deux circonférences, par R et R' leurs rayons; le rapport des circonférences étant égal au rapport des rayons, ou, ce qui est la même chose, à celui des diamètres, qui sont doubles des rayons, on aura

$$\frac{C}{C'} = \frac{2R}{2R'};$$

si l'on multiplie par C', et si l'on divise par 2R, ces deux rapports égaux deviennent

$$\frac{C}{2R} = \frac{C'}{2R'}.$$

Ainsi le rapport de la première circonférence à son diamètre est le même que celui de la seconde circonférence à son diamètre. Il en résulte que le rapport de la circonférence au diamètre est le même dans tous les cercles; c'est donc un nombre constant.

Le rapport de la circonférence au diamètre est un nombre incommensurable. Exprimé en décimales, il a pour valeur

$$3,1415926\ldots\ldots$$

Nous verrons bientôt comment on parvient à le déterminer avec une approximation aussi grande qu'on veut.

PROBLÈME VI.

Inscrire un carré dans un cercle donné.

Menez deux diamètres perpendiculaires AC, BD (fig. 169), et joignez les extrémités, vous aurez le carré demandé;

POLYGONES RÉGULIERS.   117

car ces deux diamètres perpendiculaires divisent la circonférence en quatre parties égales.

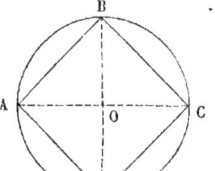

COROLLAIRE. Dans le triangle rectangle AOB, on a
$$\overline{AB}^2 = \overline{OA}^2 + \overline{OB}^2 = 2.\overline{OA}^2;$$
d'où l'on déduit
$$AB = OA \times \sqrt{2}.$$

Si l'on prend pour unité de longueur le rayon du cercle, le côté du carré sera exprimé par $\sqrt{2}$.

PROBLÈME VII.

Inscrire un hexagone régulier dans un cercle donné.

Supposons le problème résolu, et soit ABCDEF (fig. 170) l'hexagone régulier inscrit dans le cercle donné. Joignons le centre à deux sommets consécutifs ; l'angle au centre AOB, ayant pour mesure le sixième de la circonférence, vaut 60 degrés ; la somme des trois angles du triangle AOB étant égale à deux angles droits ou à 180 degrés, si l'on retranche l'angle au centre, il restera pour les deux autres angles 120 degrés ; mais, le triangle étant isocèle, les deux angles OAB, OBA, sont égaux ; chacun d'eux vaut donc la moitié de 120, c'est-à-dire 60 degrés. Ainsi le triangle AOB a ses trois angles égaux, et par conséquent est équilatéral ; donc le côté AB de l'hexagone régulier inscrit est égal au rayon OA.

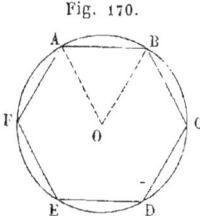

Il en résulte un moyen très-simple d'inscrire l'hexagone. Avec une ouverture de compas égale au rayon, portez le rayon six fois sur la circonférence, vous diviserez ainsi la circonférence en six parties égales. Joignez ensuite les points de division consécutifs, vous aurez l'hexagone régulier demandé.

COROLLAIRE. Après avoir divisé la circonférence en six parties égales, comme nous venons de le dire, si l'on joint les points de division de deux en deux, on obtiendra le triangle équilatéral inscrit ACE (fig. 171).

Fig. 171.

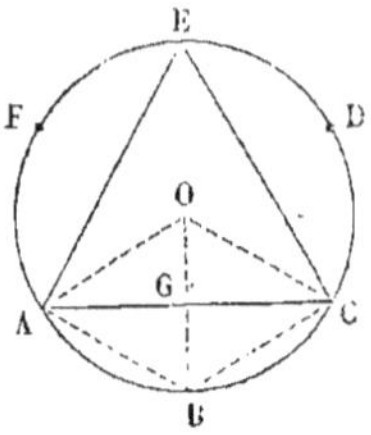

Puisque les côtés AB, BC, de l'hexagone régulier inscrit sont égaux aux rayons OA, OC, le quadrilatère OABC, qui a ses quatre côtés égaux, est un losange. Les diagonales AC, OB de ce losange se coupent mutuellement en deux parties égales, et sont perpendiculaires entre elles (32, 1). Dans le triangle rectangle OAG, on a

$$\overline{AG}^2 = \overline{OA}^2 - \overline{OG}^2.$$

Mais AG est la moitié de AC, et OG la moitié du rayon OB ou de OA ; puisque $AG = \dfrac{AC}{2}$, et $OG = \dfrac{OA}{2}$, on a, en élevant au carré, $\overline{AG}^2 = \dfrac{\overline{AC}^2}{4}$ et $\overline{OG}^2 = \dfrac{\overline{OA}^2}{4}$. Si l'on remplace $\overline{AG}^2$ et $\overline{OG}^2$ par leurs valeurs, il vient

$$\frac{\overline{AC}^2}{4} = \overline{OA}^2 - \frac{\overline{OA}^2}{4},$$

ou, en multipliant par 4,

$$\overline{AC}^2 = 4.\overline{OA}^2 - \overline{OA}^2 = 3.\overline{OA}^2.$$

On en déduit

$$AC = OA \times \sqrt{3}.$$

Ainsi, le rayon du cercle étant pris pour unité, le côté du triangle équilatéral inscrit est représenté par $\sqrt{3}$.

PROBLÈME VIII.

Connaissant le côté d'un polygone régulier inscrit, calculer le côté du polygone régulier inscrit d'un nombre double de côtés.

PREMIÈRE MÉTHODE. Soit AB (fig. 172) le côté d'un polygone régulier inscrit ; si l'on divise l'arc AB en deux parties égales

POLYGONES RÉGULIERS.

au point C, la ligne AC sera le côté du polygone régulier inscrit d'un nombre double de côtés.

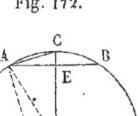
Fig. 172.

Dans le triangle rectangle CAD, le côté AC de l'angle droit étant moyen proportionnel entre l'hypoténuse CD et le segment adjacent CE (13), on a

$$\overline{AC}^2 = CD \times CE.$$

Mais la longueur CE est la différence entre le rayon OC et la partie OE; d'autre part, le triangle rectangle AOE donne

$$\overline{OE}^2 = \overline{OA}^2 - \overline{AE}^2,$$

d'où

$$OE = \sqrt{\overline{OA}^2 - \overline{AE}^2}.$$

Si l'on remplace OE par sa valeur, il vient

$$CE = OC - \sqrt{\overline{OA}^2 - \overline{AE}^2},$$

et par suite,

$$\overline{AC}^2 = CD \times (OC - \sqrt{\overline{OA}^2 - \overline{AE}^2}).$$

Si l'on désigne par R le rayon OA du cercle, par a la longueur connue du côté AB, et par x la longueur cherchée du côté AC, on a

$$x^2 = 2R \times \left(R - \sqrt{R^2 - \frac{a^2}{4}}\right);$$

d'où l'on déduit, par l'extraction de la racine carrée,

$$x = \sqrt{2R \times \left(R - \sqrt{R^2 - \frac{a^2}{4}}\right)}.$$

Deuxième méthode. Dans le triangle rectangle CAD, le côté AC de l'angle droit étant moyen proportionnel entre l'hypoténuse entière et le segment adjacent, on a

$$\overline{AC}^2 = CD \times CE.$$

Dans le même triangle, la perpendiculaire AE, abaissée du

sommet de l'angle droit sur l'hypoténuse, étant moyenne proportionnelle entre les deux segments de l'hypoténuse, on a

$$\overline{AE}^2 = CE \times DE.$$

Si l'on divise ces deux égalités membre à membre, et si l'on supprime le facteur commun CE, il vient

$$\frac{\overline{AC}^2}{\overline{AE}^2} = \frac{CD}{DE}.$$

Mais la longueur DE est la somme du rayon OD et de la partie OE qui est égale à $\sqrt{\overline{OA}^2 - \overline{AE}^2}$. On a donc, en remplaçant DE par sa valeur,

$$\frac{\overline{AC}^2}{\overline{AE}^2} = \frac{CD}{OD + \sqrt{\overline{OA}^2 - \overline{AE}^2}},$$

ou bien

$$\frac{\overline{AC}^2}{\overline{AE}^2} = \frac{2R}{R + \sqrt{R^2 - \frac{a^2}{4}}}.$$

Cette formule donne le rapport de côté AC du nouveau polygone à la moitié AE du côté du premier.

Problème IX.

Calculer le rapport de la circonférence au diamètre.

Nous avons vu que le rapport d'une circonférence à son diamètre est un nombre constant; ce nombre est incommensurable. Je vais dire maintenant comment on parvient à le déterminer avec une approximation aussi grande qu'on veut.

La méthode consiste à inscrire dans un cercle de rayon donné un premier polygone régulier dont on connaisse le côté, puis un second polygone régulier d'un nombre de côtés double, puis un troisième, et ainsi de suite. A l'aide de l'une des formules précédentes, on pourra calculer successivement les côtés, et par conséquent les périmètres de ces divers polygones.

POLYGONES RÉGULIERS.   121

Il est clair que ces périmètres vont en augmentant et en se rapprochant de plus en plus de la circonférence.

Nous emploierons de préférence la formule

$$\frac{\overline{AC}^2}{\overline{AE}^2} = \frac{2R}{R + \sqrt{R^2 - \frac{a^2}{4}}},$$

qui donne le rapport du côté AC du second polygone à la moitié AE du côté du premier. Ces deux longueurs étant contenues le même nombre de fois dans les périmètres des deux polygones, le rapport de ces deux longueurs est le même que celui des périmètres. Si donc on appelle p le périmètre du premier polygone, p_1 le périmètre du second, on aura

$$\frac{p_1^2}{p^2} = \frac{2R}{R + \sqrt{R^2 - \frac{a^2}{4}}},$$

d'où l'on déduit

$$p_1^2 = \frac{2R \times p^2}{R + \sqrt{R^2 - \frac{a^2}{4}}}.$$

Si, afin de simplifier les calculs, on prend le diamètre pour unité, cette formule devient

$$p_1^2 = \frac{p^2}{\frac{1}{2} + \sqrt{\frac{1}{4} - \frac{a^2}{4}}} = \frac{p^2}{0,5 + \sqrt{0,25 - \frac{a^2}{4}}}.$$

Il faut partir d'un polygone régulier dont on connaisse la valeur du côté. Supposons que l'on parte du carré inscrit, dont le côté est de $\frac{\sqrt{2}}{2}$, et le périmètre $2\sqrt{2}$ (probl. 6), le diamètre étant pris pour unité. En substituant dans la formule précédente, on aura le carré du périmètre de l'octogone régulier inscrit; divisant le carré de ce périmètre par le carré de 16, on obtiendra le carré de la moitié du côté de l'octogone. Substituant ces valeurs dans la formule, on aura le carré du périmètre du polygone régulier inscrit de 16 côtés, et ainsi de suite.

Ayant calculé de la sorte les carrés des périmètres des polygones successifs, on en déduira facilement les périmètres par l'extraction de la racine carrée.

Comme exercice, nous allons effectuer ces calculs à l'aide des tables de logarithmes de Lalande.

Pour le carré inscrit, on a $p^2 = 8$, $\dfrac{a^2}{4} = 0{,}125$,

$$\log p^2 = 0{,}90309.$$

Passant à l'octogone régulier, la formule donne

$$p_1^2 = \frac{p^2}{0{,}5 + \sqrt{0{,}125}}.$$

Calculant $\sqrt{0{,}125}$ par logarithmes, on aura

$$p_1^2 = \frac{p^2}{0{,}85355};$$

d'où l'on déduira

$$\log p_1^2 = 0{,}98871.$$

On a besoin, pour continuer le calcul, de connaître $\dfrac{a_1^2}{4}$, c'est-à-dire le carré de la moitié du côté de l'octogone; il faudra diviser p_1^2 par le carré de 16; du logarithme de p_1^2, on retranchera donc deux fois le logarithme de 16, ce qui donne

$$\frac{a_1^2}{4} = 0{,}036612.$$

Passons maintenant au polygone régulier de 16 côtés; la formule donne

$$p_2^2 = \frac{p_1^2}{0{,}5 + \sqrt{0{,}213388}} = \frac{p_1^2}{0{,}96193};$$

d'où

$$\log p_2^2 = 0{,}97186.$$

On en déduit le carré de la moitié du côté, en divisant p_2^2 par le carré de 32, c'est-à-dire en retranchant du logarithme de p_2^2 deux fois le logarithme de 32, ce qui donne $\dfrac{a_2^2}{4} = 0{,}009515.$

On aura ensuite pour le polygone régulier de 32 côtés

$$p_3^2 = \frac{p_2^2}{0,5 + \sqrt{0,240485}} = \frac{p_2^2}{0,99039}, \quad \log p_3^2 = 0,99290.$$

En continuant de la même manière, on trouvera pour les polygones réguliers de 64, 128, 256 et 512 côtés,

$$p_4^2 = \frac{p_3^2}{0,99759}, \quad \log p_4^2 = 0,99395,$$

$$p_5^2 = \frac{p_4^2}{0,99940}, \quad \log p_5^2 = 0,99421,$$

$$p_6^2 = \frac{p_5^2}{0,99985}, \quad \log p_6^2 = 0,99428,$$

$$p_7^2 = \frac{p_6^2}{0,99996}, \quad \log p_7^2 = 0,99430.$$

On ne peut pas aller plus loin avec les tables de Lalande ; au delà, le dénominateur ne différant de l'unité que d'une quantité moindre que l'unité décimale du cinquième ordre, on retrouve toujours le même nombre.

Si maintenant on divise par 2 les logarithmes des carrés des périmètres, et si l'on cherche les nombres correspondants, on obtiendra les périmètres eux-mêmes, tels qu'ils sont contenus dans le tableau suivant :

Nombres des côtés.	Périmètres.
4	2,8284
8	3,0615
16	3,1214
32	3,1365
64	3,1403
128	3,1413
256	3,1415
512	3,1416

Puisque le diamètre du cercle a été pris pour unité, ces périmètres sont des valeurs de plus en plus approchées du rapport de la circonférence au diamètre. On voit que le polygone de 32 côtés donne, pour ce rapport, 3,14, à un centième près ; le polygone de 256 côtés donne 3,1415, à un dix-millième près.

Il est bon de se rendre compte de l'approximation sur laquelle on peut compter dans ce calcul. On a déduit les logarithmes des carrés des périmètres les uns des autres, en retranchant de chacun d'eux le logarithme du diviseur ; supposons que l'on ait commis sur chaque logarithme une erreur égale à une unité décimale du cinquième ordre décimal, et que toutes les erreurs s'ajoutent, ce qui est le cas le plus défavorable ; on aurait commis sur le logarithme de p_6^2 une erreur égale à 6 unités décimales du cinquième ordre ; comme on prend la moitié, l'erreur commise sur le logarithme de p_6 serait de 3 unités de cet ordre. Quand on cherche le nombre correspondant, la différence tabulaire étant 14, l'erreur commise serait à peu près 2 dixièmes, ce qui fait une erreur de 2 dix-millièmes sur le nombre 3,1415. Ainsi on ne peut pas compter avec certitude sur le dernier chiffre 5 ; cependant, dans le cas actuel, les erreurs se compensent en partie, et ce dernier chiffre est exact.

Au lieu de partir du carré, on aurait pu partir de l'hexagone régulier inscrit, dont le côté est égal au rayon et le périmètre égal à 3, quand on prend le diamètre pour unité. On aurait calculé ensuite les périmètres des polygones réguliers de 12, 24, 48, 96,... côtés. Mais c'est par une autre méthode, qui fait partie de l'enseignement des mathématiques spéciales, que l'on est parvenu à calculer rapidement la valeur du rapport de la circonférence au diamètre avec un grand nombre de décimales. Voici la valeur de ce rapport avec 7 décimales exactes :

$$3{,}1415{.}26.$$

REMARQUE. Nous aurons une première idée du rapport de la circonférence au diamètre, en remarquant que ce rapport est un peu plus grand que 3. Ainsi la circonférence a une longueur un peu plus grande que 3 fois le diamètre. Souvent même, pour un premier aperçu, on se contente de cette évaluation rapide. On sait, par exemple, que le diamètre d'un cercle est de

4 mètres; on en conclut que la circonférence a un peu plus de 12 mètres. Réciproquement, si une circonférence a 12 mètres de longueur, son diamètre aura un peu moins de 4 mètres.

Archimède, en partant de l'hexagone et allant jusqu'au polygone de 96 côtés, avait trouvé $\frac{22}{7}$ pour valeur approchée du rapport de la circonférence au diamètre. Cette fraction $\frac{22}{7}$, quoique très-simple, exprime le rapport avec une assez grande approximation; car si l'on réduit $\frac{22}{7}$ en décimales, on trouve 3,1428...; cette valeur est un peu trop grande; l'erreur absolue est 0,0012..., et l'erreur relative moindre que un demi-millième. Ainsi, pour se faire une idée plus exacte de la longueur de la circonférence, il faut la concevoir comme étant un peu plus petite que les $\frac{22}{7}$ du diamètre, c'est-à-dire comme égale à peu près à trois fois le diamètre, plus la septième partie du diamètre.

Adrien Métius avait trouvé la valeur beaucoup plus approchée $\frac{355}{113}$. Cette dernière, réduite en décimales, donne 3,1415920...; elle ne diffère, comme on le voit, qu'à la septième décimale, l'erreur relative est moindre que deux dix-millionièmes.

Mais, dans les calculs, il est plus commode de se servir du rapport exprimé en décimales. Si l'on n'a pas besoin d'une très-grande approximation, on prendra la valeur 3,1416, approchée par excès à moins de un cent-millième.

On représente ordinairement par la lettre grecque π le rapport de la circonférence au diamètre. On a donc, par définition, en désignant par R le rayon d'un cercle et par C la circonférence,

$$\frac{C}{2R} = \pi;$$

d'où l'on déduit

$$C = 2\pi R.$$

Exemples.

1° Le diamètre d'un cercle est de $5^m,48$; trouver la longueur de la circonférence à moins d'un centimètre près.

Il suffit ici de prendre π avec trois décimales. En multipliant 5,48 par 3,142, on trouve $17^m,22$ pour la longueur de la circonférence.

2° La longueur d'une circonférence est de $17^m,22$. Trouver le diamètre à un centimètre près.

On demande le quotient avec trois chiffres exacts ; il suffira donc de prendre le diviseur π avec quatre chiffres. En divisant 17,22 par 3,142, on trouve 5,48.

3° Le diamètre d'un cercle, mesuré à un millimètre près, est $1^m,475$. Trouver la circonférence.

En prenant pour π le nombre décimal 3,1416 et calculant par logarithmes, on trouve 4,6338. Mais on ne peut pas compter sur une aussi grande approximation. La circonférence étant à peu près trois fois plus grande que le diamètre, l'erreur absolue commise sur la circonférence est trois fois plus grande que celle commise sur le diamètre, quoique l'erreur relative reste la même. On ne pourra donc compter que sur deux chiffres décimaux exacts et l'on dira que la circonférence a $4^m,63$ à un centimètre près.

4° La circonférence d'un cercle, mesurée à un millimètre près, est de $4^m,634$. Trouver le diamètre.

En calculant par logarithmes, on trouve 1,4751. L'erreur absolue du diamètre étant trois fois plus petite que celle commise sur la circonférence, on aura aussi le diamètre $1^m,475$ à moins d'un millimètre près.

EXERCICES SUR LE LIVRE III.

PROBLÈMES A RÉSOUDRE.

1. Mener par deux points donnés une circonférence tangente à une droite donnée.

2. Mener par deux points donnés une circonférence tangente à une circonférence donnée.

3. Trouver sur une droite donnée un point également distant d'un point donné et d'une droite donnée.

4. Trouver sur une droite donnée un point dont la somme ou la différence des distances à deux points donnés égale une longueur donnée.

5. Décrire une circonférence qui passe par un point donné et soit tangente à deux circonférences données.

6. Décrire une circonférence qui passe par un point donné, et soit tangente à une droite et à une circonférence données.

7. Décrire une circonférence qui soit tangente à deux droites et à une circonférence données.

8. Décrire une circonférence qui soit tangente à une droite et à deux circonférences.

9. Décrire une circonférence qui soit tangente à trois circonférences données.

10. Inscrire dans un triangle donné un rectangle semblable à un rectangle donné.

11. Construire un triangle semblable à un triangle donné dont les sommets soient sur trois droites parallèles données.

12. Construire un triangle semblable à un triangle donné dont les sommets soient sur trois circonférences concentriques données.

13. Construire un triangle isocèle connaissant l'angle au sommet, et la somme de la base et de la hauteur.

128   LIVRE III.

14. Les trois côtés d'un triangle ABC sont :

$a = 25$ mètres, $b = 23$ mètres, $c = 35$ mètres.

Calculer les projections de chaque côté du triangle sur les deux autres.

Même problème en supposant :

$a = 42$ mètres, $b = 23$ mètres, $c = 21$ mètres.

Même problème en supposant :

$a = 13$ mètres, $b = 12$ mètres, $c = 5$ mètres.

15. On inscrit dans un cercle un quadrilatère ABCD dont deux côtés contigus AB, BC, sont égaux ; on tire les diagonales BD, AC qui se coupent en E. Démontrer que chacun des côtés égaux est moyen proportionnel entre la diagonale entière BD, et le segment adjacent BE.

16. Démontrer que si sur les trois côtés d'un triangle, considérés comme diamètres, on décrit trois circonférences, celles-ci se coupent deux à deux sur les côtés mêmes du triangle prolongé, s'il le faut. Discussion.   (*Concours* 1855.)

LIEUX GÉOMÉTRIQUES.

1. Lieu des points dont la somme des carrés des distances à deux points fixes est le carré d'une ligne donnée.

2. Lieu géométrique des points d'où les tangentes menées à deux circonférences sont égales.

3. Étant donnés un point O et une droite MN, par le point O on mène une droite quelconque qui rencontre la droite MN en A, on prend sur OA une longueur OB telle, que le produit OA × OB soit égal au carré d'une ligne donnée. Quel est le lieu géométrique des points B ainsi obtenus ?

4. Étant donnés une circonférence et un point O sur cette ligne, on mène par O une sécante quelconque qui rencontre la circonférence en A, on prend sur OA une longueur OB telle, que le produit OA × OB est égal au carré d'une ligne donnée. Quel est le lieu géométrique des points B ainsi obtenus?

5. Étant donnés une circonférence et un point O quelconque dans son plan par O, on mène une sécante qui rencontre la circonférence en un point A, on prend sur OA une longueur OB telle, que le rapport $\frac{OB}{OA}$ soit égal à un rapport donné. Quel est le lieu géométrique des points B ainsi obtenus?

6. Lieu géométrique des points de concours des médianes des triangles qui ont un sommet en un point donné O, et les deux autres sommets sur deux droites parallèles données MN et PQ.

7. Lieu des points de concours des médianes des triangles inscrits dans un segment de cercle donné.

8. Lieux des points d'où deux circonférences données sont vues sous des angles égaux.

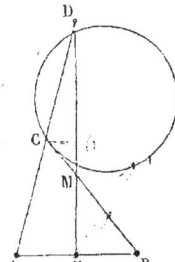

9. Étant donnés un cercle et deux points A et B dans son plan, par le point A menez une droite quelconque qui coupe le cercle en C, prolongez AC d'une longueur CD égale à AC; joignez le point C au point B, et le point D au point E, milieu de AB, ces deux droites se coupent au point M. Quel est le lieu géométrique des points M?

Faire remarquer que le lieu trouvé est complétement indépendant de la position du point A.

10. Lieu des points tels, que la distance de chacun d'eux à la base d'un triangle isocèle soit moyenne proportionnelle entre ses distances aux deux autres côtés.

11. Lieu des points dont les distances à deux points donnés sont entre elles dans un rapport donné.

12. Lieu des points d'où l'on voit deux parties données d'une même droite sous des angles égaux.

13. Lieu des points tels, que les pieds des perpendiculaires abaissées de chacun d'eux sur les côtés d'un triangle donné soient en ligne droite.

14. Lieu décrit par le sommet de l'angle droit d'un triangle rectangle dont les deux autres sommets glissent sur deux droites rectangulaires données.

15. Lieu des points tels, que la somme des carrés des distances de chacun d'eux aux trois sommets d'un triangle soit égale à un carré donné.

LIVRE QUATRIÈME.

MESURE DES AIRES.

DÉFINITIONS.

1° On sait que l'unité fondamentale de longueur est le *mètre*.

Les multiples du mètre sont le *décamètre*, l'*hectomètre*, le *kilomètre*, le *myriamètre*, ou dix, cent, mille, dix mille mètres.

Les sous-multiples sont le *décimètre*, le *centimètre*, le *millimètre*, ou dixième, centième, millième partie du mètre.

2° On a pris pour unités de surface les carrés construits sur les unités de longueur.

L'unité fondamentale de surface est le *mètre carré*; c'est un carré dont le côté a un mètre de longueur.

Viennent ensuite d'une part : le *décamètre carré*, l'*hectomètre carré*, le *kilomètre carré*, le *myriamètre carré*. Ce sont des carrés qui ont un décamètre, un hectomètre, un kilomètre, un myriamètre de côté.

D'autre part : le *décimètre carré*, le *centimètre carré*, le *millimètre carré*. Ce sont des carrés qui ont un décimètre, un centimètre, un millimètre de côté.

3° Il ne faut pas confondre le décamètre carré avec dix mètres carrés. Le décamètre carré est le carré construit sur le décamètre; il vaut *cent* mètres carrés.

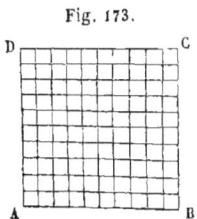

Fig. 173.

En effet, si l'on place dix mètres carrés les uns à côté des autres, le long d'une droite AB (fig. 173), on forme un rectangle ayant dix mètres de longueur sur un mètre de hauteur; formons dix rectangles égaux de cette manière, nous obtiendrons finalement un carré ABCD ayant dix mètres de côté; c'est le décamètre carré. Or, ce carré est composé de dix bandes égales contenant chacune dix mètres carrés; on a donc en tout dix fois dix ou cent mètres carrés. Ainsi le décamètre carré vaut 100 mètres carrés.

De même, l'hectomètre carré vaut 100 décamètres carrés, ou 10 000 mètres carrés; le kilomètre carré vaut 100 hectomètres carrés ou un million de mètres carrés, etc.

De même, le décimètre carré est la centième partie du mètre carré, le centimètre carré la centième partie du décimètre carré, et ainsi de suite.

4° Pour mesurer les terres, on prend pour unité principale le décamètre carré auquel on donne le nom d'*are*.

On emploie aussi l'*hectare*, qui vaut cent ares, et le *centiare*, qui est la centième partie de l'are.

Il est bon de remarquer que le centiare, qui est la centième partie de l'are ou du décamètre carré, n'est autre chose que le mètre carré, et que l'hectare, qui contient cent ares ou cent décamètres carrés, équivaut à l'hectomètre carré.

5° On appelle *aire* l'étendue d'une surface. Mesurer une aire, c'est chercher combien elle contient de mètres carrés, et de parties du mètre carré; en un mot, c'est chercher son rapport à l'unité d'aire.

6° On dit que deux figures planes sont *équivalentes* lorsqu'elles ont la même aire. On conçoit, en effet, que deux figures peuvent avoir la même étendue sans avoir la même forme.

AIRE DES POLYGONES.

Théorème 1.

L'aire d'un rectangle est égale au produit de sa base par sa hauteur.

Supposons que la base AB (fig. 174) du rectangle contienne 5 mètres exactement, et que la hauteur AD contienne 3 mètres; si, par les points de division de la hauteur, nous menons des parallèles à la base, et par les points de division de la base des

AIRE DES POLYGONES.

parallèles à la hauteur, nous partagerons le rectangle en carrés ayant chacun un mètre de côté, c'est-à-dire en mètres carrés. Le rectangle proposé est décomposé, parallèlement à la base, en 3 rectangles égaux, contenant chacun 5 mètres carrés ; il contient donc en tout 3 fois 5 ou 15 mètres carrés. Ainsi le nombre de mètres carrés contenus dans le rectangle est égal au produit des nombres de mètres contenus dans la base et dans la hauteur.

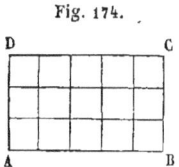

Fig. 174.

Supposons maintenant que la base et la hauteur soient exprimées par des nombres fractionnaires, tels que $3^m,24$ et $2^m,57$. Prenons pour unité de longueur le centimètre ; la base contient 324 centimètres, la hauteur 257. En menant par les points de division de la hauteur des parallèles à la base et par les points de division de la base des parallèles à la hauteur, on partagera le rectangle en carrés ayant chacun un centimètre de côté, c'est-à-dire en centimètres carrés. Le rectangle proposé est décomposé, parallèlement à la base, en 257 rectangles égaux, contenant chacun 324 centimètres carrés ; il contient donc en tout 324×257 ou 83268 centimètres carrés. On sait que le centimètre carré est la $\frac{1}{10000}$ partie du mètre carré ; si l'on prend pour unité de surface le mètre carré, l'aire du rectangle sera donc représentée par le nombre décimal 8,3268 mètres carrés. Or ce nombre est le produit des deux nombres décimaux 3,24 et 2,57, qui expriment la base et la hauteur, quand on prend le mètre pour unité de longueur.

On voit par là que, dans tous les cas, le nombre qu exprime l'aire du rectangle est égal au produit des nombres qui expriment la base et la hauteur, ce que l'on énonce en disant : l'aire d'un rectangle est égale au produit de sa base par sa hauteur. Mais il faut avoir bien soin de prendre pour unité de surface le carré construit sur l'unité de longueur.

COROLLAIRE. Un carré étant un rectangle qui a ses côtés égaux, il s'ensuit que *l'aire d'un carré a pour mesure le carré de son côté*.

Applications numériques.

1° Un champ rectangulaire a 125 mètres de longueur sur 47 de largeur. Quelle est son aire?

L'aire cherchée est égale à 125 × 47, c'est-à-dire à 5875 mètres carrés. Comme il s'agit ici d'un terrain, on dira qu'il contient 58 ares 75 centiares.

2° L'aire d'un champ rectangulaire est de 58 ares 75 centiares, sa longueur de 125 mètres. Quelle est sa largeur?

On commencera par réduire l'aire en mètres carrés, ce qui donne 5875 mètres carrés. En divisant 5875 par 125, on trouve 47. La largeur du champ est donc de 47 mètres.

3° Un carré a $5^m,47$ de côté. Quelle est son aire?

Il faudra multiplier 5,47 par 5,47, c'est-à-dire élever le nombre 5,47 au carré. L'aire du carré est de 29,9209, plus simplement de 29,92 mètres carrés à un décimètre carré près.

4° L'aire d'un carré est 29,92 mètres carrés. Quel est son côté?

Il faut extraire la racine carrée du nombre 29,92. Le côté du carré est de $5^m,47$ à un centimètre près.

5° Trouver le côté d'un carré égal à 2 mètres carrés.

En extrayant la racine carrée de 2, on trouve pour le côté cherché $1^m,414$ à un millimètre près.

Théorème II.

L'aire d'un parallélogramme est égale au produit de sa base par sa hauteur.

Soit le parallélogramme ABCD (fig. 175). On appelle base un côté AB, hauteur la perpendiculaire DG abaissée sur la base d'un point du côté opposé. Si l'on élève des perpendiculaires BE, AF, aux deux extrémités de la base, on formera un rectangle ABEF, ayant même base AB que le parallélogramme, et même hauteur AF ou DG. Je dis que ce rectangle est équi-

AIRE DES POLYGONES.   135

valent au parallélogramme. En effet, les deux angles DAF, CBE, qui ont leurs côtés parallèles et dirigés dans le même sens, sont égaux, le côté AD est égal à BC, et AF égal à BE; donc les deux triangles ADF, BCE, sont égaux comme ayant un angle égal compris entre deux côtés égaux chacun à chacun. Si de la figure entière on retranche le triangle ADF, on obtient le parallélogramme ABCD; si l'on retranche le triangle BCE, on obtient le rectangle ABEF. Puisque les deux triangles sont égaux, il en résulte que le rectangle et le parallélogramme sont équivalents. Mais on sait que le rectangle a pour mesure sa base AB multipliée par sa hauteur DG; donc l'aire du parallélogramme, qui est égale à celle du rectangle, a même mesure, c'est-à-dire le produit de sa base AB par sa hauteur DG.

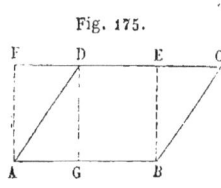
Fig. 175.

Théorème III.

L'aire d'un triangle est égale au produit de sa base par la moitié de sa hauteur.

Soit le triangle ABC (fig. 176). Un côté quelconque BC est la base du triangle et la perpendiculaire AD abaissée du sommet opposé en est la hauteur. Si par les sommets A et C on mène des parallèles AE, CE, aux côtés opposés, on formera un parallélogramme ABCE. On sait que la diagonale AC divise le parallélogramme en deux triangles égaux (29, I); donc l'aire du triangle ABC est la moitié de celle du parallélogramme. Puisque l'aire du parallélogramme a pour mesure le produit de sa base BC par sa hauteur AD, on en conclut que l'aire du triangle a pour mesure la moitié du produit de sa base BC par sa hauteur AD, ou, ce qui revient au même, le produit de sa base par la moitié de sa hauteur.

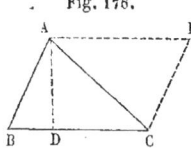
Fig. 176.

Corollaire I. Quand le triangle est rectangle, on prend pour base un côté AB (fig. 177) de l'angle droit, et pour hauteur l'autre côté AC. L'aire du triangle est la moitié du produit des deux côtés de l'angle droit.

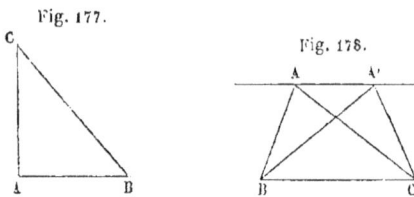

Fig. 177. Fig. 178.

COROLLAIRE II. Deux triangles qui ont même base et même hauteur, sont équivalents, puisqu'ils ont même mesure.

Si l'on fait glisser le sommet A (fig. 178) d'un triangle sur une parallèle à la base BC, la hauteur restant la même, il est clair que l'aire du triangle ne change pas.

COROLLAIRE III. *Deux triangles qui ont même hauteur, sont entre eux comme leurs bases.* Car le rapport des bases est évidemment égal au rapport des produits que l'on obtient en multipliant les bases par la moitié de la même hauteur, c'est-à-dire au rapport des aires.

Pareillement, *deux triangles qui ont même base, sont entre eux comme leurs hauteurs.*

APPLICATIONS NUMÉRIQUES.

1° La base d'un triangle est de $54^m,8$, sa hauteur de $39,5$. Trouver l'aire.

On multipliera la base par la hauteur et on prendra la moitié du produit, ce qui donne pour l'aire demandée 1082,3 mètres carrés, ou 10 ares 82 centiares.

2° L'aire d'un triangle est de 10 ares 82 centiares, sa base de $54^m,8$. Quelle est sa hauteur?

On divisera l'aire 1082 mètres carrés par la moitié de la base 27,4, ce qui donne pour la hauteur demandée $39^m,5$ à un demi-décimètre près.

AIRE DES POLYGONES.   137

Théorème IV.

L'aire d'un trapèze a pour mesure le produit de la demi-somme de ses bases parallèles par sa hauteur.

Partageons le trapèze ABCD (fig. 179) en deux triangles par une diagonale AC. L'aire du premier triangle ABC a pour me-

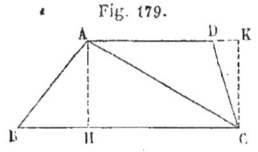

Fig. 179.

sure le produit de sa base BC par la moitié de sa hauteur AH; l'aire du second triangle CAD a aussi pour mesure le produit de sa base AD par la moitié de sa hauteur CK qui est égale à AH.
En faisant la somme des deux triangles, on a pour l'aire du trapèze

$$BC \times \frac{AH}{2} + AD \times \frac{AH}{2},$$

ou plus simplement

$$(BC + AD) \times \frac{AH}{2},$$

ou bien encore

$$\frac{BC + AD}{2} \times AH;$$

car multiplier chacune des deux bases BC et AD par la moitié de la hauteur AH et ajouter les résultats revient à multiplier la somme des bases BC + AD par la moitié de la hauteur, ou la moitié de la somme des bases par la hauteur.

Remarque. On arrive directement à ce résultat en transformant le trapèze en un triangle équivalent. Par le sommet D

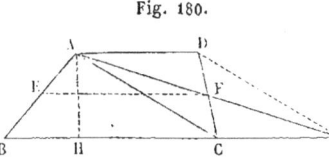

Fig. 180.

menons une parallèle DG à la diagonale AC (fig. 180) jusqu'à sa rencontre en G avec la base inférieure BC prolongée et joignons AG. Les triangles ADC, AGC, sont équivalents comme ayant même base AC et leurs sommets D et G sur une même parallèle à la base (3); si l'on remplace le triangle ADC par le triangle équivalent AGC, on transforme le trapèze en un triangle équivalent ABG. Mais ce triangle a pour mesure la moitié du produit de sa base BG par sa hauteur AH; les deux longueurs CG et AD étant égales comme côtés opposés d'un parallélogramme ACGD, on voit que la base BG du triangle est égale à la somme des bases parallèles BC et AD du trapèze, ce qui montre bien que l'aire du trapèze a pour mesure le produit de la demi-somme de ses bases parallèles BC et AD par sa hauteur AH.

COROLLAIRE. Les diagonales AG, CD, du parallélogramme ACGD se coupent mutuellement au point F en deux parties égales; si l'on joint le point F au point E, milieu de AB, la droite EF qui divise en deux parties égales les côtés du triangle ABG sera parallèle au troisième côté BG et égale à la moitié de ce côté; ainsi on peut dire que *l'aire d'un trapèze a pour mesure le produit de la droite EF qui joint les milieux des côté non parallèles* AB, DC, *par sa hauteur* AH.

PROBLÈME I.

Trouver l'aire d'un polygone quelconque.

Un polygone quelconque peut toujours être décomposé en triangles par des diagonales. En calculant les aires de ces divers triangles et ajoutant les résultats, on aura l'aire du polygone. Soit, par exemple, le polygone ABCDE (fig. 181), décomposé en trois triangles par les deux diagonales AC et AD. On mesurera la base AC et la hauteur BF du premier triangle, la base AD des deux autres triangles et leurs hauteurs CG et EH; puis on calculera les aires de ces trois triangles, et on en fera la somme.

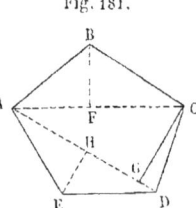

Fig. 181.

Mais quand on opère sur le terrain, on préfère ordinairement décomposer le polygone de la manière suivante: menons la diagonale AE (fig. 182), et de chacun des sommets abaissons

AIRE DES POLYGONES.   139

des perpendiculaires sur cette diagonale ; nous décomposerons ainsi le polygone en triangles et en trapèzes rectangles. On mesurera les diverses parties de la diagonale AE et toutes les perpendiculaires, ce qui suffira pour le calcul des aires. Le triangle rectangle AB'B a pour mesure $\dfrac{AB' \times BB'}{2}$; le trapèze BB'C'C a pour mesure la demi-somme de ses côtés parallèles BB' et CC' multipliée par sa hauteur B'C', c'est-à-dire $\dfrac{(BB'+CC') \times B'C'}{2}$, et ainsi de suite.

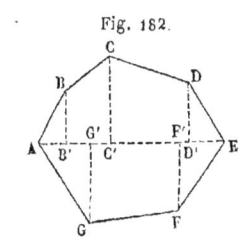

Fig. 182.

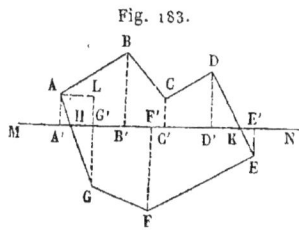

Fig. 183.

Quelquefois au lieu de la diagonale AE, on se sert d'une autre ligne MN (fig. 183) plus facile à tracer. On mesure les perpendiculaires abaissées des sommets du polygone sur cette ligne et les segments de cette ligne. L'aire du polygone est égale à la somme des trapèzes A'ABB', B'BCC', C'CDD', E'EFF', F'FGG', plus les deux triangles HGG', KDD', moins les deux triangles HAA', KEE'.

Théorème V.

Le carré construit sur l'hypoténuse d'un triangle rectangle est équivalent à la somme des carrés construits sur les deux côtés de l'angle droit.

Ce théorème est la traduction géométrique du théorème XIV du livre III. Nous avons démontré que, si l'on conçoit les trois côtés d'un triangle rectangle mesurés au moyen d'une même unité, le carré du nombre qui exprime l'hypoténuse BC est égal à la somme des carrés des nombres qui expriment les deux côtés AB et AC (fig. 184) de l'angle droit. Mais le carré du nombre qui exprime l'hypoténuse BC est la mesure de l'aire

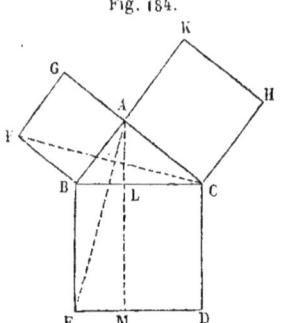

Fig. 184.

du carré BCDE construit sur cette hypoténuse; et de même les carrés des nombres qui expriment les côtés AB et AC représentent les aires des carrés ABFG, ACHK, construits sur ces deux côtés; il en résulte que l'aire du carré BCDE construit sur l'hypoténuse est égale à la somme des aires des carrés ABFG, ACHK, construits sur les deux autres côtés.

Mais on peut démontrer ce théorème directement, sans avoir recours aux propriétés des lignes proportionnelles.

Du sommet A de l'angle droit, j'abaisse la perpendiculaire AL sur l'hypoténuse; cette perpendiculaire prolongée divise le carré BCDE, construit sur l'hypoténuse BC, en deux rectangles BLME, LCDM; je dis que le premier rectangle est équivalent au carré ABFG construit sur le côté AB de l'angle droit, le second au carré ACHK construit sur l'autre côté AC. En effet, joignons AE et CF; le rectangle BLME est double du triangle ABE, qui a même base BE et même hauteur BL, distance des deux parallèles BE et AM; de même, le carré ABFG est double du triangle FBC, qui a même base BF et même hauteur AB, distance des deux parallèles BF et CG. Mais il est aisé de voir que les deux triangles ABE et FBC sont égaux; car si l'on fait tourner d'un angle droit le premier autour du point B comme autour d'un pivot, le côté BA vient se placer sur son égal BF, le côté BE sur son égal BC, et les deux triangles coïncident. Puisque les deux triangles ABE, FBC, sont égaux, il s'ensuit que le rectangle BLME, double du premier, est équivalent au carré ABFG, double du second. On démontrerait de même que le rectangle LCDM est équivalent au carré ACHK. Donc le carré BCDE, somme des deux rectangles, est équivalent à la somme des deux carrés ABFG, ACHK.

Théorème VI.

Dans tout triangle, le carré construit sur le côté opposé à un angle aigu est équivalent à la somme des carrés construits sur les deux autres côtés, moins deux fois le rectangle ayant pour base l'un de ces côtés, et pour hauteur la projection du second sur le premier.

Ce théorème est la traduction géométrique de la relation numérique établie dans le théorème XV du livre III. On a dé-

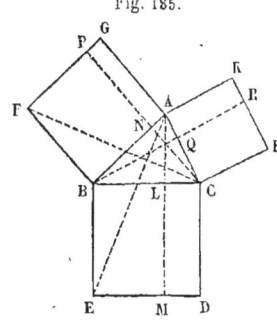

Fig. 185.

montré que le carré du nombre qui exprime le côté BC (fig. 185), opposé à l'angle aigu A, est égal à la somme des carrés des nombres qui expriment les deux autres côtés AB et AC, moins deux fois le produit du côté AB par la projection AN du côté AC sur AB. On sait que le carré du nombre qui exprime un côté mesure l'aire du carré construit sur ce côté, et que le produit du nombre qui exprime AB par celui qui exprime AN représente l'aire du rectangle ayant AB pour base et AN pour hauteur. Il en résulte que le carré BCDE, construit sur le côté BC, opposé à l'angle aigu A, est équivalent à la somme des carrés ABFG, ACHK, construits sur les deux autres côtés, moins deux fois le rectangle ayant pour base l'un de ces côtés AB, et pour hauteur la projection AN du second sur le premier.

Mais on peut aussi démontrer directement ce théorème sans faire usage des relations numériques. Si de chacun des sommets on abaisse une perpendiculaire sur le côté opposé, on divisera chaque carré en deux rectangles. Joignons AE et CF, les rectangles BLME, BFPN, sont doubles des triangles ABE, FBC, et l'on verra, comme dans le théorème précédent, que ces deux triangles sont égaux; donc les deux rectangles sont équivalents. De même le rectangle LCDM est équivalent au rectangle CHRQ, et le rectangle AKRQ au rectangle AGPN. Ainsi le carré construit sur BC est égal à la somme des deux rectangles BFPN, CHRQ, c'est-à-dire à la somme des carrés construits sur les deux côtés AB et AC, moins les deux rectangles équivalents AGPN, AKRQ, ou moins deux fois le rectangle AGPN, qui a sa base AG égale à AB, et pour hauteur AN, projection de AC sur AB.

On a supposé dans ce qui précède que la perpendiculaire AL (fig. 186) tombe dans l'intérieur du triangle : voyons les modifications à apporter à la démonstration quand elle tombe en dehors. Si des sommets l'on abaisse des perpendiculaires sur les côtés opposés, le carré construit sur AB est toujours la somme de deux rectangles ; mais le carré construit sur BC est la différence des deux rectangles BLME, CLMD, et de même le carré construit sur AC la différence des rectangles AKRQ, CHRQ.

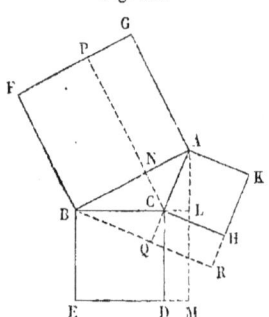

Fig. 186.

Les rectangles sont encore équivalents deux à deux. Si de la somme des carrés ABFG, ACHK, on retranche les deux rectangles équivalents AGPN, AKRQ, il reste le rectangle BFPN, moins le rectangle CHRQ; en remplaçant ces deux rectangles par les rectangles équivalents BLME, CLMD, on voit que la différence est égale au carré BCDE.

Théorème VII.

Dans un triangle, le carré construit sur un côté opposé à un angle obtus est équivalent à la somme des carrés construits sur les deux autres côtés, plus deux fois le rectangle ayant pour base l'un de ces côtés, et pour hauteur la projection du second sur le premier.

Ce théorème est la traduction géométrique de la relation numérique établie dans le théorème XVI du livre III.

AIRE DES POLYGONES.

On voit immédiatement sur la figure 187 que le carré construit sur le côté BC, opposé à l'angle obtus A, est égal à la somme des deux rectangles BLME, LCDM, ou des deux rectangles équivalents BFPN, CHRQ, c'est-à-dire à la somme des deux carrés ABFG, ACHK, plus les deux rectangles équivalents AGPN, AKRQ, ou plus deux fois le premier, qui a sa base AG égale à AB, et pour hauteur AN, projection de AC sur AB.

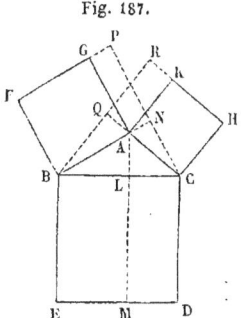

Fig. 187.

REMARQUE. Il importe de bien saisir la correspondance qui existe entre les relations numériques et les propriétés géométriques des figures, qui n'en sont en quelque sorte que la représentation. Cette correspondance permet de démontrer par l'algèbre un grand nombre de théorèmes de géométrie. Nous en avons eu des exemples dans les théories qui précèdent. J'en citerai encore quelques autres.

On sait que le carré de la somme de deux nombres est égal à la somme des carrés de ces deux nombres, plus deux fois leur produit, ce qu'on écrit :

$$(a+b)^2 = a^2 + b^2 + 2ab.$$

Il en résulte ce théorème de géométrie : *Le carré construit sur la somme de deux lignes est équivalent à la somme des carrés construits sur ces deux lignes, plus deux fois le rectangle ayant l'une pour base, l'autre pour hauteur.*

On sait aussi que le carré de la différence de deux nombres est égal à la somme des carrés de ces deux nombres, moins deux fois leur produit, ce qu'on écrit :

$$(a-b)^2 = a^2 + b^2 - 2ab.$$

On en déduit ce théorème : *Le carré construit sur la différence de deux lignes est équivalent à la somme des carrés construits sur ces deux lignes, moins deux fois le rectangle ayant l'une pour base, l'autre pour hauteur.*

En multipliant la somme $a+b$ de deux nombres par leur différence $a-b$, on trouve a^2-b^2, ce qu'on énonce en disant que le produit de la somme de deux nombres par leur différence est égal à la différence des carrés de ces deux nombres. Cette relation numérique donne naissance à ce théorème de géométrie : *Le rectangle ayant pour base la somme de deux lignes et pour hauteur leur différence, est équivalent à la différence des carrés construits sur ces deux lignes.*

Théorème VIII.

Le rapport des aires de deux polygones semblables est le carré du rapport des côtés homologues.

Considérons d'abord deux triangles semblables ABC, A'B'C' fig. 188). Des sommets A et A' abaissons les perpendiculaires AD, A'D', sur les côtés opposés. Les deux triangles rectangles ABD, A'B'D', ayant un angle aigu B égal à B', ont leurs trois angles égaux

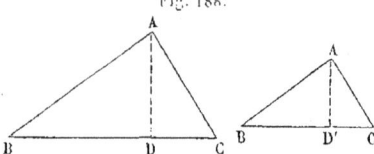

Fig. 188.

chacun à chacun, et sont semblables. On en conclut que le rapport des hauteurs AD et A'D' est le même que le rapport des côtés homologues AB et A'B', ou BC et B'C'.

Pour simplifier le raisonnement, supposons que les côtés du premier triangle soient deux fois plus grands que ceux du second. Si l'on rend la base d'un triangle deux fois plus grande, la hauteur restant la même, il est clair que la surface devient deux fois plus grande; si l'on rend ensuite la hauteur deux fois plus grande, la surface devient encore deux fois plus grande; la surface devient donc deux fois deux fois, ou quatre fois plus grande. Ainsi, quand le rapport des côtés homologues est 2, celui des aires est exprimé par le nombre 4, carré de 2.

Il en est de même si les côtés du premier triangle sont trois fois plus grands que ceux du second. Quand on rend la base trois fois plus grande, sans changer la hauteur, la surface devient trois fois plus grande; quand on rend ensuite la hauteur trois fois plus grande, la surface devient encore trois fois plus grande; elle devient donc trois fois trois fois, ou neuf fois plus grande. Ainsi, lorsque le rapport des côtés est 3, celui des aires est exprimé par le nombre 9, carré de 3.

En général, les aires des deux triangles étant mesurées par les produits
$$\frac{BC \times AD}{2}, \quad \frac{B'C' \times A'D'}{2},$$
leur rapport sera exprimé par le quotient
$$\frac{BC \times AD}{B'C' \times A'D'},$$
que l'on peut écrire de la manière suivante
$$\frac{BC}{B'C'} \times \frac{AD}{A'D'}.$$
Mais on sait que le rapport des hauteurs $\frac{AD}{A'D'}$ est le même que celui des côtés homologues $\frac{BC}{B'C'}$; le rapport des aires sera donc
$$\frac{BC}{B'C'} \times \frac{BC}{B'C'} = \left(\frac{BC}{B'C'}\right)^2.$$
Ainsi le rapport des aires de deux triangles semblables est égal au carré du rapport de deux côtés homologues.

Considérons maintenant deux polygones semblables ABCDE, A'B'C'D'E' (fig. 189). Par des diagonales on décomposera ces deux polygones en triangles semblables chacun à chacun (10, III). Pour fixer les idées, supposons que les côtés du premier polygone soient 2 fois plus grands que ceux du second; chacun des triangles qui composent le premier polygone aura une aire 4 fois plus grande que celle du triangle semblable dans le second polygone; la somme des premiers triangles, ou l'aire du pre-

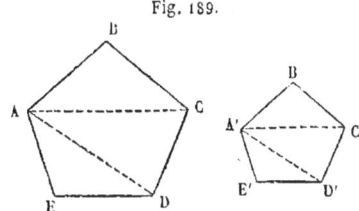
Fig. 189.

mier polygone, sera donc 4 fois plus grande que la somme des seconds, ou que l'aire du second polygone.

En général, les rapports des triangles semblables ABC et A'B'C', ACD et A'C'D', ADE et A'D'E', étant égaux au carré du rapport de deux côtés homologues, sont égaux entre eux ; on sait que si, dans cette série de rapports égaux, on ajoute les numérateurs et les dénominateurs, on obtient un nouveau rapport égal à chacun des rapports proposés ; mais la somme des numérateurs, c'est l'aire du premier polygone ; la somme des dénominateurs, c'est l'aire du second polygone ; donc le rapport des aires des deux polygones est égal au carré du rapport de deux côtés homologues.

Par exemple, si le rapport des côtés homologues est $\frac{3}{5}$, celui des aires sera $\frac{9}{25}$.

REMARQUE. Deux courbes semblables étant les limites de deux polygones semblables, il est clair que le rapport des aires de deux courbes fermées semblables est égal au carré du rapport de similitude.

AIRE DU CERCLE.

THÉORÈME XI.

L'aire d'un polygone régulier a pour mesure le produit de son périmètre par la moitié de son apothème.

Soit O (fig. 190) le centre du cercle circonscrit au polygone régulier. La perpendiculaire OG, abaissée du centre sur l'un des côtés, est le rayon du cercle inscrit, ou l'*apothème* du polygone. Si l'on joint le centre aux différents sommets, on décomposera le polygone en autant de triangles isocèles égaux AOB, BOC, ..., qu'il y a de côtés. Or, le triangle AOB a pour mesure le produit de sa base AB par la moitié de sa hauteur OG. De même, le triangle BOC a pour mesure le produit de sa base BC par la moitié de sa hauteur OH, qui est égale à OG, et ainsi de suite. On en conclut

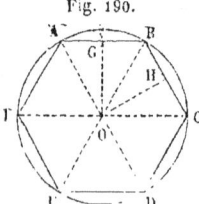

Fig. 190.

AIRE DU CERCLE. 147

que l'aire du polygone, ou la somme des triangles, a pour mesure la somme de ses côtés ou son périmètre, multipliée par la moitié de la hauteur commune OG de tous les triangles.

Théorème X.

L'aire d'un cercle a pour mesure le produit de sa circonférence par la moitié de son rayon.

Concevons dans le cercle un polygone régulier inscrit dont le nombre de côtés augmente indéfiniment. L'aire de ce polygone régulier a pour mesure le produit de son périmètre par la moitié de son apothème. Mais quand le nombre des côtés augmente indéfiniment, l'aire du polygone tend vers l'aire du cercle, le périmètre vers la circonférence, et l'apothème se confond avec le rayon. Il en résulte que l'aire du cercle a pour mesure le produit de sa circonférence par la moitié de son rayon.

Corollaire. Si l'on désigne par R le rayon et par S l'aire d'un cercle, la circonférence étant égale à $2\pi R$, l'aire aura pour mesure le produit $2\pi R \times \dfrac{R}{2}$, ou plus simplement πR^2, et l'on aura la formule
$$S = \pi R^2.$$

Ainsi, pour calculer l'aire d'un cercle, il faut multiplier le carré du rayon par le nombre π.

APPLICATIONS.

1° Trouver l'aire d'un cercle dont le rayon est de $1^m,435$ à moins d'un millimètre près.

On a
$$S = 3,1416 \times \overline{1,435}^2.$$
En effectuant les calculs par logarithmes, on trouvera
$$S = 6,469.$$

Mais on ne peut pas compter sur le dernier chiffre. Car, l'erreur relative commise sur le rayon étant doublée par l'élévation au carré, on n'obtient le résultat qu'à un centième près. On dira donc que l'aire du cercle est 6,47 mètres carrés, à un décimètre carré près.

2° L'aire d'un cercle est de 6,47 mètres carrés, à un décimètre carré près. Trouver le rayon.

De la formule $S = \pi R^2$, on déduit

$$R = \sqrt{\frac{S}{\pi}} = \sqrt{\frac{6,47}{3,1416}}.$$

En effectuant les calculs par logarithmes, on trouve

$$R = 1,4351.$$

L'erreur relative de l'aire étant divisée par 2 à cause de l'extraction de la racine carrée, on obtient le résultat à un millième. Ainsi le rayon cherché est $1^m,435$ à un millimètre près.

3° Trouver l'aire du cercle dont le rayon est égal à 1 mètre.

L'aire d'un cercle quelconque étant représentée par πR^2, et le rayon étant égal à l'unité, l'aire du cercle proposé sera exprimée par le nombre π; elle sera donc de 3,1416 mètres carrés, à un centimètre carré près.

4° Calculer le rayon du cercle qui vaut 1 mètre carré.

On a $$R = \sqrt{\frac{1}{\pi}} = 0,5642.$$

Théorème XI.

L'aire d'un secteur a pour mesure la longueur de son arc multipliée par la moitié du rayon.

On appelle *secteur* la portion de cercle comprise entre un arc AB (fig. 191) et les deux rayons OA et OB qui vont à ses extrémités. Imaginons l'arc AB divisé en un certain nombre de parties égales. En joignant les points de division deux à deux, nous formerons une ligne brisée régulière ACDB, inscrite dans l'arc. Évaluons l'aire du secteur polygonal OACDB. Les rayons qui vont aux différents sommets le divisent en triangles isocèles égaux et ayant même hauteur OG. Le triangle AOC a pour mesure sa base AC multipliée par la moitié de sa hauteur OG. De même, le triangle COD a pour mesure sa

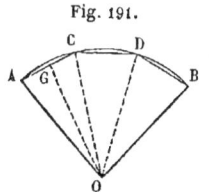

Fig. 191.

base CD multipliée par la moitié de sa hauteur, qui est égale à OG, et ainsi de suite. Donc la somme des triangles, ou l'aire du secteur polygonal, a pour mesure la somme des bases, ou la ligne brisée ACDB, multipliée par la moitié de l'apothème OG.
Supposons maintenant que le nombre des côtés de la ligne brisée augmente indéfiniment; la ligne brisée tendra vers l'arc AB, l'aire du secteur polygonal vers celle du secteur circulaire, et l'apothème se confondra avec le rayon. On en conclut que l'aire du secteur circulaire a pour mesure le produit de la longueur de l'arc AB par la moitié du rayon OA.

COROLLAIRE. L'aire du secteur ayant pour mesure l'arc multiplié par la moitié du rayon, de même que l'aire du cercle a pour mesure la circonférence multipliée par la moitié du rayon, il est clair que *le rapport de l'aire du secteur à celle du cercle est égal au rapport de l'arc à la circonférence.* Pour trouver l'aire d'un secteur, il suffira donc de multiplier l'aire du cercle par le rapport de l'arc à la circonférence.

APPLICATIONS.

1° Trouver l'aire du secteur de 60 degrés dans le cercle dont le rayon est égal à 1 mètre.

L'arc de 60 degrés étant le sixième de la circonférence, l'aire du secteur sera le sixième de celle du cercle; on prendra donc le sixième de 3,1416, aire du cercle, ce qui fait 0,5236, à un centimètre carré près.

2° Trouver l'aire du secteur de 37 degrés dans un cercle de $1^m,435$ de rayon.

La circonférence contenant 360 degrés, le rapport de l'arc à la circonférence est $\frac{37}{360}$. L'aire du secteur est donc

$$S = 3{,}1316 \times \overline{1{,}435}^2 \times \frac{37}{360} = 0^{m.c},6649.$$

3° Trouver l'aire du secteur de 37°29' dans un cercle de 1ᵐ,435 de rayon.

L'arc de 37° 29' valant 2249 minutes, et la circonférence 21 600, le rapport de l'arc à la circonférence est $\frac{2249}{21600}$. L'aire du secteur est donc

$$S = 3,1416 \times \overline{1,435}^2 \times \frac{2249}{21600} = 0^{m.c},6736.$$

Problème II.

Trouver l'aire d'un segment de cercle.

On appelle segment la portion de cercle comprise entre un arc AMB (fig. 192) et la corde AB qui le sous-tend. Menons les deux rayons OA et OB. L'aire du segment est la différence entre l'aire du secteur OAMB et celle du triangle isocèle OAB. On calculera donc l'aire du secteur et celle du triangle; puis on retranchera la seconde de la première.

Fig. 192.

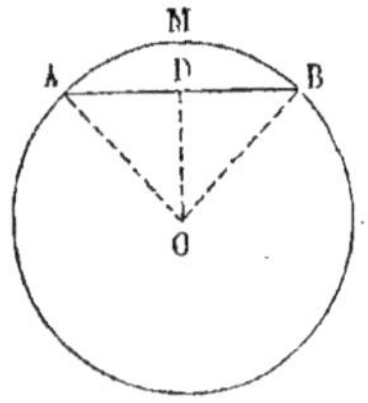

Si le segment proposé était plus grand qu'un demi-cercle, on évaluerait l'autre segment, que l'on retrancherait du cercle entier.

EXEMPLES.

1° Supposons que l'arc AMB soit de 60 degrés, et le rayon égal à 1 mètre. L'aire du secteur est 0,5236. La corde AB, qui sous-tend l'arc de 60 degrés, est le côté de l'hexagone régulier inscrit; elle est égale au rayon. On déterminera la longueur de la perpendiculaire OD au moyen du triangle rectangle AOD, dans lequel on a

$$OD = \sqrt{\overline{OA}^2 - \overline{AD}^2} = \sqrt{1 - \frac{1}{4}} = \frac{\sqrt{3}}{2}.$$

AIRE DU CERCLE.

L'aire du triangle AOB a pour mesure

$$\frac{AB \times OD}{2} = \frac{\sqrt{3}}{4} = 0,4330.$$

On trouve ainsi, pour l'aire du segment, 0,0906.

2° Considérons encore le segment qui correspond à l'arc de 90 degrés dans le cercle dont le rayon est égal à 1 mètre. Le secteur est le quart du cercle, soit 0,7854. Le triangle AOB est rectangle en O et a pour mesure $\frac{OA \times OB}{2}$, soit $\frac{1}{2}$ ou 0,5. Donc l'aire du segment est 0,2854.

Théorème XII.

Le rapport des aires de deux cercles est égal au carré du rapport des rayons.

Imaginons deux polygones réguliers, d'un même nombre de côtés, inscrits dans les deux cercles. Les deux polygones réguliers sont semblables, et le rapport de leurs aires est le même que celui des carrés de leurs côtés, ou que celui des carrés des rayons. Si l'on suppose que le nombre des côtés des deux polygones augmente indéfiniment, les aires des deux polygones tendent vers les aires des deux cercles. On en conclut que le rapport des aires de deux cercles est le même que celui des carrés de leurs rayons.

Ainsi, quand le rayon d'un cercle devient 2, 3, 4,... fois plus grand, son aire devient 4, 9, 16,... fois plus grande.

EXERCICES SUR LE LIVRE IV.

1. Dans un trapèze, le triangle qui a pour base un des côtés non parallèles et pour sommet le milieu du côté opposé, équivaut à la moitié de la surface du trapèze.

2. Partager un triangle en parties proportionnelles aux longueurs M, N, P, par des droites menées d'un même sommet.

3. Calculer la surface d'un triangle équilatéral, dont le côté est a.

4. Calculer l'aire d'un triangle équilatéral, inscrit dans un cercle de rayon a. Même problème pour l'hexagone et dodécagone régulier, pour le carré et pour l'octogone régulier. Appliquer les formules trouvées en supposant $a = 1$ mètre, et effectuer les calculs, de manière à trouver les surfaces demandées à moins d'un centimètre carré.

5. ABCD est un trapèze dans lequel l'angle A est droit, l'angle B égal à 30 degrés, la base AB égale à a, la hauteur AC égale à h, calculer la surface.

Appliquer la formule, en supposant $a = 3^m,452$ et $h = 2^m,685$, et trouver la surface à moins d'un décimètre carré.

Même problème, en supposant l'angle B égal à 60 degrés.

6. ABCD est un trapèze dans lequel l'angle A est droit, et l'angle B de 30 degrés; les deux bases parallèles AB, CD sont a et b. Calculer la surface.

Appliquer la formule en supposant $a = 1^m,545$, $b = 0,628$ et trouver la surface à moins d'un centimètre carré.

Même problème, en supposant l'angle B égal à 60 degrés.

7. Construire un rectangle équivalent à un carré donné, connaissant la somme ou la différence de sa base et de sa hauteur.

EXERCICES. 153

8. Trouver le côté d'un carré tel, que le rapport de sa surface à celle d'un carré donné soit égal à un rapport donné $\frac{m}{n}$.

9. Trouver une ligne telle, que le rapport de sa longueur à la longueur d'une ligne donnée soit égal au rapport des surfaces de deux carrés donnés.

10. Étant donné un cercle, tracer un second cercle concentrique au premier et qui partage sa surface en deux parties équivalentes.

11. D'un point A d'un cercle comme centre avec un rayon égal au rayon de ce cercle, on décrit un arc de cercle qui partage la surface du cercle en deux parties. Trouver le rapport de ces deux parties.

12. a, b, c, étant les trois côtés d'un triangle, $2p$ le périmètre, démontrer que la surface est égale à $\sqrt{p(p-a)(p-b)(p-c)}$, et calculer les trois hauteurs du triangle.

13. a, b, c, étant les trois côtés d'un triangle, trouver dans l'intérieur du triangle un point tel, qu'en le joignant aux trois sommets, on forme trois triangles proportionnels aux nombres m, n, p.
Appliquer en supposant $a = 125^m$ $b = 134^m$ c 148^m $m = 3$ $n = 4$, $p = 5$. Faire les calculs par logarithmes.

15. Étant donné un rectangle ABCD, dans lequel la hauteur $AD = a$, la base $AB = 2a$, du point A comme centre avec a
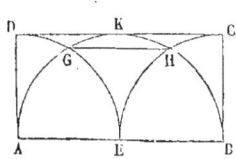
pour rayon, on décrit un arc de cercle DE, du point B comme centre avec le même rayon un arc de cercle CE, sur AB comme diamètre on décrit la demi-circonférence AKB, qui coupe les arcs précédents en G et H. 1° Calculer la surface EGKH comprise entre ces arcs de cercle ; 2° Calculer la surface du quadrilatère DCHG obtenu en joignant DG, GH, HC ; 3° Appliquer les deux formules trouvées, en supposant $a = 1^m,282$ et conduire les calculs de manière à obtenir le résultat à moins de $0^m,001$ près.

14. Soit AB le côté d'un hexagone régulier inscrit dans un cercle, CD le côté d'un triangle équilatéral inscrit dans le même cercle et parallèle à AB; démontrer que la surface de la portion de cercle comprise entre ces deux lignes équivaut à la surface du secteur AOB.

15. Soit AB le côté d'un hexagone régulier inscrit dans un cercle, CD le côté d'un triangle équilatéral inscrit dans le même cercle et parallèle à AB, on joint OC, OD, et on prolonge ces lignes jusqu'aux points E et F où elles rencontrent AB. Démontrer : 1° que le triangle EOF équivaut à la moitié de l'hexagone régulier inscrit; 2° que la surface de la couronne circulaire comprise entre les circonférences de rayons OC et OE est double de la surface du cercle OC.

16. Deux pentagones réguliers sont l'un inscrit, l'autre circonscrit à une même circonférence. Calculer le rayon de cette circonférence, 1° en supposant que la différence entre les périmètres des deux polygones est 1 décimètre; 2° en supposant que l'aire comprise entre les deux périmètres est un décimètre carré.

DEUXIÈME PARTIE.

FIGURES DANS L'ESPACE.

LIVRE CINQUIÈME.

DROITES ET PLANS DANS L'ESPACE.

DÉFINITIONS.

1° Nous avons tous une idée nette du *plan;* c'est une surface sur laquelle on peut appliquer une droite dans toutes les directions. La surface des eaux tranquilles, celle d'une glace polie, nous offrent l'image d'un plan.

On peut dire encore que le plan est une surface telle que, si l'on prend deux points quelconques sur cette surface et si on les joint par une ligne droite, cette droite est tout entière située dans le plan.

2° On dit que deux plans sont *parallèles*, lorsque ces deux plans ne se rencontrent pas, si loin qu'on les prolonge.

3° On dit qu'une droite est *parallèle* à un plan, lorsqu'elle ne rencontre pas le plan, si loin qu'on la prolonge dans un sens ou dans l'autre.

4° Nous avons, dans le cours de l'année précédente, défini les droites parallèles : deux droites sont parallèles lorsque, situées dans le même plan, elles ne se rencontrent pas, si loin qu'on les prolonge dans un sens ou dans l'autre.

Il faut bien remarquer cette condition, que les deux droites doivent être situées dans le même plan. Car deux droites, situées d'une manière quelconque dans l'espace, ne se rencontrent pas en général, et cependant elles ne sont pas parallèles.

156 LIVRE V.

5° On dit qu'une droite est *perpendiculaire* à un plan, lorsqu'elle est perpendiculaire à toutes les droites qui passent par son pied dans le plan.

PRINCIPES.

Théorème I.

La ligne d'intersection de deux plans est une ligne droite.

Si l'on prend deux points quelconques A et B (fig. 193) sur la ligne d'intersection, et si on les joint par une ligne droite,

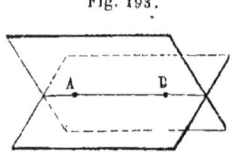
Fig. 193.

cette droite indéfinie AB, passant par deux points A et B situés dans chacun des deux plans, sera contenue tout entière dans l'un et l'autre plan, et par conséquent coïncidera avec la ligne d'intersection. Donc la ligne d'intersection de deux plans est une ligne droite.

Théorème II.

Deux droites qui se coupent, déterminent la position d'un plan.

Soient les deux droites AB et AC (fig. 194), qui se coupent au point A. Prenons un second point B sur la première droite,

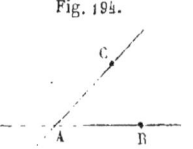
Fig. 194.

et un troisième point C sur la seconde. Concevons un plan quelconque passant par les deux points A et B ; ce plan contiendra la droite AB tout entière. Faisons ensuite tourner ce plan autour de la droite AB, jusqu'à ce qu'il passe par le point C, et fixons-le dans cette position ; il contiendra alors la seconde droite AC tout entière, et l'on voit qu'il occupe dans l'espace une position bien déterminée.

COROLLAIRE I. *Trois points* A, B, C, *non situés en ligne droite, déterminent la position d'un plan.* Car, si l'on joint le point A à chacun des deux points B et C, on a deux droites AB, AC, qui

PRINCIPES. 157

se coupent, et qui déterminent la position d'un plan passant par les trois points.

Corollaire II. *Deux droites parallèles* AB, CD, *déterminent la position d'un plan.* Car, si l'on joint un point A (fig. 195) de la première à un point C de la seconde, les deux droites AB, AC, qui se coupent, déterminent la position d'un plan. Puisque la droite CD est parallèle à la droite AB, elle doit être nécessairement contenue tout entière dans ce plan.

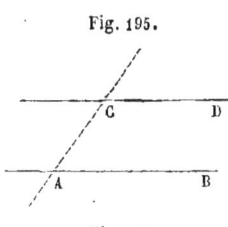

Fig. 195.

Remarque. On peut concevoir de plusieurs manières la génération d'un plan.

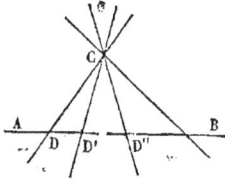

Fig. 196.

1° Supposons qu'une droite tourne autour du point C (fig. 196) comme auteur d'un pivot, en glissant sur la droite AB; elle engendrera le plan défini par la droite AB et le point C; car, dans ses positions successives CD, CD', CD'',..., la droite mobile reste toujours contenue dans ce plan.

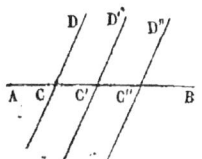

Fig. 197.

2° Imaginons qu'une droite CD (fig. 197) se meuve parallèlement à elle-même, en glissant sur la droite AB; elle engendre le plan défini par les deux droites AB et CD; car, dans ses positions successives C'D', C''D'',..., la droite mobile, restant constamment parallèle à CD, est toujours contenue dans le plan des deux droites AB et CD.

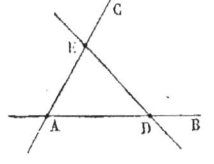

Fig. 198.

3° Supposons enfin qu'une droite mobile DE (fig. 198) se meuve d'une manière quelconque, en glissant sur deux droites fixes AB et AC, qui se coupent; elle restera toujours dans le plan défini par ces deux droites, et par conséquent elle engendrera ce plan.

DROITE ET PLAN PERPENDICULAIRES.

Théorème III.

Lorsqu'une droite est perpendiculaire à deux droites qui passent par son pied dans le plan, elle est perpendiculaire à toutes les droites qui passent par son pied dans le plan, et par conséquent elle est perpendiculaire au plan.

Supposons que la droite AP (fig. 199) soit perpendiculaire aux deux droites PB et PC, qui passent par son pied P dans le plan MN; je dis qu'elle est aussi perpendiculaire à une troisième droite quelconque PD passant par son pied dans le plan. En effet, prolongeons la ligne AP de l'autre côté du plan, et prenons sur cette droite, à partir du point P, deux longueurs égales PA et PA'; traçons dans le plan MN une droite BC qui rencontre les trois droites PB, PC, PD, en B, C, D, et joignons les deux points A et A' à chacun de ces trois points. Dans le plan BAA', la droite BP étant perpendiculaire sur le milieu de la ligne AA', les deux distances BA et BA' sont égales (16, I). De même, dans le plan CAA', la droite CP étant perpendiculaire sur le milieu de AA', les deux distances CA et CA' sont égales. Le côté BC étant commun, les deux triangles ABC, A'BC, ont donc leurs trois côtés égaux chacun à chacun et sont égaux. Si l'on fait tourner le plan du triangle A'BC autour de BC comme charnière, pour l'appliquer sur le plan de l'autre, à cause de l'égalité des triangles, le sommet A', tombera sur le sommet A, et la droite DA' coïncidera avec DA. Puisque les deux droites DA et DA' sont égales entre elles, le triangle ADA' est isocèle, et la droite DP, qui va du sommet D au milieu P de la base AA', est perpendiculaire sur la base (9, I); donc, réciproquement, la droite AP est perpendiculaire sur PD.

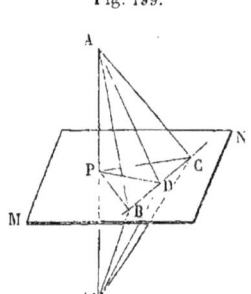

Fig. 199.

Ainsi, lorsqu'une droite AP est perpendiculaire à deux droites PB, PC, qui passent par son pied dans le plan MN, elle est aussi perpendiculaire à toute autre droite PD, qui passe par son pied dans le plan, et par conséquent elle est perpendiculaire au plan MN.

Remarque. Nous avons défini la perpendiculaire à un plan, une droite perpendiculaire à toutes les droites qui passent par son pied dans le plan. Mais, pour s'assurer qu'une droite AP est effectivement perpendiculaire à un plan, il suffit de reconnaître qu'elle est perpendiculaire à deux droites PB, PC, passant par son pied dans le plan; car, lorsque ces deux conditions sont remplies, la droite AP est aussi perpendiculaire à toutes les autres droites qui passent par son pied dans le plan, et par conséquent elle est perpendiculaire au plan.

Corollaire. *Toutes les perpendiculaires menées à une droite* AB, *par un même point* P, *sont situées dans un même plan.*

Il faut bien concevoir d'abord que l'on peut mener par le point P (fig. 200) une infinité de droites perpendiculaires à AB;

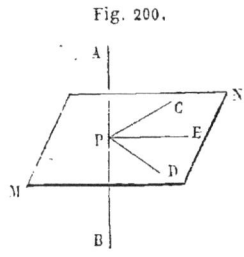
Fig. 200.

car, si par la droite AB on fait passer un plan quelconque, on pourra dans ce plan élever une perpendiculaire PC à la droite AB; si l'on imagine ensuite que ce plan tourne autour de AB, la droite PC tournera elle-même autour du point P, en restant constamment perpendiculaire à AB.

Élevons au point P, dans deux plans différents, deux droites PC, PD, perpendiculaires à AB; ces deux droites déterminent un plan MN. La ligne AB, étant perpendiculaire à deux droites PC, PD, qui passent par son pied dans le plan MN, est perpendiculaire à toutes les droites qui passent par son pied dans ce plan. Considérons une troisième perpendiculaire PE, élevée dans un plan quelconque passant par AB; ce plan coupera le plan MN suivant une droite qui sera perpendiculaire à AB, et qui, par conséquent, coïncidera avec PE; donc la perpendiculaire PE est aussi située dans le plan MN.

Ainsi, toutes les perpendiculaires élevées sur la droite AB par le point P, sont situées dans un même plan MN. Ce plan est le plan perpendiculaire à la droite AB au point P.

Théorème IV.

Par un point donné on ne peut mener qu'un seul plan perpendiculaire à une droite donnée.

Proposons-nous d'abord de mener un plan perpendiculaire à la droite AB par un point P pris sur cette droite. Ce plan doit contenir toutes les perpendiculaires menées à la droite AB par le point P; mais deux de ces perpendiculaires PC et PD suffiront pour déterminer sa position. Puisque par les deux perpendiculaires PC et PD on ne peut faire passer qu'un seul plan, il est évident que par le point P on ne peut mener qu'un seul plan perpendiculaire à la droite AB.

Proposons-nous maintenant d'abaisser, d'un point extérieur C (fig. 201), un plan perpendiculaire sur la droite AB.

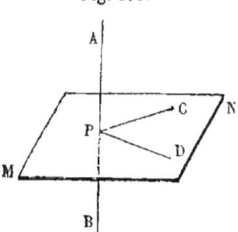

Fig. 201.

Du point C, dans le plan CAB, abaissons une perpendiculaire CP sur la droite AB; et au point P, élevons, dans un autre plan, une seconde perpendiculaire PD à la droite AB; le plan MN déterminé par les deux perpendiculaires PC, PD, sera le plan demandé.

On ne peut mener par le point C qu'un seul plan perpendiculaire à la droite AB; car ce plan, devant contenir la perpendiculaire CP et une autre perpendiculaire quelconque PD, est complétement défini par ces deux perpendiculaires.

Théorème V.

Par un point donné on ne peut mener qu'une seule perpendiculaire à un plan donné.

Soit PA (fig. 202) une perpendiculaire élevée sur le plan MN par le point P. Concevez une droite quelconque PB, différente

DROITE ET PLAN PERPENDICULAIRES.   161

de PA, le plan déterminé par les deux droites PA et PB coupe le plan MN suivant une droite PC. Dans ce plan, la droite PA étant perpendiculaire sur PC, la droite PB, qui diffère de la perpendiculaire, sera oblique à la droite PC, et par conséquent sera oblique au plan MN. Ainsi, toute droite PB, autre que la perpendiculaire PA, sera oblique au plan MN. Il en résulte que par le point P on ne peut élever qu'une seule perpendiculaire PA au plan MN.

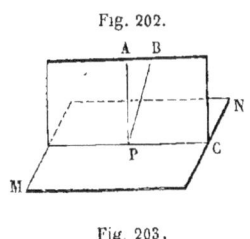

Fig. 202.

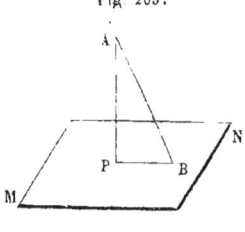

Fig. 203.

De même, soit AP (fig. 203) une perpendiculaire abaissée du point A sur le plan MN. Par le point A menons une autre droite quelconque AB; le plan déterminé par les deux droites AP et AB coupe le plan MN suivant une droite PB. Dans ce plan, la droite AP étant perpendiculaire sur PB, la droite AB sera oblique à cette même droite BP, et par conséquent oblique au plan MN. Ainsi, du point A on ne peut abaisser qu'une seule perpendiculaire AP sur le plan MN.

THÉORÈME VI.

Si d'un point A, *pris hors d'un plan* MN, *on mène la perpendiculaire et diverses obliques*,

1° *La perpendiculaire est plus courte que toute oblique;*

2° *Les obliques également éloignées du pied de la perpendiculaire sont égales;*

3° *De deux obliques inégalement éloignées du pied de la perpendiculaire, celle qui s'en écarte le plus est la plus grande.*

1° Soit AP la perpendiculaire abaissée du point A sur le plan MN (fig. 204), et AB une oblique quelconque; joignons les pieds P et B de ces deux droites. Il est clair que dans le plan APB la perpendiculaire AP à la droite PB est plus courte que l'oblique AB.

2° Considérons deux obliques PB et PC, également éloignées du pied de la perpendiculaire. On suppose PB=PC. Si l'on fait tourner le triangle rectangle APC autour de la perpendiculaire AP, pour l'appliquer sur son égal APB; à cause des angles droits APC, APB, le côté PC prendra la direction PB; puisque la distance PC est égale à PB, le point C tombera en B, et la droite AC coïncidera avec AB.

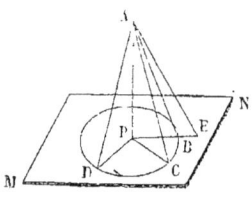

Fig. 204.

3° Supposons la distance PE plus grande que PC. Prenons sur PE une longueur PB égale à PC, l'oblique AB sera égale à AC; mais, dans le plan APE, l'oblique AE, qui s'écarte plus du pied de la perpendiculaire, est plus grande que l'oblique AB. Donc AE est plus grande que AC.

COROLLAIRE. I. La perpendiculaire AP, étant le plus court chemin du point A au plan MN, mesure la distance de ce point au plan.

COROLLAIRE II. Le lieu des pieds des obliques égales, menées d'un même point A à un plan MN, est une circonférence de cercle décrite du pied P de la perpendiculaire comme centre.

REMARQUE. Il en résulte un moyen commode pour abaisser d'un point donné A une perpendiculaire sur un plan donné MN. Fixant l'une des extrémités d'une droite suffisamment longue au point A, on amènera l'autre extrémité dans le plan MN, et l'on marquera sur ce plan trois points B, C, D, également distants du point A; on déterminera ensuite le centre du cercle qui passe par ces trois points; ce centre sera le pied P de la perpendiculaire.

Théorème VII.

Le lieu des points également distants de deux points donnés A et B est le plan perpendiculaire élevé sur le milieu de la droite qui joint ces deux points.

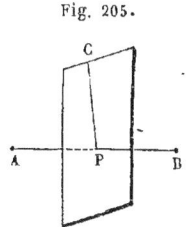

Fig. 205.

On sait que dans un plan quelconque passant par la droite AB (fig. 205), le lieu des points également distants des deux points A et B est la perpendiculaire PC élevée dans ce plan sur le milieu de AB (16, I). Or, le lieu de ces perpendiculaires dans l'espace est le plan perpendiculaire à la droite AB (3).

Corollaire. Le lieu des points également distants de trois points donnés est la droite d'intersection des plans perpendiculaires élevés sur les milieux des droites qui joignent ces points deux à deux.

Théorème VIII.

Si, du pied P d'une perpendiculaire AP au plan MN, on mène une perpendiculaire PD à une droite quelconque BC tracée dans ce plan, et que l'on joigne au point D un point A quelconque de la perpendiculaire AP, la ligne AD sera perpendiculaire sur BC.

Prenons sur la ligne BC (fig. 206), à partir du point D, deux distances égales DB, DC; joignons PB et PC, ainsi que AB et

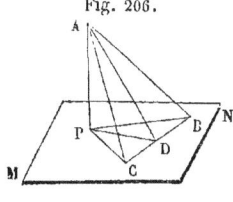

Fig. 206.

AC. Dans le plan NN, les deux obliques PB et PC, s'écartant également du pied de la perpendiculaire PD, sont égales. Dans l'espace, les deux obliques AB et AC, s'écartant également du pied de la perpendiculaire AP, sont égales. Donc le triangle BAC est isocèle, et la droite AD, qui va du sommet A au milieu de la base BC, est perpendiculaire sur la base.

DROITES ET PLANS PARALLÈLES.

Théorème IX.

Lorsqu'une droite AB *est perpendiculaire à un plan* MN, *toute parallèle* CD *à cette droite est aussi perpendiculaire au plan.*

Joignons les points B et D (fig. 207), où les deux parallèles percent le plan MN; par le point D, dans le plan MN, traçons une droite EF perpendiculaire à BD, et joignons au point D un point quelconque A de la perpendiculaire AB. La droite AB, étant perpendiculaire au point MN, est perpendiculaire à la droite BD qui passe par son pied dans le plan. Les deux parallèles AB et CD sont dans un même plan; dans ce plan, la droite AB étant perpendiculaire à BD, la parallèle CD est aussi perpendiculaire à cette même droite. D'un autre côté, d'après le théorème précédent, la droite EF, qui a été tracée perpendiculaire à BD dans le plan MN, est aussi perpendiculaire à la droite DA. Ainsi la droite EF est perpendiculaire à deux droites DB et DA qui passent par son pied D dans le plan des deux parallèles; elle est donc perpendiculaire à ce plan, et par suite à la droite DC qui passe par son pied dans ce plan; réciproquement, la droite CD est perpendiculaire à EF. Ainsi, la droite CD est perpendiculaire à deux droites BD et EF qui passent par son pied dans le plan MN, et par conséquent elle est perpendiculaire à ce plan.

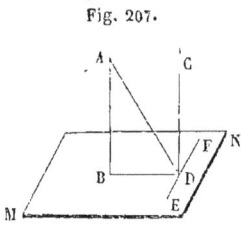

Fig. 207.

Théorème X.

Réciproquement, *deux droites* AB *et* CD, *perpendiculaires à un même plan* MN, *sont parallèles.*

Par le point D (fig. 208), imaginons une droite parallèle à AB. Puisque la droite AB est perpendiculaire au plan MN, la parallèle menée par le point D sera aussi perpendiculaire à ce plan, en vertu du théorème précédent, et par conséquent elle coïncidera avec la perpendiculaire DC ; car on sait que par le point D on ne peut élever qu'une seule perpendiculaire au plan (5).

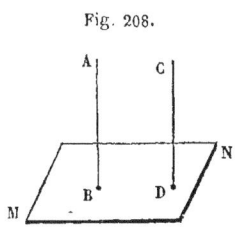

Fig. 208.

COROLLAIRE. *Deux droites* AB *et* CD, *parallèles à une troisième* EF, *sont parallèles entre elles.*

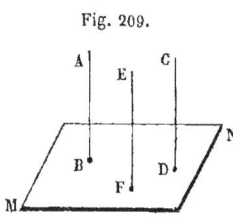

Fig. 209.

Par un point quelconque F (fig. 209) de la troisième droite, menons un plan MN perpendiculaire sur les deux droites AB, CD, qui sont toutes deux parallèles à EF (9). Ces deux droites AB, CD, étant perpendiculaires à un même plan MN, sont parallèles entre elles.

THÉORÈME XI.

Lorsqu'une droite AB *est parallèle à une droite* CD *située dans un plan* MN, *elle est parallèle au plan.*

Considérons le plan déterminé par les deux parallèles AB et CD (fig. 210). Toute droite située dans ce plan ne peut évidemment percer le plan MN qu'en un point de la droite CD, intersection des deux plans. Puisque la ligne AB ne rencontre pas sa parallèle CE, si loin qu'on la prolonge, elle ne rencontrera pas non plus le plan MN, et par conséquent elle lui sera parallèle.

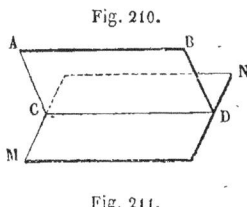

Fig. 210.

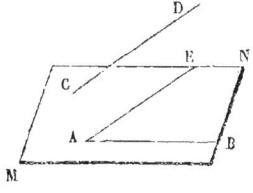

Fig. 211.

COROLLAIRE I. *Par une droite donnée on peut mener un plan parallèle à une seconde droite donnée.* Car, si, par un point A (fig. 211) de la première ligne AB, on mène une parallèle AE à la seconde CD, le plan déterminé par les deux droites AB et AE sera parallèle à CD.

LIVRE V.

COROLLAIRE. *Par un point donné on peut mener un plan parallèle à deux droites données.* Car, si, par le point donné, on mène deux parallèles aux droites données, le plan de ces deux parallèles sera parallèle aux deux droites données.

Théorème XII.

Lorsqu'une droite AB est parallèle à un plan MN, tout plan mené par cette droite coupe le premier plan suivant une droite CD parallèle à AB.

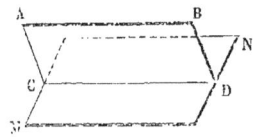
Fig. 212.

Puisque la droite AB (fig. 212) est parallèle au plan MN, il est évident qu'elle ne peut rencontrer la ligne CD qui est tout entière dans ce plan; d'ailleurs, ces deux droites sont situées dans un même plan; elles sont donc parallèles.

Théorème XIII.

Lorsqu'une droite AB est parallèle à un plan MN, une parallèle CD, menée à cette droite par un point C du plan, est contenue tout entière dans le plan.

Car, en vertu du théorème précédent, le plan déterminé par les parallèles AB et CD (fig. 212) coupe le plan MN suivant une droite passant par le point C et parallèle à AB; donc elle coïncide avec CD.

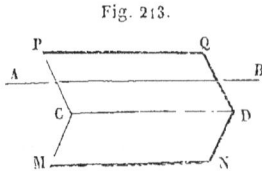
Fig. 213.

COROLLAIRE. *Lorsqu'une droite AB est parallèle à deux plans MN, PQ, elle est parallèle à leur intersection CD.* Car, si, par un point C (fig. 213) de l'intersection des deux plans, on mène une droite parallèle à AB, cette parallèle, devant être contenue à la fois dans chacun des deux plans, coïncidera avec la ligne d'intersection.

DROITES ET PLANS PARALLÈLES. 167

Théorème XIV.

Deux plans MN, PQ (fig. 214), *perpendiculaires à une même droite* AB, *sont parallèles.*

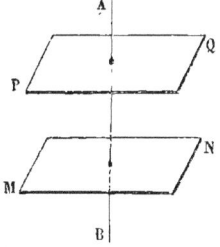
Fig. 214.

Puisque d'un point on ne peut mener qu'un seul plan perpendiculaire à la droite AB (4), il est impossible que les deux plans MN, PQ, perpendiculaires à cette droite, se rencontrent. Donc ces deux plans sont parallèles.

Théorème XV.

Les intersections de deux plans parallèles par un troisième plan quelconque sont parallèles.

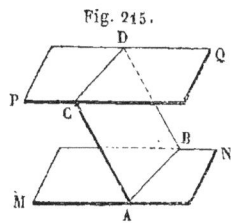
Fig. 215.

Soient les deux plans parallèles MN, PQ (fig. 215), coupés par un troisième AD. Les deux droites d'intersection AB et CD ne peuvent se rencontrer, puisqu'elles sont contenues dans deux plans parallèles; d'ailleurs elles sont situées toutes deux dans le troisième plan; donc elles sont parallèles.

Théorème XVI.

Lorsqu'une droite AB *est perpendiculaire à un plan* MN, *elle est aussi perpendiculaire à tout plan* PQ *parallèle au premier.*

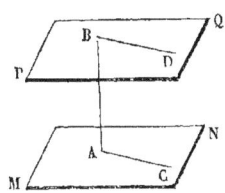
Fig. 216.

Traçons par le point B (fig. 216) une droite quelconque BD dans le plan PQ; le plan DBA coupera le plan MN suivant une droite AC parallèle à BD (15).

Puisque la droite AB est perpendiculaire au plan MN, elle est perpendiculaire à la droite AC qui passe par son pied dans le plan; et par conséquent elle est aussi perpendiculaire à la parallèle BD. Il en résulte que la droite AB est perpendiculaire à toutes les lignes qui passent par son pied dans le plan PQ; donc elle est perpendiculaire à ce plan.

Théorème XVII.

Lorsque deux angles BAC, EDF, *dans l'espace, ont leurs côtés respectivement parallèles, et dirigés dans le même sens, ils sont égaux et leurs plans sont parallèles.*

Prenez, à partir des sommets, sur les côtés parallèles des longueurs égales AB et DE, AC et DF (fig. 217), et joignez AD, BE, CF. Puisque le côté DF est égal et parallèle à AC, la figure ADFC est un parallélogramme, et les deux côtés opposés AD et CF sont égaux et parallèles. De même, puisque DE est égal et parallèle à AB, la figure ADEB est un parallélogramme, et les deux côtés opposés AD et BE sont égaux et parallèles. Les deux droites BE et CF, étant toutes deux égales et parallèles à la même droite AD, sont égales et parallèles entre elles; donc la figure BEFC est aussi un parallélogramme, et les deux côtés opposés BC et EF sont égaux. Ainsi les deux triangles BAC, EDF, sont égaux comme ayant leurs trois côtés égaux chacun à chacun; donc l'angle A est égal à l'angle D.

Je dis maintenant que les plans de ces deux angles sont parallèles. En effet, soit MN le plan de l'angle A et PQ le plan parallèle à MN, mené par le point D. La droite AB, qui est contenue dans le plan MN, est évidemment parallèle au plan parallèle PQ; la droite DE, menée par le point D, parallèlement à AB, sera contenue tout entière dans le plan PQ (13). Par la même raison, la droite DF sera aussi contenue dans le plan PQ. On en conclut que le plan parallèle PQ coïncide avec le plan de l'angle D.

Remarque. Par un point D on peut mener une infinité de droites parallèles à un plan MN; car la droite menée par le

DROITES ET PLANS PARALLÈLES.

point D, parallèlement à une droite quelconque tracée dans le plan MN, est parallèle à ce plan. D'après ce que nous venons de dire, toutes ces parallèles sont contenues dans le plan PQ mené par le point D parallèlement à MN. Mais deux parallèles DE, DF, suffisent pour déterminer le plan PQ.

Si l'on imagine que la droite DE tourne autour du point D, en restant constamment parallèle au plan MN, elle décrira le plan parallèle PQ.

Théorème XVIII.

Les parallèles AB, CD, *comprises entre deux plans parallèles* MN, PQ, *sont égales.*

Le plan des deux parallèles AB et CD (fig. 218) coupe les deux plans parallèles MN, PQ, suivant deux droites parallèles AC et BD (15). Donc la figure ABDC est un parallélogramme, et les côtés opposés AB, CD, sont égaux.

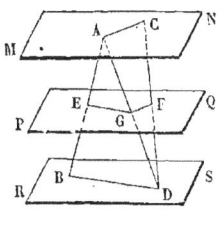
Fig. 218.

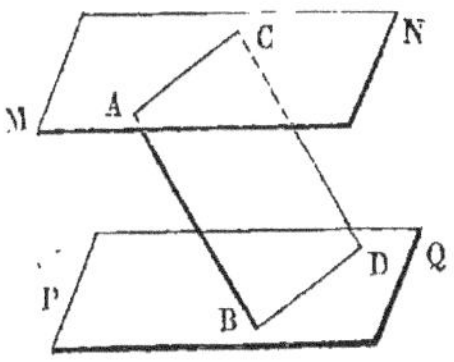

Corollaire. *Deux plans parallèles sont partout également distants.* Car, si, de deux points quelconques de l'un des plans, on abaisse des perpendiculaires sur l'autre, ces droites, étant parallèles, sont égales.

Théorème XIX.

Deux droites AB, CD, *sont coupées par trois plans parallèles en parties proportionnelles.*

Fig. 219.

Soient A, E, B (fig. 219), les points où la première droite perce les trois plans parallèles MN, PQ, RS ; C, F, D, les points où la seconde droite perce les mêmes plans. Menons la droite AD, et soit G le point où cette droite perce le plan PQ. Joignons BD, EG, AC, GF.

Le plan BAD coupe les deux plans parallèles PQ, RS, suivant deux droites parallèles EG, BD (15); la droite EG, parallèle à

170 LIVRE V.

la base BD du triangle BAD, divise les deux autres côtés en parties proportionnelles; ainsi le rapport de AE à EB est le même que celui de AG à GD.

De même, le plan ADC, coupe les deux plans parallèles MN, PQ, suivant deux droites parallèles AC, GF; dans le triangle ADC, la droite GF, parallèle à la base AC, divise les deux autres côtés en parties proportionnelles; ainsi le rapport de CF à FD est le même que celui de AG à GD.

Puisque le rapport de AE à EB, et celui de CF à FD sont les mêmes que celui de AG à GD, ces deux rapports sont égaux entre eux, ce qui montre que les deux droites AB, CD sont divisées en parties proportionnelles.

ANGLES DIÈDRES.

DÉFINITIONS.

1° Lorsque deux plans se rencontrent, la figure que forment ces plans, terminés à leur intersection commune AB (fig. 218), s'appelle *angle dièdre*.

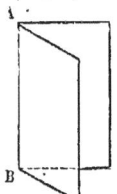
Fig. 220.

Les deux plans sont les *faces* de l'angle dièdre; la droite d'intersection AB des deux plans est l'*arête* de l'angle dièdre.

Un livre entr'ouvert nous offre l'image d'un angle dièdre.

2° Si l'on imagine que l'un des plans reste fixe, et que l'autre coïncide d'abord avec le premier, puis tourne autour de la droite AB, il engendrera dans le mouvement un angle dièdre de plus en plus grand.

Ainsi l'angle dièdre est engendré par la rotation d'un plan autour d'une droite dans l'espace, comme l'angle plan par la rotation d'une droite autour d'un point dans un plan.

3° Lorsqu'un plan ABCD (fig. 221) fait avec un plan MN deux angles dièdres adjacents égaux entre eux, on dit que le premier plan est *perpendiculaire* sur le second, et les angles dièdres égaux s'appellent *angles dièdres droits*.

ANGLES DIÈDRES. 171

4° Il est clair que par une droite AB, tracée dans le plan MN, on peut toujours mener un plan perpendiculaire au plan MN,

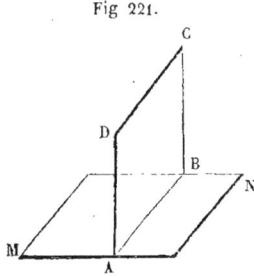
Fig 221.

et qu'on n'en peut mener qu'un. Supposons que le plan ABCD soit d'abord appliqué sur le plan MN, du côté de M, et qu'on le fasse tourner autour de la droite AB, l'un des angles dièdres ira en augmentant, l'autre en diminuant, et il arrivera un moment où ces deux angles dièdres seront égaux entre eux ; alors le plan AC sera perpendiculaire sur MN.

Mais, si l'on dépasse cette position, le premier angle deviendra plus grand que le second, et le plan, cessant d'être perpendiculaire, s'inclinera de plus en plus du côté de N.

5° Si par un point quelconque A (fig. 222) de l'arête DE d'un angle dièdre on élève deux perpendiculaires AB et AC à cette arête dans les deux faces, l'angle BAC de ces deux perpendiculaires est *l'angle plan* correspondant à l'angle dièdre.

Quelle que soit la position du point A sur l'arête DE, les perpendiculaires AB et AC restent parallèles à elles-mêmes, et l'angle ne change pas (17). Ainsi, à chaque angle dièdre correspond un angle plan bien déterminé.

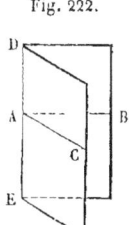
Fig. 222.

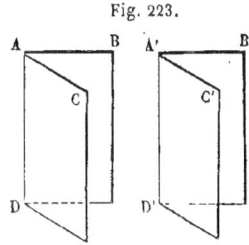
Fig. 223.

6° Il est visible qu'à deux angles dièdres égaux correspondent des angles plans égaux BAC, B'A'C' (fig. 223); car si l'on superpose les angles dièdres égaux de manière que le point A' tombe en A, les deux perpendiculaires A'B' et A'C' coïncideront avec AB et AC, et l'angle plan A' avec A.

7° On voit aussi qu'à un angle dièdre droit correspond un angle plan droit. Supposons que le plan ABF (fig. 224) soit

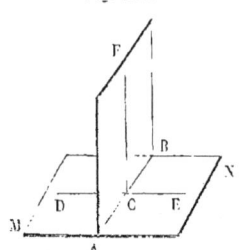
Fig. 224.

perpendiculaire au plan MN. Par un point C de l'intersection des deux plans, traçons deux perpendiculaires à cette intersection, l'une DE dans le plan MN, l'autre CF dans le plan perpendiculaire. Les deux angles plans DCF, FCE correspondent aux deux angles dièdres adjacents. Puisque ces deux angles dièdres sont égaux entre eux, les deux angles plans sont aussi égaux ; la droite FC est donc perpendiculaire sur DE, et les angles plans sont droits. Ainsi à un angle dièdre droit correspond un angle plan droit.

Théorème XX.

Le rapport de deux angles dièdres est le même que celui de leurs angles plans.

Supposons que les deux angles dièdres aient une commune mesure, qui soit contenue, par exemple, 5 fois dans le premier, 3 fois dans le second.

Par un point A de l'arête AP (fig. 225), menons un plan perpendiculaire à cette arête ; ce plan coupera les faces de l'angle

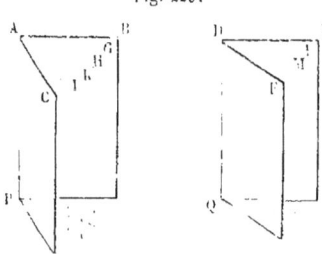
Fig. 225.

dièdre et les plans de division suivant des droites AB, AG, AH, AK, AI, AC, perpendiculaires à l'arête AP. De même, par un point D de l'arête DQ, menons un plan perpendiculaire à cette arête ; ce plan coupera les faces du second angle dièdre et les plans de division suivant des droites DE, DL, DM, DF, perpendiculaires à l'arête DQ. Puisque les angles dièdres qui composent les deux angles dièdres proposés, sont

ANGLES DIÈDRES. 173

tous égaux entre eux, les angles plans correspondants sont aussi égaux entre eux. Mais l'angle BAC en contient 5, l'angle EDF en contient 3 ; donc le rapport des angles plans BAC, EDF, est le même que celui des angles dièdres proposés.

REMARQUE. Puisque l'angle dièdre est proportionnel à son angle plan, il en résulte que l'on peut mesurer l'angle dièdre par l'angle plan correspondant. Si l'on adoptait pour unité d'angle dièdre l'angle dièdre droit, et pour unité d'angle plan l'angle plan droit, un angle dièdre quelconque serait exprimé par le même nombre que son angle plan; cela signifie que le rapport d'un angle dièdre à l'angle dièdre droit est le même que celui de son angle plan à l'angle plan droit.

Mais, comme on exprime ordinairement les angles plans en degrés, minutes, secondes, on préfère exprimer de la même manière les angles dièdres.

PLANS PERPENDICULAIRES.

Théorème XXI.

Lorsqu'une droite AP *est perpendiculaire au plan* MN, *tout plan mené par cette droite est perpendiculaire au même plan.*

Par le point P (fig. 226), traçons dans le plan MN une perpendiculaire PD à l'intersection BC des deux plans. La droite AP,

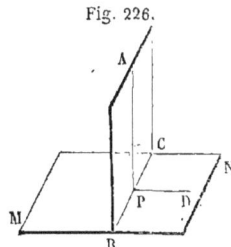

Fig. 226.

qui est perpendiculaire au plan MN, est perpendiculaire aux deux droites BC et PD qui passent par son pied dans le plan. L'angle plan APD, formé par deux perpendiculaires PA, PD, à l'intersection BC, mesure l'angle dièdre des deux plans BCA, BCN. Puisque cet angle plan est droit, l'angle dièdre est aussi droit; donc le plan BCA est perpendiculaire sur le plan MN.

Théorème XXII.

Lorsqu'un plan ABC *est perpendiculaire au plan* MN, *toute droite* AP, *menée dans le premier plan perpendiculairement à l'intersection commune* BC, *est perpendiculaire au second plan.*

Par le point P (fig. 227), traçons dans le plan MN une perpendiculaire PD à l'intersection BC. L'angle plan APD, formé

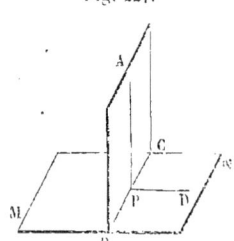

Fig. 227.

par deux perpendiculaires à l'intersection, mesure l'angle dièdre des deux plans BCA, BCN. Puisque les deux plans sont perpendiculaires entre eux, cet angle dièdre est droit ; donc l'angle plan APD est aussi droit, et la ligne AP est perpendiculaire à PD. Ainsi la ligne AP est perpendiculaire à deux droites PB, PD, qui passent par son pied dans le plan MN ; donc elle est perpendiculaire au plan MN.

Corollaire I. Réciproquement, *lorsqu'un plan* ABC *est perpendiculaire au plan* MN, *si par un point quelconque* A *du premier plan on abaisse une perpendiculaire* AP *sur le second, elle sera contenue tout entière dans le premier.*

En effet, imaginons que par le point A on mène dans le premier plan une droite perpendiculaire à l'intersection BC ; cette droite, d'après le théorème précédent, sera perpendiculaire au plan MN et, par conséquent, coïncidera avec la perpendiculaire AP. Donc cette ligne AP est contenue tout entière dans le plan ABC.

Corollaire II. Si par les différents points d'une droite BC située dans le plan MN, on élève des perpendiculaires à ce plan, on aura une série de droites parallèles entre elles et qui seront toutes situées dans le même plan ; ce plan est le plan mené par la droite BC perpendiculairement au plan MN.

PLANS PERPENDICULAIRES.   175

Théorème XXIII.

Si deux plans sont perpendiculaires à un troisième plan MN, *leur intersection commune* AB *est perpendiculaire à ce troisième plan.*

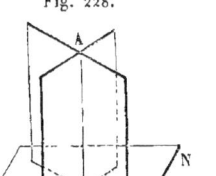
Fig. 228.

Car, si d'un point A (fig. 228) de l'intersection on abaisse une perpendiculaire sur le plan MN, cette perpendiculaire, d'après le corollaire précédent, devant être contenue dans chacun des deux plans perpendiculaires, coïncidera avec leur intersection commune AB.

Théorème XXIV.

Si, par un même point, on mène deux droites perpendiculaires à deux plans qui se coupent, l'angle de ces deux droites est égal ou supplémentaire à l'angle dièdre des deux plans.

Soient les deux plans M et N (fig. 229) qui se coupent suivant une droite AB; d'un point quelconque C de l'espace,

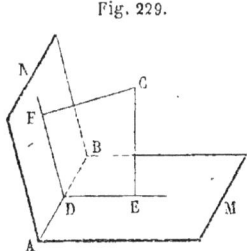
Fig. 229.

abaissons la perpendiculaire CE sur le premier plan et la perpendiculaire CF sur le second. Le plan ECF, déterminé par ces deux droites, coupe la ligne d'intersection AB en un point D et les deux plans M et N suivant deux droites DE et DF. Ce plan, passant par deux droites respectivement perpendiculaires aux deux plans M et N, est perpendiculaire à chacun d'eux (21), et par conséquent perpendiculaire à leur intersection commune AB (23); réciproquement, la droite AB est perpendiculaire au plan ECF, et par suite aux deux droites DE, DF, qui passent par son pied dans le plan. Ainsi, l'angle plan EDF mesure l'angle dièdre des deux plans M et N. Dans le plan de cet angle EDF, on a un second angle ECF, dont les côtés sont respectivement perpendiculaires à ceux du premier; on sait que ces deux angles sont égaux ou supplémentaires (26, I).

Remarque. Par un point donné A (fig. 230), on peut mener une infinité de plans perpendiculaires au plan MN. Car, si du point A on abaisse la perpendiculaire AC sur le plan MN, un plan quelconque mené par la droite AC sera perpendiculaire au plan MN.

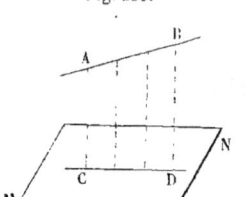

Fig. 230.

Mais, par une droite AB, non perpendiculaire au plan MN, on ne peut mener qu'un seul plan perpendiculaire au plan MN. D'un point quelconque A de la droite AB, abaissons en effet la perpendiculaire AC sur le plan MN, le plan déterminé par les deux droites AB, AC sera évidemment perpendiculaire au plan MN (21).

Si, d'un autre point quelconque B de la droite, on abaisse une perpendiculaire BD sur le plan MN, cette perpendiculaire sera contenue dans le plan BAC (22). Ainsi, on peut considérer ce plan perpendiculaire comme le lieu des perpendiculaires abaissées de tous les points de la droite AB sur le plan MN. On remarque d'ailleurs que toutes ces perpendiculaires sont parallèles.

Le pied C de la perpendiculaire abaissée d'un point quelconque A de l'espace sur un plan MN est la *projection* de ce point sur le plan.

Le lieu des projections des divers points d'une droite AB est la projection de cette ligne. La droite AB a pour projection la droite CD. Cette projection CD est l'intersection du plan MN par le plan mené par la droite AB perpendiculairement au plan MN.

Théorème XXV.

Lorsqu'une droite AB *est oblique au plan* MN, *l'angle aigu* BAP, *qu'elle fait avec sa projection sur le plan, est moindre que l'angle qu'elle fait avec toute autre droite passant par son pied dans le plan.*

Soit A (fig. 231) le point où l'oblique AB perce le plan. D'un autre point B de cette droite abaissons une perpendiculaire BP sur le plan MN, et joignons AP; la droite AP sera la projection de l'oblique AB sur le plan MN. Par le point A, traçons une

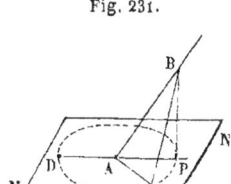

Fig. 231.

droite quelconque AC dans le plan MN, et prenons AC égale à AP. La perpendiculaire BP est plus courte que l'oblique BC. Les deux triangles BAC, BAP ont deux côtés égaux chacun à chacun, savoir le côté AB commun, et AC égal à AP; le troisième côté BC du premier triangle est plus grand que le troisième côté BP du second; donc l'angle BAC du premier triangle est plus grand que l'angle BAP du second. Ainsi, l'angle BAP, que fait l'oblique AB avec sa projection AP, est le plus petit de tous les angles qu'elle fait avec les différentes droites qui passent par son pied dans le plan.

Cet angle minimum est ce qu'on appelle *l'angle de la droite avec le plan*.

REMARQUE I. Il est facile de voir que l'angle BAC augmente à mesure que la droite AC s'écarte de la projection AP. En effet, du point A comme centre, avec AP pour rayon, décrivons un cercle dans le plan MN, et supposons que le rayon AC s'écarte de plus en plus de AP; la corde PC croissant, l'oblique BC augmente et par suite l'angle BAC. Cet angle part de sa valeur minimum, l'angle aigu BAP; il augmente d'une manière continue jusqu'à sa valeur maximum, l'angle obtus supplémentaire BAD, que fait l'oblique AB avec le prolongement de AP. Dans l'intervalle, l'angle devient droit, lorsque le rayon AC est perpendiculaire sur AP. Si le rayon AC, continuant son mouvement, dépassait la position AD, l'angle irait en diminuant de l'autre côté et repasserait par les mêmes valeurs.

REMARQUE II. L'oblique AB ne fait des angles égaux qu'avec deux droites tracées par son pied dans le plan MN, celles qui sont également écartées de la projection AP de part et d'autre. On en conclut que lorsqu'une droite est également inclinée sur trois droites passant par son pied dans le plan MN, elle est perpendiculaire au plan.

Théorème XXVI.

La plus courte distance entre deux droites AB, CD, non situées dans le même plan, est la perpendiculaire commune à ces deux droites.

Par la droite AB (fig. 232), menons un plan MN parallèle à la droite CD (11), et par la droite CD un plan PQ parallèle à AB.

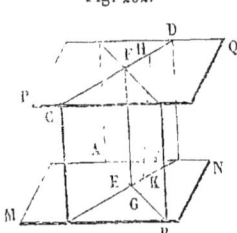

Fig. 232.

Ces deux plans sont parallèles. Par la droite AB, conduisons un plan perpendiculaire au plan MN, et par la droite CD un second plan perpendiculaire au même plan MN. Ces deux plans se coupent suivant une droite EF perpendiculaire au plan MN (23) et par suite au plan parallèle PQ. Cette droite EF est donc perpendiculaire à chacune des lignes AB et CD; c'est la perpendiculaire commune aux deux droites données.

Il est aisé de voir que cette perpendiculaire commune EF est la plus courte distance entre les deux droites AB, CD. Car si l'on joint deux points quelconques G et H de ces droites, l'oblique HG est plus grande que la perpendiculaire HK ou que son égale FE.

ANGLES TRIÈDRES.

Définitions.

1° On appelle *angle trièdre* la figure formée par trois plans qui se coupent en un même point S.

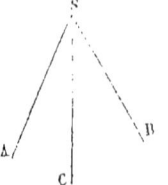

Fig. 233.

2° Les trois droites SA, SB, SC (fig. 233), suivant lesquelles se coupent les plans deux à deux, sont les *arêtes* de l'angle trièdre; le point S en est le *sommet*.

Les trois angles plans ASB, BSC, CSA, formés par les arêtes deux à deux, sont les *faces* de l'angle trièdre.

3° On appelle en général *angle solide* ou *angle polyèdre* la figure formée par plusieurs plans qui se coupent en un même point.

ANGLES TRIÈDRES. 179

Théorème XXVII.

Chaque face d'un angle trièdre est moindre que la somme des deux autres.

Il suffit évidemment de démontrer que la plus grande face est moindre que la somme des deux autres. Soit ASB (fig. 234)

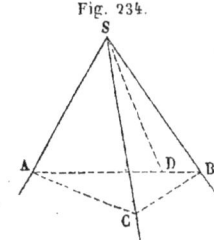
Fig. 234.

la plus grande face du trièdre; dans le plan de cette face, menons une droite SD qui fasse un angle ASD égal à ASC, et traçons une droite quelconque AB. Sur l'arête SC prenons une longueur SC égale à SD; joignons CA et CB.

Les deux triangles ASD, ASC, sont égaux, comme ayant un angle égal compris entre deux côtés égaux chacun à chacun, savoir : l'angle ASD égal à ASC, le côté SA commun, et le côté SD égal à SC; donc le troisième côté AD est égal à AC. Dans le triangle ABC, la ligne droite AB est plus petite que la ligne brisée AC+CB; si l'on retranche de part et d'autre les longueurs égales AD et AC, on voit que la ligne BD est plus petite que BC. Les deux triangles BSD, BSC, ont le côté SB commun et le côté SD égal à SC; le troisième côté BD du premier triangle étant plus petit que le troisième

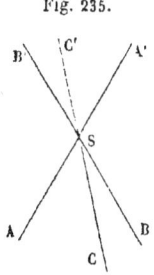
Fig. 235.

côté BC du second, l'angle BSD sera plus petit que BSC; si l'on ajoute de part et d'autre les angles égaux ASD, ASC, on en conclut que la face ASB est plus petite que la somme des deux autres ASC et BSC.

Remarque. Si l'on prolonge de l'autre côté du sommet S (fig. 235) les trois arêtes d'un trièdre SABC, on formera un nouveau trièdre SA'B'C' dont les faces sont respectivement égales à celles du premier, comme angles opposés par le sommet, et dont les angles dièdres sont aussi égaux à ceux du premier pour une raison analogue. Ainsi l'angle plan A'SB' est égal à l'angle plan ASB, opposé par le sommet; de même l'angle B'SC' est égal à BSC et C'SA' à CSA. Les deux angles dièdres SA' et SA, formés par les mêmes plans prolongés de part et d'autre de l'arête, ayant pour mesure deux angles plans opposés par le sommet, sont égaux; de même l'angle dièdre SB' est égal à SB et SC' à SC.

Mais ces deux angles trièdres, bien qu'ils soient composés des mêmes éléments, ne peuvent être superposés, parce que les éléments sont disposés en ordre inverse. Concevons en effet que l'on fasse tourner le trièdre supérieur autour du point S comme autour d'un pivot, de manière que l'angle A'SB' glisse dans le plan ASB, jusqu'à ce que l'arête SA' vienne s'appliquer sur l'arête correspondante SA; alors l'arête SB' coïncidera avec SB; mais, tandis que la troisième arête SC du premier trièdre est d'un côté du plan ASB, par exemple en avant, la troisième arête SC du second trièdre se placera de l'autre côté de ce même plan, en arrière, et les deux trièdres ne coïncideront pas.

On a donné le nom de trièdres *symétriques* à ces deux trièdres qui, formés des mêmes éléments disposés en ordre inverse, ne peuvent être superposés.

On se rend bien compte de cette différence de disposition, en imaginant qu'un observateur soit placé dans le premier trièdre la tête tournée vers le sommet S, le dos appuyé contre la face ASB. Cet observateur verra à sa droite la face ASC, à sa gauche la face BSC. Mais, si l'on imagine le même observateur placé dans le second trièdre, la tête toujours tournée vers le sommet S, et le dos appuyé contre la face A'SB', cet observateur verra à sa gauche la face A'SC', à sa droite la face B'SC'. Ceci met bien en évidence les deux dispositions différentes, et fait comprendre pourquoi les deux trièdres ne peuvent être superposés.

Il est un cas cependant où les deux trièdres sont égaux et peuvent coïncider : c'est lorsque le trièdre proposé SABC est isocèle, c'est-à-dire a deux de ses faces, telles que ASC, BSC, égales entre elles. Les deux faces A'SC', B'SC', du second trièdre sont aussi égales entre elles, et, à cause de l'égalité de ces deux faces, les deux dispositions ne se distinguent pas en réalité l'une de l'autre.

EXERCICES SUR LE LIVRE V.

1. Étant donnés une droite MN et deux points A et B non situés dans un même plan avec la droite MN, trouver sur cette ligne un point C telle, que la somme des distances AC et CB soit la plus petite possible.

2. Étant donnés un plan MN et deux points A et B situés d'un même côté de ce plan, trouver dans le plan MN un point C tel, que AC + CB soit minimum.

3. Étant donnés un plan MN et deux points A et B situés l'un d'un côté, l'autre de l'autre du plan MN, trouver dans ce plan un point C tel, que la différence des distances AC et BC soit maximum.

4. Étant donnée une droite AB qui coupe en A et B les faces d'un angle dièdre, trouver sur cette droite AB un point tel, que la somme des perpendiculaires abaissées de ce point sur les deux faces du dièdre soit maxima ou minima.

5. Lieu des points également distants des deux faces d'un angle dièdre.

6. Lieu des points également distants de deux droites qui se coupent.

7. Lieu des points équidistants des trois faces d'un angle trièdre.

8. Lieu des points équidistants des trois arêtes d'un angle trièdre.

9. Dans tout angle trièdre, les plans bissecteurs des angles dièdres se coupent suivant une même droite.

10. Dans tout angle trièdre, les plans menés par les bissectrices des faces, perpendiculairement à ces faces, se coupent suivant une même droite.

11. Dans tout angle trièdre, les plans menés par les arêtes et par les bissectrices des faces opposées se coupent suivant une même droite.

12. Dans tout angle trièdre, les plans menés par les arêtes perpendiculairement aux faces opposées se coupent suivant une même droite.

13. Couper un angle solide à quatre faces par un plan, de manière que la section soit un parallélogramme.

14. Couper un angle trièdre trirectangle par un plan, de manière que la section soit un triangle égal à un triangle donné.

LIVRE SIXIÈME.

LES POLYÈDRES.

PRISMES.

Définitions.

1° L'étendue d'un corps s'appelle *volume*.

2° La *surface* du corps est ce qui limite son volume.

3° On nomme *polyèdre* un solide terminé par des *plans* ou *faces* planes.
La droite d'intersection de deux faces adjacentes est une *arête* du polyèdre; les faces sont des polygones plans.

4° Le *prisme* est un solide compris sous plusieurs plans parallélogrammes et terminé de part et d'autre par deux polygones plans égaux et parallèles.

Soit ABCDE (fig. 236) un polygone plan quelconque. Par les sommets du polygone, menons des droites parallèles et égales

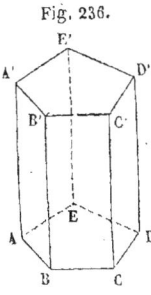

Fig. 236.

AA', BB', CC',..., et joignons leurs extrémités; nous formerons ainsi un prisme. On voit d'abord que les faces latérales, telles que ABB'A', sont des parallélogrammes, puisque les côtés opposés AA' et BB' sont égaux et parallèles. On voit ensuite que les deux polygones ABCDE, A'B'C'D'E', sont égaux, comme ayant leurs côtés respectivement égaux et parallèles.

Ces deux polygones égaux sont les bases du prisme.

5° On distingue les prismes par la nature de leurs bases. Le prisme est dit triangulaire, quadrangulaire, pentagonal, ...,

184   LIVRE VI.

suivant qu'il a pour base un triangle, un quadrilatère, un pentagone, etc.

6° Quand les arêtes latérales AA', BB',..., sont perpendiculaires aux plans des bases, on dit que le prisme est *droit;* autrement, le prisme est *oblique.*

7° La *hauteur* d'un prisme est la distance des deux bases parallèles, ou la perpendiculaire abaissée d'un point de la base supérieure sur la base inférieure. Quand le prisme est droit, la hauteur est égale à la longueur des arêtes latérales.

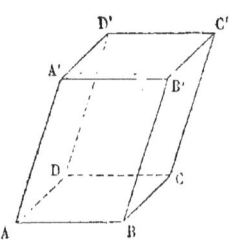

Fig. 237.

8° On donne le nom de *parallélipipède* au prisme qui a pour base un parallélogramme ABCD (fig. 238).

On voit que le parallélipipède est un solide compris sous six parallélogrammes, égaux et parallèles deux à deux.

On peut prendre deux faces opposées quelconques pour bases du parallélipipède.

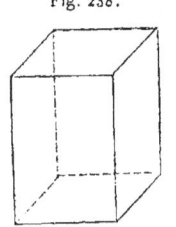

Fig. 238.

Le parallélipipède a douze arêtes, qui sont quatre à quatre égales et parallèles.

9° Lorsque le parallélipipède est droit et qu'il a pour base un rectangle, les six faces (fig. 239) deviennent des rectangles, et l'on donne au solide le nom de *parallélipipède rectangle.*

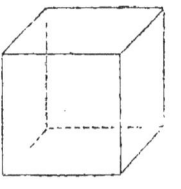

Fig. 239.

10° Parmi les parallélipipèdes rectangles, il faut remarquer le *cube* (fig. 240). C'est un parallélipipède rectangle qui a pour base un carré, et dont la hauteur est égale au côté de la base. Les six faces deviennent alors des carrés égaux. Ainsi le cube est un solide compris sous six carrés égaux.

PRISMES. 185

11° On a pris pour unité de volume les cubes construits sur les unités de longueur. L'unité fondamentale de volume est le *mètre cube;* c'est un cube dont chaque arête a un mètre de longueur. Chacune des faces du mètre cube est un mètre carré. On a ensuite, d'une part, le *décamètre cube,* l'*hectomètre cube,* le *kilomètre cube,* le *myriamètre cube :* ce sont des cubes qui ont un décamètre, un hectomètre, un kilomètre, un myriamètre de côté; d'autre part, le *décimètre cube,* le *centimètre cube,* le *millimètre cube :* ce sont des cubes qui ont un décimètre, un centimètre, un millimètre de côté.

12° Nous avons vu que les unités de surface sont de cent en cent fois plus grandes; *les unités de volume sont de mille en mille fois plus grandes.* Je vais démontrer, par exemple, que le mètre cube contient mille décimètres cubes.

Imaginons la base ABCD (fig. 240), qui est un mètre carré, décomposée en cent décimètres carrés. Si sur chacun d'eux

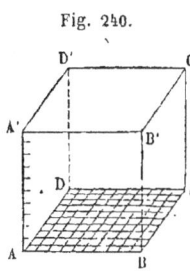
Fig. 240.

nous plaçons un décimètre cube, nous formerons une première couche ayant un décimètre de hauteur; sur cette première couche formons en une seconde, et ainsi de suite. Quand nous aurons disposé de la sorte dix couches égales les unes sur les autres, nous aurons rempli le mètre cube. Ainsi, le mètre cube contient dix fois cent, ou mille décimètres cubes.

De même, le décimètre cube contient mille centimètres cubes, et le centimètre cube mille millimètres cubes. Pour la même raison, le décamètre cube vaut mille mètres cubes, l'hectomètre cube mille décamètres cubes, ou un million de mètres cubes, et ainsi de suite.

13° Mesurer un volume, c'est trouver combien il contient de mètres cubes et de fractions du mètre cube.

14° On dit que deux solides sont *équivalents,* lorsqu'ils ont même volume.

Théorème I.

Le volume d'un parallélipipède rectangle a pour mesure le produit de ses trois dimensions.

Supposons que les trois côtés AB, AD, AA' (fig. 241), ou les trois dimensions du parallélipipède, contiennent : la première 4 mètres, la seconde 3 mètres, la troisième 5 mètres. La base ABCD peut être décomposée en 4×3, c'est-à-dire en 12 mètres carrés. Sur chacun d'eux plaçons un mètre cube ; nous formerons une première couche ayant un mètre de hauteur. Sur cette première couche, nous en formerons une seconde, et ainsi de suite. Avec cinq couches pareilles, nous obtiendrons le parallélipipède proposé, qui a 5 mètres de hauteur. Mais chaque couche contient 12 mètres cubes; donc le parallélipipède contient 12×5, ou 60 mètres cubes. Ce nombre 60, ou $4 \times 3 \times 5$, est le produit des trois dimensions.

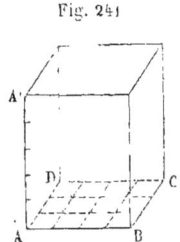

Fig. 241

Supposons maintenant que les trois dimensions soient la première de 4^m,7, la seconde de 3^m,26, et la troisième de 5^m,42. Si l'on réduit tout en centimètres, on voit que la base contient 470×326, ou 153 220 centimètres carrés. Sur chacun d'eux on placera un centimètre cube pour former une couche d'un centimètre de hauteur. Le parallélipipède contient 542 couches pareilles, ce qui fait $153\,220 \times 542$ ou 83 045 240 centimètres cubes. On sait, d'ailleurs, que le centimètre cube est la millionième partie du mètre cube. Si l'on prend le mètre cube pour unité de volume, il faudra séparer six chiffres décimaux et écrire le volume sous la forme

83,045240 mètres cubes.

Mais on remarque que l'on obtient directement ce résultat en formant le produit $4,7 \times 3,26 \times 5,42$ des trois nombres décimaux qui expriment les trois dimensions du parallélipipède, quand on prend le mètre pour unité de longueur.

COROLLAIRE I. On peut dire encore que *le volume du parallélipipède rectangle a pour mesure le produit de sa base par sa hauteur*. Car le produit des deux premières dimensions AB et AD donne l'aire de la base ABCD.

Mais il faut bien faire attention que l'on doit prendre pour unité de surface le carré construit sur l'unité de longueur, et pour unité de volume le cube construit sur l'unité de longueur. Dans la pratique, comme nous l'avons dit, l'unité de longueur est le mètre, l'unité de surface le mètre carré, l'unité de volume le mètre cube.

COROLLAIRE II. *Le volume du cube a pour mesure le cube de son côté*. Car, les trois dimensions étant égales entre elles, leur produit est le cube de l'une d'elles.

THÉORÈME II.

Le volume d'un parallélipipède droit a pour mesure le produit de sa base par sa hauteur.

Considérons le parallélipipède droit ABCDA'B'C'D' (fig. 242) ayant pour base un parallélogramme ABCD. Par les points A et

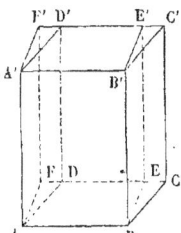

B, dans le plan de la base inférieure, menons les perpendiculaires AF, BE, à l'arête AB, et par les points E et F, élevons les perpendiculaires EE', FF', au plan de la base ; nous formerons ainsi un parallélipipède rectangle ABEFA'B'E'F'.

Il est aisé de voir que les deux prismes triangulaires ADFA'D'F', BCEB'C'E', sont égaux. Car, si l'on place la base ADF du premier sur la base égale BCE du second, les arêtes latérales AA', DD', FF', qui sont perpendiculaires au plan de la base, se confondront avec les arêtes latérales correspondantes BB', CC' EE' ; et comme elles ont même longueur, leurs extrémités coïncideront ; donc les deux prismes triangulaires coïncideront.

Si du solide total on retranche le premier prisme triangulaire, il reste le parallélipipède proposé ABCD. Si du même solide on retranche le second prisme triangulaire, il reste le parallélipipède rectangle ABEF. On en conclut que ces deux parallélipipèdes sont équivalents. Mais, le volume du parallélipipède rectangle a pour mesure le produit de sa base ABEF par sa hauteur AA′; donc le parallélipipède proposé, qui lui est équivalent, a aussi pour mesure le produit de sa base ABCD, qui est équivalente au rectangle ABEF, par sa hauteur AA′.

Théorème III.

Le volume d'un prisme droit triangulaire a pour mesure le produit de sa base par sa hauteur.

Soit le prisme triangulaire droit ABCA′B′C′ (fig. 243); par les points A et C, dans le plan de la base inférieure, menons les parallèles AD et CD aux côtés BC et AB, pour former le parallélogramme ABCD. Si, au point D, nous élevons sur le plan de la base la perpendiculaire DD′ égale à AA′, nous aurons un parallélipipède droit à base parallélogramme.

Fig. 243.

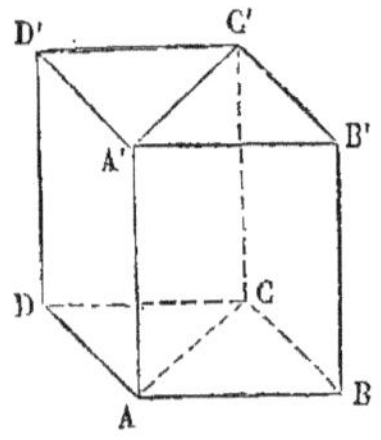

Il est aisé de voir que les deux prismes triangulaires qui composent ce parallélipipède droit, sont égaux entre eux. Car, si l'on amène la base CDA du second sur la base ABC du premier, en faisant tourner le prisme de manière que le point D vienne en B, le point A en C et le point C en A, les arêtes latérales, qui sont perpendiculaires au plan de la base, se confondront, et par conséquent les deux prismes coïncideront.

Puisque les deux prismes triangulaires sont égaux, chacun d'eux est la moitié du parallélipipède; mais le volume du parallélipipède a pour mesure le produit de sa base ABCD par sa hauteur AA′; donc le volume du prisme triangulaire a pour mesure sa base ABC, qui est la moitié du parallélogramme ABCD, multipliée par sa hauteur.

Théorème IV.

Le volume d'un prisme droit quelconque a pour mesure le produit de sa base par sa hauteur.

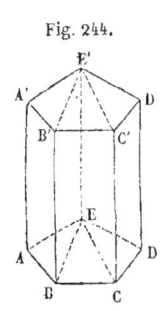

Fig. 244.

Considérons un prisme droit ayant pour base un polygone quelconque ADCDE (fig. 244). Si par l'arête EE' et chacune des arêtes opposées BB', CC', on mène un plan diagonal, on décomposera le prisme proposé en plusieurs prismes triangulaires. Chacun d'eux a pour mesure le triangle qui lui sert de base multiplié par sa hauteur; le prisme polygonal proposé, qui est la somme des prismes triangulaires, aura donc pour mesure la somme des triangles, c'est-à-dire le polygone ABCDE, multipliée par la hauteur commune AA'.

Théorème V.

Le volume d'un prisme oblique quelconque a pour mesure le produit de sa base par sa hauteur.

Nous allons démontrer d'abord qu'un prisme oblique est équivalent au prisme droit qui a même base et même hau-

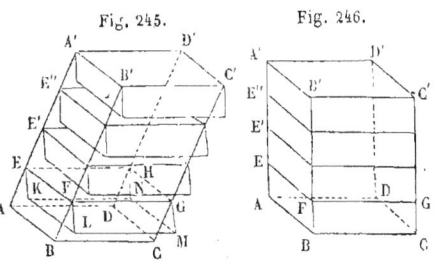

Fig. 245. Fig. 246.

teur. Considérons un prisme oblique quelconque ABCDA'B'C'D' (fig. 245); divisons sa hauteur en parties égales et par les points de division menons des plans parallèles à la base; ces plans couperont le prisme suivant des polygones égaux entre eux et égaux au polygone de base. Des sommets du second polygone EFGH abaissons des perpendiculaires EK, FL, GM, HN, sur le plan de la base, nous formerons un premier

190   LIVRE VI.

prisme droit ayant pour base supérieure le polygone EFGH, et pour base inférieure KLMN. Des sommets du troisième polygone abaissons de même des perpendiculaires sur le plan du second polygone pour former un second prisme droit égal au premier, et ainsi de suite. Chacun de ces prismes droits a pour mesure sa base multipliée par sa hauteur. Les bases étant égales au polygone ABCD et les hauteurs étant les parties suivant lesquelles on a divisé la hauteur totale du prisme oblique, la somme de tous ces prismes a pour mesure l'aire du polygone ABCD multipliée par la somme des hauteurs, c'est-à-dire par la hauteur totale du prisme oblique proposé.

Concevons que l'on ait divisé la hauteur en un très-grand nombre de parties égales, la somme des petits prismes droits ne différera pas sensiblement du prisme oblique proposé, et l'on pourra regarder ce prisme oblique comme la limite de la somme des petits prismes droits. Cette somme ayant pour mesure la base ABCD multipliée par la hauteur totale, on en conclut que le volume du prisme oblique a pour mesure sa base ABCD multipliée par sa hauteur.

REMARQUE. Si l'on fait glisser les prismes droits les uns sur les autres, de manière à faire coïncider la base inférieure du second avec la base supérieure du premier, et ainsi de suite, on formera un prisme droit ABCDA'B'C'D' (fig. 246) qui restera le même, quel que soit le nombre des divisions. Ce prisme droit est équivalent au prisme oblique proposé.

APPLICATIONS NUMÉRIQUES.

1° Trouver la capacité d'un bassin rectangulaire ayant $10^m,8$ de longueur, $6^m,7$ de largeur, et $1^m,6$ de profondeur.

En faisant le produit des trois dimensions du parallélipipède rectangle, on trouve 115,776 mètres cubes pour le volume cherché. Ainsi le bassin contient 115776 litres d'eau.

2° Quel est le volume d'air contenu dans une chambre ayant $8^m,7$ de longueur, $7^m,3$ de largeur et $2^m,8$ de hauteur?

PRISMES. 191

La surface du plancher est de $8,7 \times 7,3 = 63,51$ mètres carrés. En multipliant par la hauteur 2,8, on obtient le volume 177,828 mètres cubes.

3° Trouver le poids d'une pierre de taille en granit ayant $2^m,35$ de longueur, $1^m,27$ de largeur, et $0^m,86$ d'épaisseur.

Le volume de la pierre est de $2,35 \times 1,27 \times 0,86 = 2,566677$ mètres cubes.

Le poids spécifique du granit est à peu près 2,70 ; un mètre cube d'eau pesant 1000 kilogrammes, un mètre cube de granit pèse 2700 kilogrammes. En multipliant 2700 par le volume de la pierre, on obtient son poids 6930 kilogrammes.

4° On veut creuser une fosse carrée ayant 3 mètres de côté. Quelle profondeur faut-il lui donner pour que sa capacité soit de 100 mètres cubes ?

L'aire de la base est 12,25 mètres carrés. En divisant le volume 100 par l'aire de la base 12,25, on obtient la profondeur cherchée $8^m,16$.

5° Une colonne hexagonale régulière a $1^m,56$ de périmètre, et $8^m,43$ de hauteur. Quel est son volume ?

Si l'on désigne par a le côté d'un hexagone régulier, l'apothème est $\dfrac{a\sqrt{3}}{2}$; l'aire qui a pour mesure le périmètre multiplié par la moitié de l'apothème est $6a \times \dfrac{a\sqrt{3}}{4}$, ou $\dfrac{3a^2\sqrt{3}}{2}$. Le côté de l'hexagone étant de 0,26, le volume du prisme a pour mesure $\dfrac{3 \times \overline{0,26}^2 \times \sqrt{3} \times 8,40}{2} = 3 \times \overline{0,26}^2 \times \sqrt{3} \times 4,20$. En calculant par logarithmes, on trouve 1,475 mètres cubes.

6° On veut élever une digue ayant 1254 mètres de longueur, 5 mètres de hauteur, 12 mètres de largeur à la base, 2 au sommet. Quelle est la quantité de matériaux nécessaire pour la construction de cette digue. Si la digue est terminée à ses deux extrémités par des murs verticaux, on pourra l'assimiler à un prisme droit, ayant pour hauteur la longueur de la digue, et pour base la section transversale de la digue c'est-à-dire un trapèze dont la hauteur a 5 mètres, et les côtés parallèles, l'un

192   LIVRE VI.

12 mètres, l'autre 2 mètres. L'aire de ce trapèze étant égale à $\frac{(12+2)\times 5}{2} = 35$ mètres carrés, le volume du prisme est $35 \times 1254 = 43890$ mètres cubes.

PYRAMIDES.

DÉFINITION.

1° La *pyramide* est le solide compris sous plusieurs plans triangulaires partant d'un même point, et terminé par un polygone plan.

Si l'on joint un même point S (fig. 247) de l'espace aux différents sommets d'un polygone plan ABCDE, on obtient une pyramide.

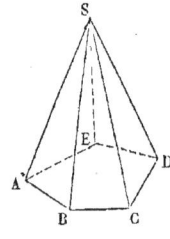
Fig. 247.

Le point S est le *sommet* de la pyramide. Le polygone ABCDE en est la base.

Les faces latérales sont des triangles.

2° On nomme hauteur de la pyramide la perpendiculaire abaissée du sommet sur la base.

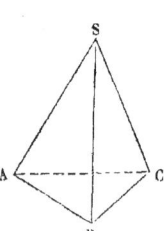
Fig. 248.

3° On distingue les pyramides comme les prismes par la nature de leur base. La pyramide est dite triangulaire, quadrangulaire, pentagonale...., suivant qu'elle a pour base un triangle, un quadrilatère, un pentagone, etc.

4° La pyramide triangulaire (fig. 248) porte aussi le nom de *tétraèdre*. On voit que le tétraèdre est le solide compris sous quatre triangles. C'est le polyèdre le plus simple; car il faut au moins quatre plans pour comprendre un volume.

THÉORÈME VI.

La section d'une pyramide par un plan parallèle à la base est un polygone semblable à la base.

Soit la pyramide SABCDE (fig. 249), que l'on coupe par un plan parallèle à la base. Les droites AB et A'B', intersections

PYRAMIDES.   193

de deux plans parallèles par la face ASB, sont parallèles, de même BC et B'C', etc. Les angles des deux polygones, ayant ainsi leurs côtés respectivement parallèles et dirigés dans le même sens, sont égaux chacun à chacun. L'angle A' est égal à l'angle A, l'angle B' à l'angle B, etc.

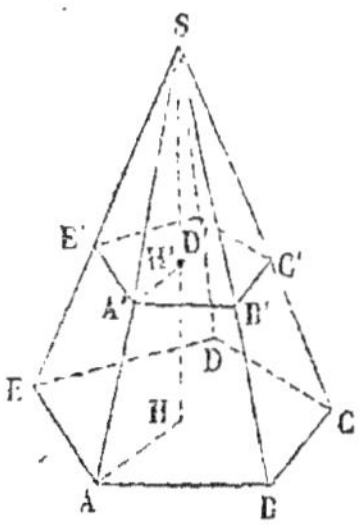

Fig. 249.

Puisque A'B' est parallèle à AB, le triangle SA'B' est semblable à SAB, et le rapport des côtés A'B' et AB est le même que celui de SB' à SB. De même, le triangle SB'C' est semblable à SBC et le rapport des côtés B'C' et BC est le même que celui de SB' à SB. On conclut de là que le rapport A'B' à AB est le même que celui de B'C' à BC, et ainsi de suite. Ainsi, les deux polygones ont les angles égaux chacun à chacun et les côtés homologues proportionnels ; donc ils sont semblables.

Remarque. Soit SH la perpendiculaire abaissée du sommet sur la base de la pyramide, H' le point où elle perce le plan parallèle. Les triangles semblables SA'H', SAH, montrent que le rapport des hauteurs SH' et SH est le même que celui des arêtes SA' et SA, ou que le rapport de deux côtés homologues A'B' et AB des deux polygones.

Théorème VII.

Deux pyramides, qui ont des bases équivalentes et même hauteur, sont équivalentes.

Supposons que les deux bases équivalentes ABC, A'B'C' (fig. 250), reposent sur un même plan ; puisque les hauteurs sont égales, les sommets S et S' seront situés dans un même plan parallèle aux bases.

Je vais démontrer d'abord qu'un plan quelconque parallèle au plan des bases détermine dans les deux pyramides des sections équivalentes telles que DEF, D'E'F'. En effet, les aires des polygones semblables DEF, ABC, sont proportionnelles aux

13

carrés des côtés homologues DE et AB, ou aux carrés des perpendiculaires abaissées du sommet S sur les plans DEF, ABC.

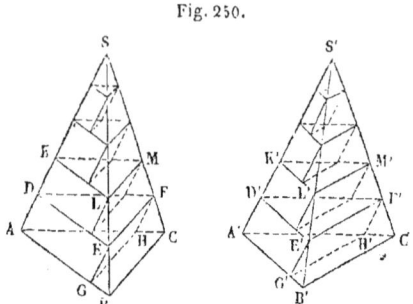

Fig. 250.

De même, les aires des polygones semblables D'E'F', A'B'C', sont proportionnelles aux carrés des côtés homologues D'E' et A'B', ou aux carrés des hauteurs. Il en résulte que le rapport des aires des polygones DEF et ABC est le même que celui des polygones D'E'F' et A'B'C'; puisque les deux polygones ABC, A'B'C' sont équivalents, les deux polygones DEF, D'E'F', seront aussi équivalents.

Cela posé, divisons la hauteur commune en un certain nombre de parties égales, et par les points de division menons des plans parallèles au plan des bases; chacun de ces plans, comme nous l'avons vu, déterminera dans les deux pyramides des sections équivalentes. Par les points E et F menons des parallèles EG, FH, à l'arête SA, et joignons GH; par les points E' et F' menons de même des parallèles E'G', F'H', à l'arête S'A', et joignons G'H'. Les deux prismes DEFAGH, D'E'F'A'G'H', ayant des bases équivalentes DEF, D'E'F', et des hauteurs égales, sont équivalents.

Sur les deux triangles équivalents KLM, K'L'M', construisons de même deux prismes, ayant leurs arêtes latérales parallèles à SA et à S'A'; ces deux prismes seront équivalents, et ainsi de suite. Les prismes étant équivalents deux à deux, la somme des prismes construits dans la première pyramide est équivalente à la somme des prismes construits dans la seconde pyramide.

Si l'on divise la hauteur commune en un très-grand nombre de parties très-petites, on voit que le volume de chaque pyramide diffère très-peu de la somme des prismes construits dans cette pyramide, et l'on peut regarder le volume

PYRAMIDES.   195

de la pyramide comme la limite de la somme des prismes. Puisque les deux sommes de prismes sont équivalentes, si grand que soit le nombre des divisions, on en conclut que les deux pyramides sont équivalentes.

Théorème VIII.

Une pyramide triangulaire est le tiers du prisme qui a même base et même hauteur.

Soit la pyramide triangulaire SABC (fig. 251). Par les deux points A et C menons les droites AE et CD parallèles et égales à BS, pour former un prisme triangulaire ayant même base et même hauteur que la pyramide. Je dis que la pyramide est le

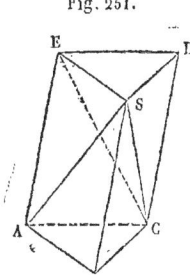
Fig. 251.

tiers du prisme. En effet, la pyramide SABC fait partie du prisme; si on l'enlève, il reste une pyramide ayant pour sommet le point S, et pour base le parallélogramme ACDE. Par les trois points C, S, C, faisons passer un plan; ce plan coupera la pyramide quadrangulaire en deux pyramides triangulaires SCDE, SCAE, qui ont pour bases les deux triangles égaux CDE, CAE, et même hauteur, la perpendiculaire abaissée du sommet commun S sur le plan des bases; en vertu du théorème précédent, ces deux pyramides sont équivalentes. Mais la pyramide SCDE peut être considérée comme ayant pour sommet le point C et pour base le triangle SDE; elle est équivalente à la pyramide proposée SABC, comme ayant sa base SDE égale à ABC, et même hauteur, la distance des deux bases parallèles du prisme.

Ainsi, le prisme triangulaire a été décomposé en trois pyramides équivalentes ; donc la pyramide SABC est le tiers du prisme qui a même base et même hauteur. Le volume du prisme ayant pour mesure le produit de sa base par sa hauteur, on en conclut que le volume de la pyramide a pour mesure le tiers du produit de sa base par sa hauteur.

Théorème IX.

Le volume d'une pyramide quelconque a pour mesure le tiers du produit de sa base par sa hauteur.

Par des plans SEB, SEC (fig. 252), nous décomposerons la pyramide proposée en plusieurs pyramides triangulaires. Cha-

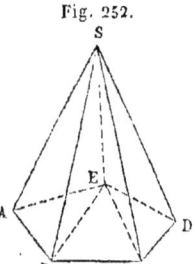

Fig. 252.

cune d'elles ayant pour mesure sa base multipliée par le tiers de sa hauteur, la pyramide totale a pour mesure la somme des bases triangulaires, c'est-à-dire le polygone ABCDE, multiplié par le tiers de la hauteur commune.

Remarque. Un polyèdre quelconque peut toujours être décomposé en pyramides par des plans diagonaux menés d'un sommet aux sommets non adjacents. En calculant le volume de chaque pyramide, et faisant la somme, on obtiendra le volume du polyèdre.

Théorème X.

Un tronc de pyramide à bases parallèles est équivalent à la somme de trois pyramides ayant pour hauteur commune la hauteur du tronc, et pour bases, la première la base inférieure, la seconde la base supérieure, la troisième une moyenne proportionnelle entre les deux bases.

Si l'on coupe une pyramide par un plan parallèle à la base, et que l'on enlève la pyramide supérieure, on forme un solide que l'on appelle *tronc de pyramide* à bases parallèles. Il est clair que les deux bases parallèles sont des polygones semblables. La hauteur du tronc est la distance des deux bases parallèles.

Considérons d'abord un tronc de pyramide triangulaire ABCDEF (fig. 253). Si nous coupons le solide par le plan EAC, nous détachons d'abord la pyramide triangulaire EABC, qui a pour sommet le point E, et pour base le triangle ABC ; cette

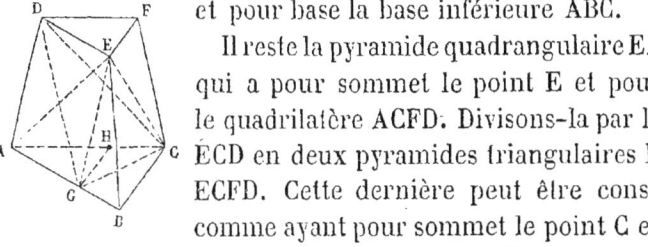

Fig. 253.

pyramide a pour hauteur la hauteur du tronc et pour base la base inférieure ABC.

Il reste la pyramide quadrangulaire EACFD, qui a pour sommet le point E et pour base le quadrilatère ACFD. Divisons-la par le plan ECD en deux pyramides triangulaires ECAD, ECFD. Cette dernière peut être considérée comme ayant pour sommet le point C et pour base DEF ; elle a pour hauteur la hauteur du tronc, et pour base la base supérieure DEF.

Examinons maintenant la troisième pyramide ECAD, qui a son sommet en E et sa base en CAD. Menons par le point E une droite EG parallèle à DA, et par conséquent parallèle au plan CAD. Si l'on fait glisser le sommet E sur la ligne EG jusqu'au point G, la base et la hauteur restant les mêmes, le volume ne change pas. On peut donc remplacer la pyramide ECAD par la pyramide équivalente GCAD. Mais celle-ci peut être considérée comme ayant pour sommet le point D et pour base le triangle AGC ; elle a alors pour hauteur la hauteur du tronc, et pour base le triangle AGC. Je vais faire voir que l'aire de ce triangle est moyenne proportionnelle entre les deux bases ABC, DEF, du tronc de pyramide.

Par le point G menons GH parallèle à BC, et par conséquent parallèle à EF ; la figure DAGE, ayant ses côtés opposés parallèles, est un parallélogramme, et le côté AG est égal à DE ; les deux triangles AGH, DEF, ayant un côté égal adjacent à deux angles égaux, sont égaux. Comparons les deux triangles ABC, AGC ; ces deux triangles ont même hauteur, la perpendiculaire abaissée du sommet commun C sur AB ; donc leurs aires sont proportionnelles à leurs bases AB, AG, et l'on a les deux rapports égaux

$$\frac{ABC}{AGC} = \frac{AB}{AG}.$$

De même les deux triangles AGC, AGH, ont même hauteur,

la perpendiculaire abaissée du sommet commun G sur AC; donc leurs aires sont proportionnelles à leurs bases AC, AH, et l'on a

$$\frac{AGC}{AGH} = \frac{AC}{AH},$$

et, en remplaçant le triangle AGH par son égal DEF,

$$\frac{AGC}{DEF} = \frac{AC}{AH}.$$

Mais, à cause des parallèles BC et GH, le rapport de AB à AG est le même que celui de AC à AH; on en conclut l'égalité des deux rapports

$$\frac{ABC}{AGC} = \frac{AGC}{DEF},$$

ce qui montre que l'aire du triangle AGC est moyenne proportionnelle entre les deux bases ABC, DEF, du tronc de pyramide.

Ainsi le tronc de pyramide est équivalent à la somme de trois pyramides, ayant pour hauteur commune la hauteur du tronc, et pour bases, la première la base inférieure ABC, la seconde la base supérieure DEF, la troisième une moyenne proportionnelle entre les deux bases.

Le même théorème a lieu pour un tronc de pyramide polygonale.

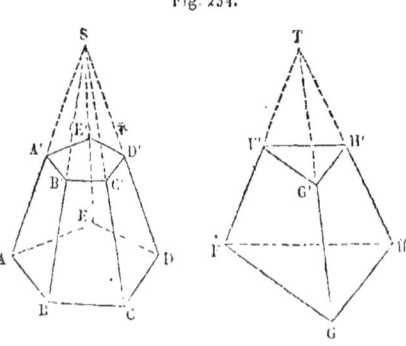

Fig. 254.

Étant donnée une pyramide quelconque SABCDE (fig. 254), concevons une pyramide triangulaire TFGH, ayant pour base un triangle FGH équivalent au polygone ABCDE et même hauteur; cette pyramide triangulaire sera équivalente à la pyramide proposée. Si l'on suppose les deux bases placées sur le même plan, et si l'on coupe les deux pyramides par un même

PYRAMIDES. 199

plan parallèle au plan des bases, ce plan déterminera dans les deux pyramides des sections équivalentes A'B'C'D'E', F'G'H' (7). Les deux pyramides supérieures, ayant même hauteur et des bases équivalentes, sont équivalentes ; si on les enlève, il restera deux troncs de pyramide équivalents. Mais le tronc de pyramide triangulaire est équivalent à la somme de trois pyramides ayant pour hauteur commune la hauteur du tronc et pour bases, la première la base inférieure, la seconde la base supérieure, la troisième une moyenne proportionnelle entre les deux bases. Il en est de même du tronc de pyramide polygonale.

COROLLAIRE. Si l'on représente par B l'aire de la base inférieure, par b celle de la base supérieure, et par H la hauteur, le volume du tronc de pyramide aura pour expression

$$V = (B + b + \sqrt{Bb}) \times \frac{H}{3}.$$

Théorème XI.

Un tronc de prisme triangulaire est équivalent à la somme de trois pyramides ayant pour base commune la base inférieure du tronc, et pour sommets chacun des sommets de la base supérieure.

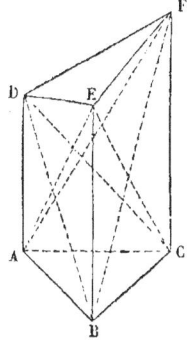
Fig. 255.

Si l'on coupe un prisme par un plan DEF, non parallèle à la base ABC (fig. 255), on forme un tronc de prisme dont il s'agit d'évaluer le volume.

En coupant le solide par le plan EAC, nous en détachons une première pyramide EABC, qui a pour base le triangle ABC, base inférieure du tronc de prisme et pour sommet le point E. Il reste une pyramide quadrangulaire ayant pour sommet le point E et pour base le quadrilatère ADFC ; le plan DEC la divise en deux pyramides triangulaires EADC, EDCF ; faisons glisser le sommet commun E sur la ligne EB parallèle au plan des bases jusqu'au point B, nous transformerons ces deux pyramides en deux autres équivalentes BADC, BDFC. La première peut être considérée comme ayant le point D pour sommet et pour base le triangle ABC. En regardant la seconde comme ayant pour sommet le point D, et pour base le triangle BCF et faisant glisser le sommet sur la ligne DA parallèle au plan de la base jusqu'au point A, on la transformera en une pyramide équivalente ABCF. Mais cette dernière peut être considérée comme ayant pour sommet le point F et pour base le triangle ABC. Ainsi, le tronc de prisme triangulaire est équivalent à la somme de trois pyramides ayant pour base commune la base inférieure ABC du tronc et pour sommets chacun des sommets D, E, F de la base supérieure.

COROLLAIRE I. Si le tronc de prisme est droit, c'est-à-dire si les arêtes latérales sont perpendiculaires au plan de la base inférieure les trois pyramides ont respectivement pour hauteurs les arêtes latérales DA, EB, FC, et le volume a pour expression

$$V = ABC \times \frac{DA + EB + FC}{3}.$$

COROLLAIRE II. Lorsque le tronc de prisme est oblique, au lieu de mesurer le volume au moyen des perpendiculaires abaissées des sommets de la base supérieure sur la base inférieure, on a recours souvent dans la pratique à un autre procédé. Menons un plan GHK perpendiculaire aux arêtes latérales (fig 256); ce plan partagera le solide en deux troncs de prisme droits ayant tous deux pour base le triangle GHK, que l'on appelle la *section droite* du prisme, et pour faces opposées, le premier ABC, le second DEF. Ces deux troncs de prisme ont pour mesure

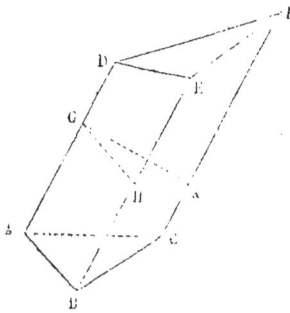

Fig. 256.

$$GHK \times \frac{GA + HB + KC}{3},$$
$$GHK \times \frac{GD + HE + KF}{3}.$$

PYRAMIDES.   201

Si l'on fait la somme, on a pour le solide entier

$$\text{GHK} \times \frac{\text{AD} + \text{BE} + \text{CF}}{3}.$$

Ainsi *le volume d'un tronc de prisme triangulaire oblique a pour mesure l'aire de sa section droite multipliée par le tiers de la somme des trois arêtes latérales.*

COROLLAIRE III. Dans la pratique on a souvent à mesurer (fig. 257) un solide compris entre deux rectangles parallèles ABCD, EFGH, et quatre trapèzes. Les remblais sur les routes et les chemins de fer ont cette forme ; les bassins creusés dans la terre ont aussi cette forme renversée. Un pareil solide est un tronc de prisme quadrangulaire. Menons un plan perpendiculaire aux arêtes latérales parallèles AB, DC, EF, HG ; ce plan déterminera un trapèze IKML. Si l'on fait passer un plan par les deux parallèles DC, EF, ce plan partagera le solide en deux troncs de prismes triangulaires, ayant pour sections droites, le premier le triangle IKL, le second le triangle KLM. En vertu du corollaire précédent, ces deux troncs de prisme ont pour mesure

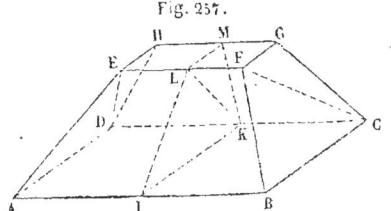

Fig. 257.

$$\text{IKL} \times \frac{\text{AB} + \text{DC} + \text{EF}}{3} = \text{IKL} \times \frac{2\,\text{AB} + \text{EF}}{3},$$

$$\text{KLM} \times \frac{\text{EF} + \text{HG} + \text{DC}}{3} = \text{KLM} \times \frac{2\,\text{EF} + \text{AB}}{3}.$$

Désignons par a et b les deux côtés AB, BC du rectangle inférieur, par a' et b' les deux côtés EF, FG du rectangle supérieur, et par h la hauteur du solide ou la distance des deux plans parallèles. Les triangles JKL, KLM, ayant pour mesure $\frac{bh}{2}$, $\frac{b'h}{2}$, on aura pour le volume du solide

$$V = \frac{1}{6} bh(2a + a') + \frac{1}{6} b'h(2a' + a).$$

Applications numériques.

1° Trouver le volume d'une pyramide à base carrée, ayant $1^m,75$ de côté à la base, et $12^m,5$ de hauteur. On a pour le volume

$$V = \frac{\overline{1,75}^2 \times 12,5}{3} = 12,760 \text{ mètres cubes.}$$

2° Trouver la capacité d'un bassin carré creusé en talus : le carré supérieur a 18 mètres de côté; le carré inférieur, ou le fond du bassin, a 10 mètres de côté; la profondeur est de $3^m,7$.

Ce bassin est un tronc de pyramide à base carrée. L'aire de la grande base est $18^2 = 324$ mètres carrés, celle de la petite base $10^2 = 100$ mètres carrés, la moyenne proportionnelle entre les deux bases $\sqrt{18^2 \times 10^2} = 18 \times 10 = 180$. On aura donc pour la capacité du bassin

$$V = \frac{(324 + 100 + 180) \times 3,7}{3} = 744,933 \text{ mètres cubes.}$$

POLYÈDRES SEMBLABLES.

Définition.

1° On dit que deux polyèdres sont *semblables*, lorsqu'ils ont leurs angles dièdres égaux chacun à chacun, et leurs faces homologues semblables et disposées dans le même ordre.

On entend par faces homologues celles qui sont adjacentes aux angles dièdres égaux.

2° Les faces des deux polyèdres étant des polygones semblables, il est clair que les arêtes sont proportionnelles, et comme deux faces adjacentes ont une arête commune, le rapport de similitude est le même pour toutes les arêtes.

POLYÈDRES SEMBLABLES.   203

Théorème XII.

En coupant une pyramide SABCDE par un plan parallèle à la base, on détermine une pyramide partielle SA'B'C'D'E' semblable à la première.

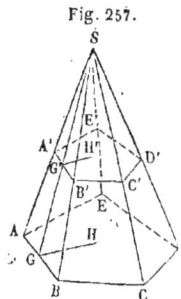
Fig. 257.

Nous avons déjà vu (6) que les deux polygones ABCDE, A'B'C'D'E', ont leurs côtés respectivement parallèles et sont semblables, de même que les faces latérales. Les angles dièdres latéraux, tels que SA, SA', sont communs dans les deux pyramides. Les angles dièdres à la base, tels que AB, A'B', sont aussi égaux comme correspondants ; car, si l'on mène un plan SGH (fig. 257) perpendiculaire à l'arête AB, ce plan sera aussi perpendiculaire à l'arête parallèle A'B', et déterminera deux angles plans SGH, SG'H', qui mesurent les deux angles dièdres AB et A'B'; les droites GH, G'H', intersections de deux plans parallèles par un même plan, étant parallèles, ces angles plans sont égaux, et par suite les angles dièdres.

Ainsi, les deux pyramides ont leurs faces semblables et leurs angles dièdres égaux; d'ailleurs la disposition est la même; donc elles sont semblables.

Théorème XIII.

Deux pyramides triangulaires qui ont un angle dièdre égal, compris entre deux faces semblables et semblablement placées, sont semblables.

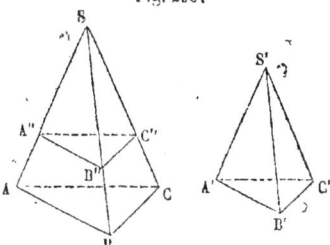
Fig. 258.

Supposons que la pyramide S'A'B'C' ait l'angle dièdre S'A' (fig. 258) égal à SA, et les deux faces A'S'B', A'S'C', qui le comprennent, semblables respectivement aux deux faces ASB, ASC. Plaçons le dièdre S'A' sur son égal SA en SA'', de manière que les deux plans coïncident; l'angle A'S'B' étant égal à ASB, l'arête S'B' prendra la direction SB et le point B' viendra en B"; de même, l'angle A'S'C' étant égal à ASC, l'arête S'C' prendra la direction SC, et le point C' viendra en C"; la pyramide S'A'B'C' occupera alors la position SA"B"C".

Mais, l'angle S'A'B' ou SA"B" étant égal à SAB, la droite A"B" sera parallèle à AB; de même, l'angle S'A'C' ou SA"C" étant égal à SAC, la droite A"C" sera parallèle à AC. L'angle B"A"C" ayant ainsi ses côtés parallèles à ceux de l'angle BAC, il en résulte que le plan B"A"C" est parallèle au plan BAC (17, V), ce qui montre, en vertu du théorème précédent, que la pyramide SA"B"C", ou son égale S'A'B'C', est semblable à la pyramide SABC.

Théorème XIV.

Deux polyèdres semblables peuvent être décomposés en un même nombre de pyramides triangulaires semblables et semblablement placées.

Prenons trois arêtes consécutives AB, AC, AD (fig. 259) partant du sommet A, et les trois arêtes homologues A'B', A'C', A'D';

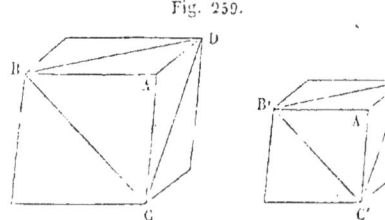

Fig. 259.

nous formerons deux tétraèdres ABCD, A'B'C'D', qui seront semblables comme ayant l'angle dièdre AC égal à A'C', et compris entre deux faces semblables chacune à chacune. Si nous enlevons ces deux tétraèdres semblables, il restera deux polyèdres semblables. En opérant de la même manière, nous détacherons deux autres tétraèdres semblables, et ainsi de suite. Les deux polyèdres seront alors décomposés en un même nombre de tétraèdres semblables et semblablement disposés.

Corollaire. Réciproquement *deux polyèdres, composés d'un même nombre de tétraèdres semblables chacun à chacun, et sem-*

POLYÈDRES SEMBLABLES.

blablement placés, sont semblables. Les faces des deux polyèdres, étant formées de triangles semblables, sont des polygones semblables. D'autre part, les angles dièdres des polyèdres sont égaux, soit directement, soit comme sommes de dièdres égaux. Les deux polyèdres, ayant ainsi leurs angles dièdres égaux et leurs faces semblables et semblablement placées, sont semblables.

Théorème XV.

Les volumes de deux polyèdres semblables sont proportionnels aux cubes des arêtes homologues.

Considérons d'abord deux pyramides triangulaires semblables, disposées comme l'indique la figure 260. Si l'on double les arêtes d'un tétraèdre, on sait que l'aire de la base devient quatre fois plus grande; si la hauteur restait la même, le volume deviendrait par là quatre fois plus grand; mais la hauteur a été elle-même doublée; donc le volume devient encore deux fois plus grand; il devient donc en tout deux fois quatre fois, ou huit fois plus grand. De même, si l'on triple les arêtes, la base devenant neuf fois plus grande et la hauteur trois fois plus grande, le volume devient trois fois neuf fois, ou vingt-sept fois plus grand. Or, 8 est le cube de 2, 27 le cube de 3; on voit donc que le rapport des volumes de deux tétraèdres semblables est égal au cube du rapport des arêtes homologues.

En général, les volumes des deux pyramides étant mesurés par les produits

$$\frac{ABC \times SH}{3}, \quad \frac{A'B'C' \times SH'}{3},$$

leur rapport sera exprimé par le quotient

$$\frac{ABC \times SH}{A'B'C' \times SH'},$$

que l'on peut écrire de la manière suivante :
$$\frac{ABC}{A'B'C} \times \frac{SH}{SH'}.$$

Mais on sait que le rapport des aires ABC, A'B'C', est égal au carré du rapport de deux côtés homologues AB et A'B', et que le rapport des hauteurs SH et SH' est le même que celui des arêtes homologues AB et A'B'. Si l'on remplace ces rapports par leurs valeurs, on aura pour le rapport des volumes

$$\left(\frac{AB}{A'B'}\right)^2 \times \frac{AB}{A'B'} = \left(\frac{AB}{A'B'}\right)^3.$$

Ainsi, le rapport des volumes de deux tétraèdres semblables est égal au cube du rapport des arêtes homologues.

Considérons maintenant deux polyèdres semblables quelconques, et imaginons ces deux polyèdres décomposés en tétraèdres semblables. Si les arêtes du premier polyèdre sont doubles de celles du second, chacun des tétraèdres qui composent le premier solide est huit fois plus grand que le tétraèdre semblable ; donc le volume du premier solide est huit fois plus grand que celui du second.

En général, le rapport du volume d'un tétraèdre quelconque du premier polyèdre au tétraèdre correspondant du second est constant et égal au cube du rapport de similitude ; si l'on ajoute les numérateurs et les dénominateurs de ces rapports égaux, on obtient un rapport égal à chacun d'eux ; on en conclut que le rapport des volumes des deux polyèdres est aussi égal au cube du rapport de similitude.

EXERCICES SUR LE LIVRE VI.

1. Étant données trois droites parallèles, mais non situées dans un même plan, on porte sur l'une d'elles une distance AB égale à une longueur donnée, on prend arbitrairement un point C sur la seconde, et un point D sur la troisième, les quatre points A, B, C, D sont les quatre sommets d'une pyramide, démontrer :

1° Que le volume de la pyramide est indépendant de la position des points C et D sur les droites où ils se trouvent ;

2° Que ce volume est proportionnel à la longueur AB ;

3° Qu'il reste le même, quelle que soit celle des trois parallèles sur laquelle on porte la longueur AB. (*Concours* 1853.)

2. Par l'une des arêtes d'un tétraèdre donné, mener un plan qui divise l'arête opposée en deux parties proportionnelles aux aires des faces dont l'arête commune est celle par laquelle on doit mener le plan. (*Concours* 1855.)

3. Quelle est la droite qui partant du sommet d'un tétraèdre rencontre les bases en un point tel, qu'en le considérant comme le sommet commun de trois triangles ayant pour bases les trois côtés de cette base, les aires de ces triangles soient proportionnelles aux aires des faces. (*Concours* 1854.)

4. Trouver à l'intérieur d'un tétraèdre un point tel, qu'en le joignant aux quatre sommets on décompose le tétraèdre en quatre tétraèdres équivalents.

5. Couper un prisme triangulaire de manière que la section soit un triangle équilatéral.

6. Le plan bissecteur d'un angle dièdre d'un tétraèdre divise l'arête opposée en deux parties proportionnelles aux aires des faces adjacentes.

7. Tout plan passant par les milieux de deux arêtes opposées d'un tétraèdre le divise en deux parties équivalentes.

8. Trouver le volume d'un tétraèdre régulier dont on connaît le côté.

LIVRE SEPTIÈME.

LES CORPS RONDS.

CYLINDRE.

Définition.

1° Le *cylindre circulaire droit* est le solide engendré par la révolution d'un rectangle OO'A'A (fig. 261), tournant autour d'un de ses côtés OO'.

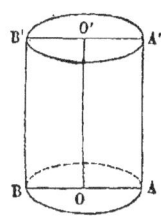

Fig. 261.

2° Dans ce mouvement les deux côtés OA et O'A' décrivent deux cercles égaux et parallèles, qui sont les *bases* du cylindre.

La droite OO', autour de laquelle tourne le rectangle, est l'*axe* ou la hauteur du cylindre.

3° Le côté AA' engendre la surface *latérale* du cylindre.

Il est clair que tout point de cette droite AA' décrit une circonférence de cercle égale et parallèle au cercle de base.

On en conclut que les sections du cylindre par des plans parallèles à la base sont des cercles égaux aux cercles de base.

Théorème I.

La surface latérale d'un cylindre circulaire droit a pour mesure la circonférence de sa base multipliée par sa hauteur.

Remarquons d'abord que la surface latérale d'un prisme droit quelconque se compose de rectangles qui ont pour bases les différents côtés de la base polygonale du prisme, et pour hauteur commune la hauteur du prisme. Chacun de ces rec-

210   LIVRE VII.

tangles ayant pour mesure le produit de sa base par sa hauteur, la surface latérale du prisme aura pour mesure le périmètre de sa base multipliée par sa hauteur.

Inscrivons dans la base du cylindre droit un polygone régulier d'un certain nombre de côtés et construisons un prisme droit ayant pour base ce polygone et même hauteur que le cylindre. La surface latérale de ce prisme a pour mesure le périmètre de sa base ABCDEF (fig. 262) multipliée par sa hauteur AA'. Si l'on augmente indéfiniment le nombre des côtés du polygone, la circonférence est la limite du périmètre du polygone, et de même la surface latérale du cylindre est la limite vers laquelle tend la surface latérale du prisme. On en conclut que la surface latérale du cylindre a pour mesure le produit de la circonférence de sa base par sa hauteur.

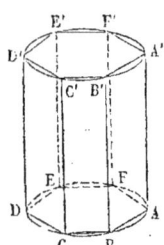
Fig. 262.

Corollaire. En désignant par r le rayon de la base, et par h la hauteur, la surface latérale du cylindre a pour mesure

$$S = 2\pi r h.$$

La surface totale se compose de la surface latérale, plus les deux bases. On a donc pour la surface totale

$$S = 2\pi r^2 + 2\pi r h,$$

ou plus simplement $\quad S = 2\pi r (r + h).$

Remarque. On peut développer sur un plan la surface latérale d'un prisme. Considérons le prisme droit inscrit dans le

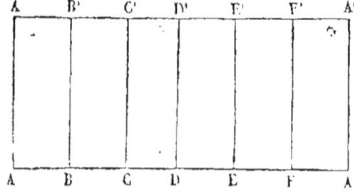
Fig. 263.

cylindre et supposons la surface latérale fendue suivant l'arête AA' (fig. 263). Faisons tourner la face AA'B'B autour de l'arête BB' pour l'amener dans le prolongement du plan de la face suivante; faisons tourner ensuite ces deux faces réunies autour de l'arête CC' pour les amener dans le plan de la face suivante, et ainsi de suite jusqu'à ce que toutes les faces soient amenées dans le même plan. Dans ce mouvement, le côté BA, restant perpendiculaire à l'arête BB', se place sur le prolongement du côté CB, qui est aussi perpendiculaire à cette même arête; puis, ces deux côtés réunis se placent sur le prolongement du côté DC, etc. Ainsi, le périmètre de la base inférieure du prisme se développe en ligne droite et de même le périmètre de la base supérieure; de sorte que le développement de la surface latérale du prisme droit a la forme d'un rectangle dont la base est égale au périmètre de la base du prisme, et la hauteur à celle du prisme (fig. 263).

Si l'on augmente indéfiniment le nombre des faces du prisme, on obtient le développement de la surface latérale du cylindre droit; c'est un rectangle ayant pour base la circonférence de la base du cylindre rectifiée, et pour hauteur celle du cylindre.

Réciproquement, ce rectangle peut être enroulé sur le cylindre.

Supposons que le cylindre repose sur un plan suivant une arête, et qu'on le fasse rouler sur le plan sans glisser; quand il aura fait un tour entier, il aura décrit sur le plan une aire égale au développement de sa surface latérale.

Théorème II.

Le volume d'un cylindre circulaire droit a pour mesure le produit de sa base par sa hauteur.

Imaginons encore un prisme régulier inscrit dans le cylindre (fig. 262). Le volume de ce prisme a pour mesure le produit de sa base par sa hauteur. Mais, quand on augmente indéfiniment le nombre des faces, le polygone a pour limite le cercle, le prisme le cylindre. Donc le volume du cylindre a aussi pour mesure le produit de sa base par sa hauteur.

COROLLAIRE. Le volume du cylindre est donné par la formule

$$V = \pi r^2 h.$$

REMARQUE. Nous allons étendre aux cylindres quelconques ce que nous avons dit du cylindre circulaire droit.

On appelle *surface cylindrique* en général la surface engendrée par une droite qui se meut parallèlement à elle-même en glissant sur une ligne courbe nommée *directrice*.

Lorsque la directrice est le contour d'une aire plane, et que la droite mobile ou génératrice a une longueur déterminée dont l'une des extrémités parcourt la directrice, l'autre extrémité décrit une courbe plane égale et parallèle à la première, et ces deux aires planes avec la surface cylindrique déterminent un solide auquel on donne le nom de *cylindre*.

Les deux aires planes égales et parallèles sont les *bases* du cylindre, la distance des deux bases en est la *hauteur*.

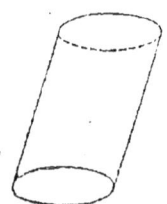

Fig. 264.

Lorsque la génératrice est perpendiculaire aux plans des bases, le cylindre est *droit*; autrement il est *oblique*. La figure 264 représente un cylindre circulaire oblique.

Imaginons que dans la base d'un cylindre quelconque on inscrive un polygone d'un très-grand nombre de côtés très-petits, et que l'on construise un prisme ayant pour base ce polygone et ses arêtes égales et parallèles aux génératrices du cylindre. Les arêtes latérales du prisme seront évidemment situées sur la surface du cylindre, et la base supérieure du prisme sera inscrite dans la base supérieure du cylindre. Les deux bases du prisme étant des polygones égaux et parallèles, les deux bases du cylindre, qui sont les limites de ces deux polygones égaux, sont des courbes égales. Le cylindre étant la limite du prisme, il en résulte que *le volume d'un cylindre quelconque a pour mesure le produit de sa base par sa hauteur*.

Comme nous l'avons déjà remarqué (1), la surface latérale d'un prisme droit quelconque a pour mesure le périmètre de sa base multiplié par sa hauteur; on en conclut que *la surface*

CYLINDRE. 213

latérale d'un cylindre droit quelconque a aussi pour mesure le périmètre de sa base multiplié par sa hauteur.

La surface latérale d'un prisme droit se développant suivant un rectangle, celle du cylindre droit se développera aussi suivant un rectangle, ayant pour base le périmètre de la base du cylindre, et pour hauteur celle du cylindre.

La surface latérale d'un cylindre oblique peut aussi être développée sur un plan. Mais le développement n'a plus la forme d'un rectangle.

Applications.

1° *Cubage d'un tronc d'arbre.* Un tronc d'arbre non équarri a sensiblement la forme d'un tronc de cône à bases parallèles; mais on l'assimile au cylindre droit ayant pour base la section faite au milieu de la longueur. Pour évaluer approximativement le volume, au moyen d'un cordon métrique on mesure la circonférence moyenne; on en déduit le rayon, puis la surface de cette section moyenne que l'on multiplie par la longueur.

Supposons, par exemple, que l'on ait trouvé pour la circonférence moyenne $1^m,87$, et pour la longueur du tronc $6^m,40$. Le rayon de la section moyenne est $\frac{1,87}{2\pi}$, l'aire de cette section $\frac{1,87^2}{4\pi}$, et le volume $\frac{1,87^2 \times 6,40}{4\pi} = 1,781$ mètres cubes. Ce volume est un peu trop petit.

2° *Jaugeage des tonneaux.* Le diamètre d'un tonneau n'est pas le même dans toute sa longueur; il est plus grand au milieu qu'aux extrémités. Après avoir mesuré la longueur intérieure, le diamètre du fond et celui du bondon, on prendra la demi-somme de ces deux diamètres, et l'on assimilera le tonneau au cylindre qui a pour base le cercle décrit sur ce diamètre moyen. Supposons, par exemple, que la longueur intérieure soit de $0^m,756$, le plus grand diamètre de $0^m,69$, le plus petit de $0^m,61$; le diamètre moyen sera $0^m,65$ et la capacité du tonneau 251 litres.

On obtient une valeur plus approchée en ajoutant le double du cylindre décrit sur le plus grand diamètre avec le cylindre décrit sur le plus petit, et prenant le tiers de la somme. En appliquant à l'exemple précédent, on trouve 262 litres.

3° On sait que les mesures légales pour les liquides sont des cylindres d'étain dont la hauteur est double du diamètre. Calculer les dimensions du litre.

Si l'on appelle h la hauteur, le rayon sera $\dfrac{h}{4}$ et le volume aura pour mesure $\pi\dfrac{h^2}{16}\times h$ ou $\dfrac{\pi h^3}{16}$; on aura donc, en prenant pour unité de longueur le décimètre,

$$\frac{\pi h^3}{16} = 1 ;$$

d'où l'on déduit

$$h = \sqrt[3]{\frac{16}{\pi}} = 1,721 \text{ décimètre.}$$

Ainsi le litre qui sert à la mesure des liquides a 172 millimètres de hauteur, et 86 millimètres de diamètre.

4° Pour les graines, les mesures légales sont des cylindres en bois d'une hauteur égale au diamètre. Calculer les dimensions du double décalitre.

En désignant par r le rayon, et prenant de même le décimètre pour unité de longueur, on aura

$$2\pi r^3 = 20,$$

puisque la capacité est de 20 litres. On en déduit

$$r = \sqrt[3]{\frac{10}{\pi}} = 1,4710 \text{ décimètre.}$$

Ainsi le double décalitre, qui sert à mesurer les graines, est un cylindre qui a 294 millimètres de diamètre et de hauteur.

CONE.

Définition.

1° Le *cône circulaire droit* est le solide engendré par la révolution d'un triangle rectangle SOA (fig. 265) tournant autour d'un côté SO de l'angle droit.

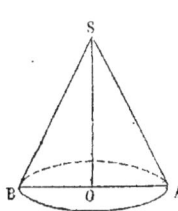

Fig. 265.

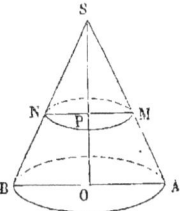

Fig. 266.

2° Dans ce mouvement, le côté OA, restant constamment perpendiculaire à OS, décrit un cercle dont le point O est le centre et OA le rayon. Ce cercle est la *base* du cône.

L'hypoténuse SA engendre la surface *latérale* du cône.

3° Le côté SO, autour duquel tourne le triangle, est *l'axe* ou la *hauteur* du cône.

Le point S en est le *sommet*.

L'hypoténuse SA est le *côté* du cône.

4° Soit M (fig. 266) un point quelconque de l'hypoténuse; de ce point abaissons une perpendiculaire MP sur l'axe SO. Dans le mouvement de rotation, la droite PM restant perpendiculaire à SO, décrit, dans un plan perpendiculaire à l'axe, un cercle MN qui a son centre en P et PM pour rayon.

Le plan de ce cercle est parallèle au plan de la base. On en conclut que les sections du cône par des plans parallèles à la base sont des cercles ayant leurs centres sur l'axe.

Le cercle diminue à mesure que le plan sécant se rapproche du sommet; quand le plan arrive au sommet, le cercle se réduit à un point.

Théorème III.

La surface latérale d'un cône circulaire droit a pour mesure le produit de la circonférence de sa base par la moitié de son côté.

Inscrivons dans le cercle de base un polygone régulier et joignons le point S (fig. 267) aux différents sommets du polygone,

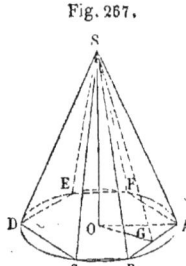

Fig. 267.

nous formerons une pyramide *régulière* dont la surface latérale se composera de triangles isocèles égaux entre eux; chacun de ces triangles, comme ASB, a pour mesure sa base AB multipliée par la moitié de sa hauteur SG, qu'on appelle *apothème* de la pyramide; la hauteur SG étant la même dans tous les triangles, on en conclut que la surface latérale de la pyramide régulière est égale à la somme des bases, c'est-à-dire au périmètre du polygone ABCDEF, multiplié par la moitié de l'apothème SG.

Supposons maintenant que l'on augmente indéfiniment le nombre des côtés du polygone régulier inscrit dans le cercle; le périmètre du polygone tend vers la circonférence du cercle et la surface latérale de la pyramide vers la surface latérale du cône; en même temps l'apothème SG se confond avec le côté SA du cône. On en conclut que la surface latérale du cône a pour mesure le produit de la circonférence de sa base par la moitié de son côté.

Corollaire. Désignons par r le rayon de la base d'un cône, et par l le côté; la surface latérale, ayant pour mesure la circonférence de base $2\pi r$, multipliée par la moitié du côté $\dfrac{l}{2}$, sera donnée par la formule

$$S = \pi r l.$$

CONE. 217

La surface totale d'un cône se compose de la surface latérale, plus le cercle de base; on a donc pour la surface totale

$$S = \pi r l + \pi r^2,$$

ou, plus simplement,

$$S = \pi r \times (l + r).$$

Théorème IV.

La surface latérale d'un tronc de cône à bases parallèles, a pour mesure son côté multiplié par la demi-somme des circonférences de ses deux bases.

Inscrivons comme précédemment dans le cône une pyramide régulière, et coupons le solide par un plan parallèle à la base.

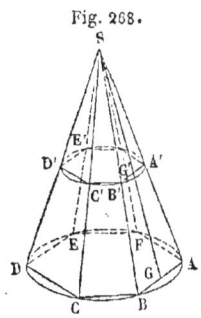

Fig. 268.

La surface latérale du tronc de pyramide se compose de trapèzes égaux; chacun d'eux, par exemple ABB'A' (fig. 268), a pour mesure la demi-somme de ses côtés parallèles AB et A'B' multipliée par sa hauteur GG', qui est l'apothème du tronc de pyramide; la surface latérale du tronc de pyramide a donc pour mesure son apothème multipliée par la demi-somme des périmètres de ses bases.

Si l'on augmente indéfiniment le nombre des faces de la pyramide, la surface latérale du tronc de pyramide tend vers celle du tronc de cône. On en conclut que la surface latérale du tronc du cône a pour mesure son côté AA' multiplié par la demi-somme des circonférences de ses deux bases.

Corollaire I. Si l'on appelle r et r' les rayons des deux bases, l le côté, la surface latérale du tronc de cône est donnée par la formule

$$S = \pi(r + r') \times l.$$

218 LIVRE VII.

COROLLAIRE II. Par le point D (fig. 269), milieu du côté AA', menons un plan parallèle aux bases, ce plan coupera le tronc de cône suivant un cercle de rayon CD; le rayon CD, qui joint les milieux des côtés non parallèles du trapèze OAA'O', est égal à la demi-somme des rayons parallèles OA et O'A' (4, IV); il en résulte que la circonférence de rayon CD est égale à la demi-somme des circonférences de rayons OA et O'A', et l'on peut dire que *la surface latérale du tronc de cône a pour mesure son côté multiplié par la circonférence moyenne*, c'est-à-dire par la circonférence menée à égale distance des deux bases.

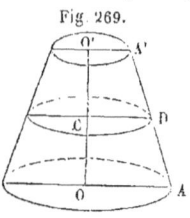

Fig. 269.

Dans la pratique, on mesure cette circonférence moyenne à l'aide d'un fil que l'on enroule autour du solide.

On peut considérer le tronc de cône comme engendré par la révolution du trapèze AOO'A' tournant autour de OO'; la droite AA' engendre la surface latérale du tronc; le point D, milieu de AA', décrit la circonférence moyenne, qui a pour rayon CD.

REMARQUE I. On peut aisément développer sur un plan la surface latérale de la pyramide régulière. Supposons que l'on fende la surface suivant l'arête SA (fig. 268), puis que l'on fasse tourner la face ASB autour de SB comme charnière, de manière à l'amener dans le prolongement du plan de la face BSC; qu'alors on solidifie ces deux faces, et qu'on les fasse tourner au-

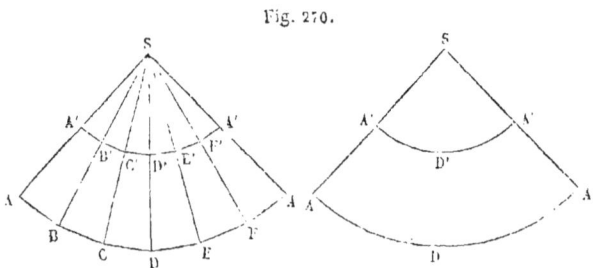

Fig. 270.

tour de SC pour les amener dans le plan de la face suivante, et ainsi de suite; à la fin, toutes les faces étant amenées dans le même plan, et les triangles disposés à la suite les uns des autres, on aura un secteur polygonal régulier SABCDEFA (fig. 270), développement de la surface latérale de la pyramide.

Quand on augmente indéfiniment le nombre des faces de la pyramide, la ligne brisée régulière ABCDEFA devient un arc de cercle ADA, et le secteur polygonal un secteur circulaire. Ainsi *la surface latérale d'un cône circulaire droit se développe suivant un secteur circulaire, ayant pour rayon le côté* SA *du cône, et son arc égal à la circonférence de la base du cône.*

Réciproquement, ce secteur peut être enroulé sur le cône.

Imaginons que le cône repose sur un plan par une de ses arêtes, puis roule sur ce plan sans glisser, de manière que chacune de ses arêtes vienne successivement se mettre en contact avec le plan; quand le cône aura fait un tour entier, c'est-à-dire quand la même arête reviendra en contact, le cône aura parcouru sur le plan une aire égale au développement de sa surface latérale.

REMARQUE II. La surface latérale d'un tronc de pyramide régulière se développe de la même manière suivant l'aire comprise entre les deux lignes brisées régulières ABCDEFA, A'B'C'D'E'F'A', aire qui est la différence de deux secteurs polygonaux réguliers.

A la limite, on a pour le développement de la surface latérale du tronc du cône l'aire comprise entre les deux arcs ADA, A'D'A', différence de deux secteurs circulaires.

En faisant rouler le tronc de cône sur un plan fixe, on obtient de même le développement.

REMARQUE III. Le tronc de cône comprend comme cas particuliers le cône et le cylindre. Une droite tournant autour d'un axe situé dans son plan engendre en général un tronc de cône; si la droite rencontre l'axe par l'une de ses extrémités, on a un cône; si la droite est parallèle, on a un cylindre.

Nous avons dit que la surface latérale d'un tronc de cône a pour mesure la circonférence moyenne multipliée par le côté du tronc. Cette mesure convient évidemment au cône et au cylindre. Dans le cône, la circonférence moyenne est la moitié de celle de la base; dans le cylindre, elle est égale à celle de la base.

Applications numériques.

1° Trouver la surface latérale d'un cône dont le rayon de base a $1^m,4$, et le côté $3^m,5$.

On multipliera d'abord le rayon de la base par le côté, ce qui fait 4,90, et le résultat par π; on trouve ainsi pour la surface latérale demandée 15,39 mètres carrés, à un décimètre carré près.

2° Trouver la surface totale d'un cône dont le rayon de base a $0^m,78$, et le côté $1^m,52$.

On ajoutera le côté et le rayon, et l'on multipliera la somme 2,30 par le rayon 0,78, et le produit par π, ce qui donne 5,636 mètres carrés.

3° La surface latérale d'un cône équilatéral est égale à 1 mètre carré; calculer son côté.

On appelle cône équilatéral un cône dont le côté est égal au diamètre de la base. En remplaçant l par $2r$, on voit que la surface latérale d'un cône équilatéral est $2\pi r^2$, deux fois le cercle de base. La surface totale est $3\pi r^2$, trois fois le cercle de base.

Dans la question actuelle on a donc

$$2\pi r^2 = 1, \quad \text{d'où} \quad r = \sqrt{\frac{1}{2\pi}}.$$

En calculant par logarithmes, on trouve $r = 0^m,39894$. Le côté du cône est $0^m,7979$.

4° Le diamètre de la base inférieure d'un tronc de cône a $1^m,50$, celui de la base supérieure $0^m,86$, le côté $12^m,30$. Calculer la surface latérale.

On a ici $r = 0,75$, $r' = 0,43$, $r + r' = 1,18$, $S = 45,60$ mètres carrés.

CONE.

Théorème V.

Le volume d'un cône a pour mesure le tiers du produit de sa base par sa hauteur.

Le volume de la pyramide régulière inscrite dans le cône (fig. 267) a pour mesure le tiers du produit de sa base par sa hauteur SO. Quand on augmente indéfiniment le nombre des faces, l'aire de la base polygonale tend vers l'aire du cercle, et le volume de la pyramide vers le volume du cône; d'ailleurs la hauteur est la même. On en conclut que le volume du cône a aussi pour mesure le tiers du produit de sa base par sa hauteur.

COROLLAIRE. En appelant r le rayon de la base, h la hauteur, le volume du cône est donné par la formule

$$V = \frac{1}{3}\pi r^2 h.$$

Théorème VI.

Le volume d'un tronc de cône à bases parallèles est égal à la somme de trois cônes ayant pour hauteur commune la hauteur du tronc, et pour bases, le premier la base inférieure, le second la base supérieure, le troisième une moyenne proportionnelle entre les deux bases.

Si l'on considère le tronc de pyramide inscrit dans le tronc de cône (fig. 268), on sait que le volume de ce tronc de pyramide est égal à la somme de trois pyramides ayant pour hauteur commune la hauteur du tronc, et pour bases, la première la base inférieure, la seconde la base supérieure, la troisième une moyenne proportionnelle entre les deux bases. Le tronc de cône étant la limite du tronc de pyramide, le même théorème a lieu pour le volume du tronc de cône.

COROLLAIRE I. Si l'on appelle r et r' les rayons des bases parallèles, h la hauteur du tronc, les aires des deux bases sont πr^2

et $\pi r'^2$, leur produit $\pi^2 r^2 r'^2$, et par conséquent la racine carrée de ce produit, ou la moyenne proportionnelle, $\pi rr'$. Ainsi le volume du tronc de cône est exprimé par la formule

$$V = \frac{1}{3} \pi h \times (r^2 + r'^2 + rr').$$

Corollaire. Si l'on remarque que

$$r^2 + r'^2 + rr' = 3\left(\frac{r+r'}{2}\right)^2 + \left(\frac{r-r'}{2}\right)^2,$$

la formule précédente devient

$$V = \frac{1}{3} \pi h \times \left[3\left(\frac{r+r'}{2}\right)^2 + \left(\frac{r-r'}{2}\right)^2\right].$$

Il en résulte qu'*un tronc de cône équivaut à un cylindre ayant même hauteur que le tronc et pour base la section parallèle faite au milieu de la hauteur, plus un cône ayant aussi même hauteur que le tronc et pour base un cercle d'un rayon égal à la demi-différence des rayons des deux bases du tronc.*

On voit par là que le volume du tronc du cône est plus grand que le cylindre de même hauteur, qui aurait pour base la section parallèle faite au milieu de la hauteur. Cependant dans la pratique, quand les deux bases diffèrent peu l'une de l'autre, on se contente quelquefois de cette évaluation approximative.

Remarque. Il est facile d'étendre aux cônes quelconques ce que nous avons dit du cône circulaire droit.

On appelle *surface conique*, en général, la surface engendrée par une droite qui se meut en tournant autour d'un point fixe et en glissant sur une ligne courbe donnée.

La droite mobile qui engendre la surface se nomme *génératrice*; la ligne courbe, qui dirige son mouvement, se nomme *directrice*.

Lorsque la directrice est le contour d'une aire plane, cette aire plane, avec la surface conique, détermine un solide auquel on donne le nom de *cône*.

Le point fixe autour duquel tourne la *génératrice* est le *sommet*

CONE.

du cône, l'aire plane qui la termine en est la *base*. La *hauteur* est la perpendiculaire abaissée du sommet sur la base.

Lorsque la base est un cercle, le cône est dit *circulaire*. Lorsque, de plus, le sommet est situé sur la perpendiculaire élevée par le centre sur le plan de la base ; le cône est *circulaire droit*. C'est le cône que nous avons étudié jusqu'à présent. (La figure 271 représente un cône circulaire oblique.)

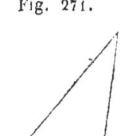
Fig. 271.

Supposons que dans la base d'un cône quelconque on inscrive un polygone d'un très-grand nombre de côtés très-petits, et que l'on construise une pyramide ayant pour base ce polygone et pour sommet le sommet du cône, il est visible que la base du cône sera la limite du polygone inscrit et le cône lui-même la limite de la pyramide. On en conclut que le *volume d'un cône quelconque a pour mesure le tiers du produit de sa base par sa hauteur*.

La surface latérale d'une pyramide quelconque pouvant être développée sur un plan, il en est de même de celle d'un cône quelconque ; mais le développement n'a plus la forme d'un secteur circulaire.

Applications numériques.

1° Le rayon de la base d'un cône circulaire droit a $0^m,82$, la hauteur $1^m,40$. Calculer le volume.

En appliquant la formule précédente, on trouve $V = 0,986$ mètre cube.

2° Le volume d'un cône circulaire droit est de $0,986$ mètre cube, le rayon de sa base $0^m,82$. Calculer sa hauteur.

On déduit de la formule précédente

$$h = \frac{3V}{\pi r^2} = 1^m,40.$$

3° Le volume d'un cône circulaire droit est de $0,986$ mètre cube, la hauteur $1^m,40$. Calculer le rayon de base. On a

$$r = \sqrt{\frac{3V}{\pi h}} = 0^m,82.$$

4° Trouver le volume d'une bille de sapin ayant 20 mètres de longueur, 1 mètre de diamètre à sa base, 0^m,4 à son extrémité.

La bille de sapin a la forme d'un tronc de cône dans lequel $r = 0,5$, $r' = 0,2$, $h = 20$. Le volume est

$$V = \frac{(0,25 + 0,04 + 0,10) \times 20 \times 3,1416}{3} = 8,168 \text{ mètres cubes.}$$

5° Trouver la capacité d'un vase ayant la forme d'un tronc de cône dont la base supérieure a 0^m,42 de diamètre, la base inférieure 0^m,27, et dont la hauteur est de 0^m,70. On a

$$r^2 = 0,0441,\ rr' + r'^2 = r' \times (r + r') = 0,046575,$$

$$r^2 + rr' + r'^2 = 0,090675, \quad V = 66,5 \text{ litres.}$$

SPHÈRE.

Définitions.

1° La *sphère* est un solide terminé par une surface dont tous les points sont également distants d'un point intérieur appelé *centre* (fig. 272).

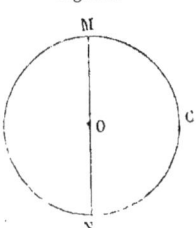

Fig. 272.

On peut considérer la sphère comme engendrée par la révolution d'un demi-cercle MCN, tournant autour d'un diamètre MN.

2° On nomme *rayon* la droite qui joint le centre à l'un quelconque des points de la surface de la sphère.

Tous les rayons sont égaux entre eux.

3° On nomme *diamètre* une droite quelconque passant par le centre, et terminée de part et d'autre à la surface de la sphère.

Tous les diamètres sont égaux entre eux, puisque chacun d'eux se compose de deux rayons.

SPHÈRE.   225

4° Il faut remarquer que lorsqu'on fait tourner la sphère autour de son centre, la surface coïncide avec elle-même, et occupe toujours le même lieu de l'espace.

THÉORÈME VII.

Toute section plane de la sphère est un cercle.

Lorsque le plan sécant passe par le centre O (fig. 273) de la sphère, il coupe la surface de la sphère suivant une courbe

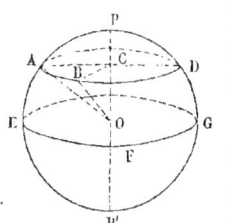

Fig. 273.

plane EFG, dont tous les points sont également distants du centre; cette courbe est donc un cercle, qui a même centre et même rayon que la sphère.

Supposons maintenant que le plan sécant ne passe pas par le centre. Du centre O abaissons une perpendiculaire OC sur ce plan; les droites OA, OB...., qui vont du centre O aux différents points de la courbe d'intersection, sont égales comme rayons d'une même sphère. Ces obliques égales devant s'écarter également du pied C de la perpendiculaire, les distances CA, CB,.... sont égales. Ainsi, la courbe d'intersection est une courbe plane dont tous les points sont également distants d'un point intérieur C situé dans son plan; c'est donc un cercle qui a pour centre le point C, pied de la perpendiculaire abaissée du centre de la sphère sur le plan sécant.

COROLLAIRE I. Dans le triangle rectangle OCA, le côté CA est plus petit que l'hypoténuse OA; ainsi le rayon CA du cercle déterminé par un plan quelconque est plus petit que le rayon OA de la sphère. Il résulte de là que le cercle est le plus grand possible quand le plan sécant passe par le centre de la sphère; c'est pourquoi on appelle *grands cercles* de la sphère les cercles déterminés par des plans passant par le centre. Tous les grands cercles, ayant même rayon que la sphère, sont égaux entre eux.

Par opposition, on appelle *petits cercles* de la sphère les cercles déterminés par des plans qui ne passent pas par le centre.

Il est aisé de voir que des plans sécants également distants du centre donnent des cercles égaux; car, le triangle rectangle OCA ayant l'hypoténuse OA constante, si le côté OC reste le même, l'autre côté CA ne change pas.

On voit aussi que le cercle est d'autant plus petit, que le plan est plus éloigné du centre. Par le diamètre PP', menons en effet un plan qui coupe la sphère suivant un grand cercle PEP', et considérons un plan sécant perpendiculaire à PP'; ce plan coupe la sphère suivant un cercle qui a pour diamètre la droite AD, intersection des deux plans dont nous venons de parler; or, dans le cercle PEP', à mesure que la distance OC au centre augmente, la corde AD diminue; donc le cercle ABD diminue à mesure que le plan sécant s'éloigne du centre.

COROLLAIRE II. Nous avons dit que le centre C d'un petit cercle ABD est le pied de la perpendiculaire abaissée du centre de la sphère sur le plan du cercle; cette perpendiculaire prolongée perce la surface de la sphère en deux points P et P', que l'on nomme *pôles* du cercle. Si l'on joint le point P aux différents points A, B,... de la circonférence, on aura des obliques PA, PB,... égales entre elles, comme également écartées du pied de la perpendiculaire PC; ainsi tous les points de la circonférence ABD (fig. 274) sont également distants du pôle P. Ils sont de même également distants de l'autre pôle P'.

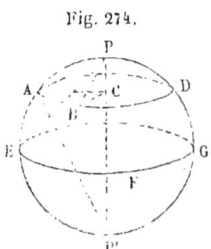
Fig. 274.

Le pôle joue dans les constructions à effectuer sur la surface de la sphère le même rôle que le centre sur le plan. On se sert d'un compas à branches recourbées; si l'on donne au compas une ouverture égale à la corde PA, et qu'après avoir placé la pointe sèche au pôle P, on fasse tourner le compas, l'extrémité de l'autre branche décrira sur la sphère le cercle ABD.

SPHÈRE. 227

On obtiendra le même cercle en plaçant la pointe sèche à l'autre pôle P', et donnant au compas une ouverture égale à la corde P'A; mais il vaut mieux se servir du pôle P le plus rapproché du cercle.

Quand il s'agit d'un grand cercle EFG, les deux pôles P et P', extrémités du diamètre perpendiculaire au plan du cercle, sont également distants du cercle, et il est indifférent d'employer l'un ou l'autre. Dans ce cas, le rayon polaire PE est égal au côté du carré inscrit dans le grand cercle.

Problème I.

Trouver le rayon d'une sphère donnée.

Étant donnée une sphère solide, on veut trouver son rayon.

Première méthode. Marquons deux points A et B sur la surface de la sphère (fig. 275). Du point A comme pôle, avec une ouverture de compas arbitraire, décrivons sur la sphère un arc de cercle; du point B comme pôle, avec la même ouverture de compas, décrivons un second arc de cercle qui coupe le premier en deux points C et D, également distants des points A et B; en répétant la même construction avec une autre ouverture de compas, on déterminera de même un troisième point E aussi également distant des points A et B. Concevons maintenant le plan perpendiculaire élevé sur le milieu de la droite AB; ce plan, étant le lieu des points également distants des points A et B (V, 7), passera par le centre de la sphère et par chacun des points C, D, E; il coupe donc la sphère suivant un grand cercle dont on connaît trois points C, D, E. A l'aide du compas à branches recourbées on mesurera les trois distances CD, DE, EC; puis sur une feuille de papier, avec ces trois longueurs, on construira un triangle égal au triangle CDE, et on circonscrira un cercle à ce triangle, c'est-à-dire que l'on fera passer une circonférence par les trois sommets; ce cercle sera

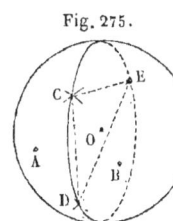

Fig. 275.

228 LIVRE VII.

égal à un grand cercle de la sphère; son rayon donnera donc le rayon de la sphère.

Deuxième méthode. Lorsqu'on n'a à sa disposition qu'une petite portion de la surface de la sphère, la méthode précédente n'aurait pas une précision suffisante; il est préférable d'opérer de la manière suivante :

D'un point P, situé à peu près au milieu de la portion de surface donnée, comme pôle, avec une ouverture de compas aussi grande que possible, décrivez sur cette portion de surface un cercle, et marquez sur ce cercle trois points A, B, D, à volonté (fig. 276); à l'aide du compas recourbé, prenez les lon-

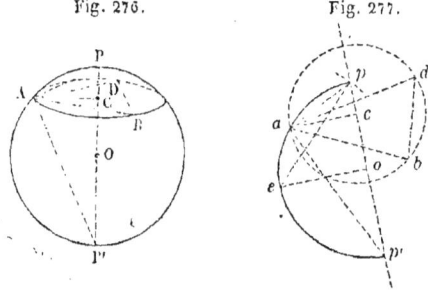

Fig. 276. Fig. 277.

gueurs des droites qui joignent ces points deux à deux, et avec ces trois longueurs construisez sur une feuille de papier le triangle *abd* (fig. 277). Circonscrivez un cercle à ce triangle; ce cercle, qui a pour rayon *ca*, est égal au cercle ABD tracé sur la sphère.

Au point *c* élevez une perpendiculaire *pp′* à la droite *ac*; du point *a* comme centre, avec une ouverture de compas égale à celle qui a servi à tracer le petit cercle sur la sphère, décrivez un arc qui coupe la droite *pp′* au point *p*. Joignez *ap* et menez *ap′* perpendiculaire à *ap*; la longueur *pp′* sera le diamètre de la sphère; car le triangle rectangle *pap′*, d'après sa construction, est égal au triangle PAP′.

Corollaire. Si l'on prend le milieu *o* de la droite *pp′*, on aura le rayon *op* de la sphère. Du point *o* comme centre, avec *op* pour rayon, décrivez un cercle; ce cercle sera un grand cercle de la sphère.

SPHÈRE. 229

Au point o élevez oe perpendiculaire à pp', et joignez pe; la droite pe sera l'ouverture de compas qui servira à décrire les grands cercles sur la surface de la sphère.

Théorème VIII.

Le plan tangent à la sphère est perpendiculaire à l'extrémité du rayon qui va du centre au point de contact.

En général, si par un point M d'une surface on trace sur cette surface diverses courbes, les tangentes à toutes ces courbes au point M sont situées dans un même plan, et ce plan s'appelle le *plan tangent* à la surface au point M.

Imaginons que par un point M on trace une courbe quelconque MA sur la surface de la sphère (fig. 278); prenons un point voisin M' sur cette courbe et menons la sécante MM'; joignons le centre O de la sphère aux deux points M et M'; le triangle MOM' étant isocèle, la perpendiculaire OD, abaissée du sommet O sur la base MM', tombe au milieu D de la base. Supposons maintenant que le point M' se rapproche indéfiniment du point M; la sécante MS tournera autour du point M et tendra vers une position limite MT, qui est la tangente à la courbe MA au point M; en même temps le point D, milieu de MM', vient en M et la droite OD s'applique sur OM; cette droite OD restant toujours perpendiculaire à la sécante MS, on en conclut que le rayon OM est perpendiculaire à la tangente MT. Ainsi la tangente MT à une courbe quelconque tracée sur la sphère par le point M est perpendiculaire au rayon OM qui va du centre de la sphère au point de contact.

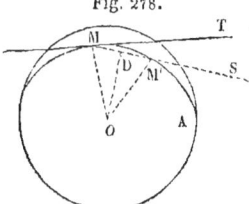

Fig. 278.

Il en est de même pour toutes les courbes que l'on peut tracer par le point M sur la sphère. Les tangentes à ces diverses courbes au point M, étant toutes perpendiculaires au rayon OM, sont situées dans un même plan, le plan perpendiculaire au rayon OM. Ce plan, lieu des tangentes, est ce qu'on appelle le plan tangent. Ainsi le plan tangent à la sphère au point M est perpendiculaire à l'extrémité du rayon OM qui va du centre au point de contact.

COROLLAIRE. Réciproquement, *lorsqu'un plan est perpendiculaire à l'extrémité du rayon OM, il est tangent à la sphère au point* M; car il coïncide avec le plan tangent.

REMARQUE I. Il est bon de remarquer que tous les points du plan tangent sont situés hors de la sphère, excepté le point de contact; car ces points sont à une distance du centre plus grande que la perpendiculaire OM, c'est-à-dire plus grande que le rayon.

REMARQUE II. Dans un plan quelconque conduit par le diamètre PB, et coupant la sphère suivant un grand cercle ACB, menons

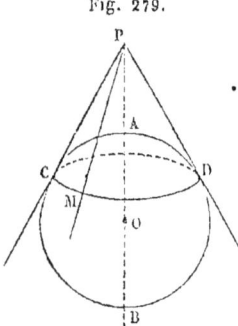

Fig. 279.

du point extérieur P une tangente PC à ce cercle; puis imaginons que la figure tourne autour du diamètre PB. Le cercle ACB engendre la sphère, et la droite PC, qui lui reste constamment tangente et qui conserve la même longueur, décrit un cône circulaire droit. Ainsi *toutes les tangentes que l'on peut mener à une sphère par un point extérieur P sont égales et forment un cône circulaire droit*. Ce cône est circonscrit à la sphère et la touche suivant le petit cercle CMD.

THÉORÈME IX.

La surface engendrée par une ligne brisée régulière, tournant autour d'un axe mené dans son plan et par son centre, a pour mesure la circonférence du cercle inscrit multipliée par la projection de la ligne brisée sur l'axe.

On appelle *ligne brisée régulière* une ligne brisée plane telle que ABCD (fig. 280), qui a tous ses côtés égaux et tous ses angles égaux. Il est clair que l'on peut faire passer une circonférence par tous les sommets de cette ligne brisée (III, 18); soit O

SPHÈRE. 231

le centre de cette circonférence ; si, du point O comme centre, avec un rayon égal à la perpendiculaire OE, abaissée du centre sur le milieu de l'une des cordes, on décrit une circonférence, cette seconde circonférence touchera tous les côtés en leurs milieux et sera inscrite dans la ligne brisée.

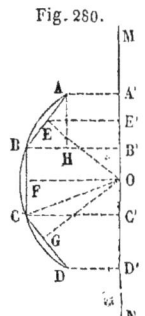

Fig. 280.

Par le centre O traçons une droite quelconque MN dans le plan de la figure, et concevons que la ligne brisée tourne autour de cette droite MN, elle engendrera une surface que nous nous proposons d'évaluer.

Considérons d'abord la surface engendrée par le côté AB ; c'est la surface latérale d'un tronc de cône ; elle a pour mesure le côté AB multiplié par la circonférence décrite par le point E, milieu de AB ; cette circonférence a pour rayon la perpendiculaire EE′ abaissée du point E sur l'axe ; ainsi la surface engendrée par le côté AB a pour mesure

$$2\pi \times \text{EE}' \times \text{AB}.$$

Nous allons transformer ce résultat. Des sommets de la ligne brisée abaissons des perpendiculaires sur l'axe, et par le point A menons une parallèle AH à l'axe, jusqu'à la rencontre de la perpendiculaire BB′. Les deux triangles rectangles OEE′, BAH, sont semblables, comme ayant leurs côtés perpendiculaires chacun à chacun, savoir : OE perpendiculaire à AB, OE′ perpendiculaire à BH et EE′ à AH. On sait que dans ce cas les côtés homologues sont perpendiculaires entre eux (III, 8) ; le rapport du côté OE du premier triangle au côté homologue AB du second est le même que celui du côté EE′ du premier triangle au côté homologue AH du second, et l'on a

$$\frac{\text{OE}}{\text{AB}} = \frac{\text{EE}'}{\text{AH}}.$$

On déduit de là

$$\text{EE}' \times \text{AB} = \text{OE} \times \text{AH},$$

et, en remplaçant la longueur AH par son égale A′B′,

$$\text{EE}' \times \text{AB} = \text{OE} \times \text{A}'\text{B}'.$$

Si, dans la mesure de la surface du tronc de cône, on remplace le produit EE′ × AB par le produit égal OE × A′B′, on obtient l'expression suivante

$$2\pi \times OE \times A'B'.$$

Ainsi, la surface engendrée par le côté AB a pour mesure la circonférence de rayon OE, c'est-à-dire la circonférence inscrite, multipliée par la projection A′B′ de ce côté sur l'axe.

De même, la surface engendrée par le côté BC a pour mesure la circonférence de rayon OF, qui est la même que la précédente, puisque OF égale OE, multipliée par sa projection B′C′, et ainsi de suite.

La surface engendrée par chacun des côtés de la ligne brisée régulière a donc pour mesure la circonférence inscrite dans la ligne brisée, multipliée par la projection de ce côté sur l'axe. En ajoutant ces diverses surfaces, on voit que la surface engendrée par la ligne brisée régulière ABCD a pour mesure la circonférence inscrite, multipliée par la somme des projections de ses différents côtés, c'est-à-dire par la projection A′D′ de la ligne brisée elle-même sur l'axe.

Définitions.

1° On appelle *zone* la portion de la surface de la sphère comprise entre deux plans parallèles.

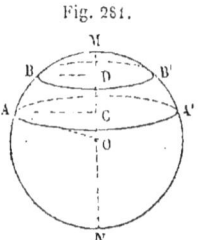

Fig. 281.

Ces plans coupent la sphère suivant deux cercles AA′, BB′ (fig. 281), dont les centres C et D sont situés sur le diamètre MN perpendiculaire aux plans des bases.

La *hauteur* de la zone est la distance des deux plans parallèles, ou la distance CD des centres des deux bases.

La surface de la sphère est engendrée par la demi-circonférence MAN tournant autour du diamètre MN. Dans ce mouvement, l'arc AB engendre la zone.

SPHÈRE.   233

2° On appelle zone à une base ou *calotte sphérique*, la portion de la surface de la sphère détachée par un plan AA' (fig. 282).

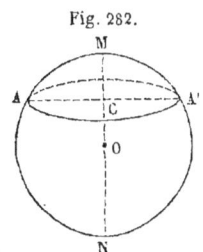

Fig. 282.

Si l'on mène un diamètre MN perpendiculaire au plan de la base, la partie MC, comprise entre la calotte et la base, est la hauteur de la calotte. On peut considérer la calotte comme engendrée par l'arc MA tournant autour du diamètre MN.

Le même plan détermine deux calottes, l'une AMA' plus petite qu'une demi-sphère, l'autre ANA' plus grande, et qui ensemble forment la sphère entière.

Théorème X.

L'aire d'une zone a pour mesure la circonférence d'un grand cercle multipliée par sa hauteur.

Concevez inscrite dans l'arc AB (fig. 281) une ligne brisée régulière d'un très-grand nombre de côtés ; cette ligne brisée ayant pour limite l'arc AB, la surface engendrée par cette ligne aura pour limite la surface engendrée par l'arc AB, c'est-à-dire la zone. Mais la surface engendrée par la ligne brisée régulière a pour mesure la circonférence inscrite, multipliée par sa projection CD sur l'axe ; à la limite, le rayon de la circonférence inscrite se confond avec le rayon OA de la sphère ; ainsi la zone a pour mesure la circonférence d'un grand cercle multipliée par sa hauteur CD.

De même, la surface de la calotte a pour mesure la circonférence d'un grand cercle multipliée par sa hauteur MC (fig. 282).

Théorème XI.

La surface de la sphère est égale à quatre grands cercles.

La surface de la sphère est engendrée par une demi-circonférence MAN tournant autour d'un diamètre MN (fig. 282). Concevez inscrite dans la demi-circonférence MAN une ligne brisée régulière d'un très-grand nombre de côtés; la surface engendrée par cette ligne brisée aura pour limite la surface de la sphère. La projection de la ligne brisée sur l'axe étant le diamètre MN lui-même, on en conclut que la surface de la sphère a pour mesure la circonférence d'un grand cercle multipliée par le diamètre.

Si l'on désigne par r le rayon de la sphère, la circonférence d'un grand cercle étant exprimée par $2\pi r$, la surface de la sphère aura pour mesure $2\pi r \times 2r$ ou $4\pi r^2$; ce qui montre que la surface de la sphère est égale à celle de quatre grands cercles.

COROLLAIRE. Les aires de plusieurs zones appartenant à la même sphère sont proportionnelles à leurs hauteurs, puisque chacune d'elles a pour mesure une circonférence de grand cercle multipliée par sa hauteur.

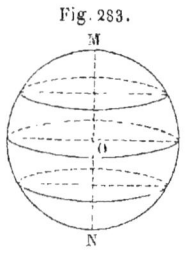

Fig. 283.

Il résulte de là que si l'on partage le diamètre MN en un certain nombre de parties égales, et si par les points de division on mène des plans perpendiculaires à ce diamètre, on divisera la surface de la sphère en zones égales.

Si, par exemple, on partage le diamètre MN (fig. 283) en quatre parties égales, la sphère sera divisée en quatre zones égales; chacune d'elles est équivalente à un grand cercle, et l'hémisphère à deux grands cercles.

APPLICATIONS NUMÉRIQUES.

1° Calculer la surface d'un ballon sphérique de 4^m,3 de diamètre.

Si l'on appelle D le diamètre de la sphère, la surface d'un grand cercle sera $\dfrac{\pi D^2}{4}$, celle de la sphère πD^2. En appliquant cette formule, on trouve 58,09 mètres carrés.

2° Quel est le rayon d'une sphère ayant 1 mètre carré de surface?

De la formule $S = 4\pi r^2$, on déduit

$$r = \sqrt{\dfrac{S}{4\pi}} = \sqrt{\dfrac{1}{4\pi}} = 0^m,2821.$$

SPHÈRE.

3° Évaluer approximativement la surface du globe terrestre.
On sait que la circonférence de la terre est de 40000000 mètres. On peut écrire la surface $4\pi r^2$ sous la forme suivante :

$$\frac{(2\pi r)^2}{\pi} = \frac{(40000000)^2}{\pi} = 5090000 \text{ myriamètres carrés.}$$

4° Évaluer l'étendue des zones terrestres.
La hauteur de la zone torride est d'environ 507 myriamètres, celle de chacune des zones glaciales de 53 myriamètres, celle de chacune des zones tempérées de 330 myriamètres. En multipliant la circonférence de la terre par ces hauteurs, on obtient la superficie des zones. La zone torride a environ 2030000 myriamètres carrés de superficie, les deux zones tempérées ensemble 2640000, et les deux zones glaciales 420000.

Théorème XII.

Le volume engendré par un triangle tournant autour d'un axe mené dans son plan par un de ses sommets a pour mesure la surface engendrée par le côté opposé à ce sommet, multipliée par le tiers de la hauteur correspondante.

Supposons d'abord que le triangle ABC (fig. 284) tourne autour d'un de ses côtés AC. Abaissons du point B une perpendiculaire BD sur AC. Le volume engendré par le triangle ABC est la somme des volumes engendrés par les deux triangles rectangles ADB, CDB ; ces deux volumes sont des cônes circulaires droits, ayant pour base commune le cercle décrit par la droite DB, et pour hauteurs, le premier AD, le second CD. On a donc, pour le volume cherché,

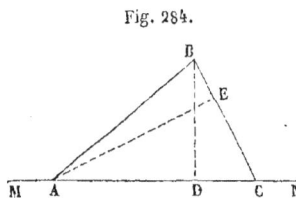
Fig. 284.

$$\frac{1}{3}\pi.\overline{BD}^2 \times AD + \frac{1}{3}\pi.\overline{BD}^2 \times CD = \frac{1}{3}\pi.\overline{BD}^2 \times AC,$$

quantité que nous écrirons sous cette forme

$$\frac{1}{3}\pi.BD \times AC \times BD.$$

Abaissons du sommet A une perpendiculaire AE sur le côté BC; les deux produits AC × BD, BC × AE, mesurant tous deux le double de l'aire du triangle ABC, sont égaux entre eux; si, dans la mesure du volume, on remplace le produit AC × BD par le produit égal BC × AE, il vient

$$\frac{1}{3}\pi \cdot BD \times BC \times AE, \quad \text{ou} \quad \pi \cdot BD \times BC \times \frac{AE}{3}.$$

Dans le mouvement de révolution, le côté BC décrit la surface latérale d'un cône circulaire droit, qui a pour mesure la circonférence de sa base, multipliée par la moitié de son côté, c'est-à-dire $2\pi \cdot BD \times \frac{BC}{2}$ ou $\pi \cdot BD \times BC$. On voit par là que le volume engendré par le triangle ABC a pour mesure la surface décrite par le côté BC, multipliée par le tiers de la hauteur correspondante AE. On aura donc

$$\text{vol ABC} = \text{surf BC} \times \frac{AE}{3}.$$

Si l'angle C était obtus, la perpendiculaire BD tomberait en dehors du triangle, le volume engendré par le triangle ABC serait la différence de deux cônes, et aurait encore pour mesure $\frac{1}{3}\pi \cdot \overline{BD}^2 \times AC$, quantité que l'on transformerait de la même manière.

Supposons maintenant que le triangle ABC (fig. 285) tourne autour d'un axe MN, mené dans son plan par un de ses sommets A. Prolongeons le côté BC jusqu'à la rencontre de l'axe en D; le volume engendré par le triangle ABC est la différence des volumes engendrés par les deux triangles ABD, ACD, tournant autour de leur côté AD. Mais, d'après ce que nous venons de démontrer, on a

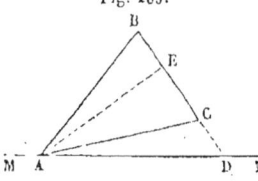

Fig. 285.

$$\text{vol ABD} = \text{surf BD} \times \frac{AE}{3},$$

$$\text{vol ACD} = \text{surf CD} \times \frac{AE}{3}.$$

SPHÈRE. 237

Si l'on retranche ces deux quantités l'une de l'autre, et si l'on remarque que la surface engendrée par le côté BC est la différence des surfaces engendrées par les droites BD et CD, il vient

$$\text{vol ABC} = \text{surf BC} \times \frac{AE}{3}.$$

Ainsi, le volume engendré par le triangle ABC, tournant autour de l'axe MN mené par le sommet A, a pour mesure la surface engendrée par le côté opposé BC, multipliée par le tiers de la hauteur correspondante AE.

REMARQUE. Nous avons supposé dans ce qui précède que le côté BC prolongé rencontre l'axe MN, c'est-à-dire n'est pas parallèle à l'axe. Il est clair que le résultat, auquel nous sommes parvenus dans le cas général, convient aussi dans le cas particulier où le côté BC (fig. 286) devient parallèle à l'axe; mais on peut le démontrer directement. Des points B et C abaissons sur l'axe les perpendiculaires BF, CG; le volume engendré par le triangle ABC est égal au cylindre engendré par le rectangle FBCG, moins les cônes engendrés par les deux triangles rectangles ABF, ACG; le volume du cylindre a pour mesure $\pi . \overline{AE}^2 \times BC$; les volumes des deux cônes ont pour mesures le premier $\frac{1}{3} \pi . \overline{AE}^2 \times AF$, le second $\frac{1}{3} \pi . \overline{AE}^2 \times AG$, ensemble $\frac{1}{3} \pi . \overline{AE}^2 \times (AF + AG)$ ou $\frac{1}{3} \pi . \overline{AE}^2 \times BC$. Si l'on retranche du cylindre les deux cônes, il vient

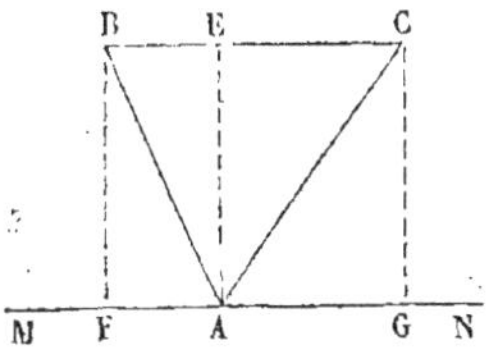

$$\frac{2}{3} \pi . \overline{AE}^2 \times BC, \quad \text{ou} \quad 2\pi . AE \times BC \times \frac{AE}{3}.$$

Mais la surface latérale du cylindre décrite par le côté BC a pour mesure $2\pi . AE \times BC$. On a donc

$$\text{vol ABC} = \text{surf BC} \times \frac{AE}{3}.$$

Fig. 286.

Théorème XIII.

Le volume engendré par un secteur polygonal régulier OABCD (fig. 287), *tournant autour d'un axe* MN *mené dans son plan et par son centre, a pour mesure la surface décrite par la ligne brisée* ABCD *multipliée par le tiers de l'apothème* OE.

Si l'on joint les deux extrémités d'une ligne brisée régulière ABCD au centre O du cercle circonscrit, on forme le secteur polygonal régulier OABCD. Joignons le centre aux différents sommets ; nous diviserons le secteur en triangles isocèles égaux. Le volume engendré par le premier triangle AOB a pour mesure la surface décrite par le côté AB, multipliée par le tiers de la perpendiculaire OE. Le volume engendré par le second triangle BOC a aussi pour mesure la surface décrite par le côté BC, multipliée par le tiers de la perpendiculaire qui est égale à OE, et ainsi de suite. En faisant la somme, on voit que le volume engendré par le secteur polygonal a pour mesure la surface décrite par la ligne brisée ABCD, multipliée par le tiers de l'apothème OE.

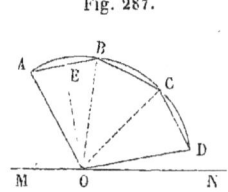

Fig. 287.

Théorème XIV.

Le volume d'un secteur sphérique a pour mesure la zone qui lui sert de base, multipliée par le tiers du rayon.

On appelle *secteur sphérique* le volume engendré par un secteur AOB tournant autour d'un de ses côtés OB (fig. 288).

Le secteur sphérique est limité par la zone que décrit l'arc AB et par le cône que décrit le rayon OA.

Concevons inscrite dans l'arc AB une ligne brisée régulière d'un très-grand nombre de côtés; le secteur polygonal régulier ayant pour limite le secteur AOB, le solide engendré par le secteur polygonal régulier aura pour limite le

SPHÈRE.   239

secteur sphérique. Il en résulte que le volume du secteur sphérique a pour mesure la zone décrite par l'arc AB, multipliée par le tiers du rayon.

REMARQUE. Considérons le volume engendré par le secteur AOB (fig. 289) tournant autour d'un diamètre quelcon-

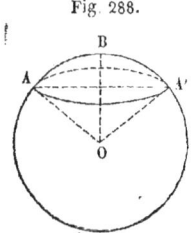
Fig. 288.

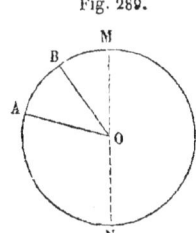
Fig. 289.

que MN. D'après le même raisonnement, ce volume aura pour mesure la zone décrite par l'arc AB, multipliée par le tiers du rayon.

THÉORÈME XV.

Le volume d'une sphère a pour mesure sa surface multipliée par le tiers du rayon.

On sait que la sphère est engendrée par un demi-cercle tournant autour d'un diamètre MN (fig. 290). Concevons

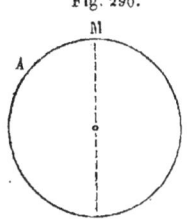
Fig. 290.

inscrite dans le demi-cercle MAN une ligne brisée régulière d'un très-grand nombre de côtés ; la surface engendrée par la ligne brisée régulière aura pour limite la surface de la sphère, et le volume engendré par le demi-polygone régulier le volume de la sphère. On en conclut que le volume de la sphère a pour mesure sa surface multipliée par le tiers du rayon.

COROLLAIRE. Si l'on désigne par r le rayon de la sphère, sa surface étant représentée par $4\pi r^2$, le volume sera donné par la formule
$$V = \frac{4}{3}\pi r^3.$$

Si l'on remplace le rayon par la moitié du diamètre, cette formule devient

$$V = \frac{1}{6}\pi D^3.$$

REMARQUE. On peut arriver au volume de la sphère d'une manière beaucoup plus rapide. Concevons un polyèdre circonscrit à la sphère, c'est-à-dire un polyèdre dont toutes les faces soient tangentes à la sphère. Si l'on joint le centre aux différents sommets, on le décomposera en autant de pyramides qu'il y a de faces. Chacune de ces pyramides a pour mesure la face qui lui sert de base, multipliée par le tiers de sa hauteur, qui est un rayon de la sphère. En faisant la somme, on voit que le volume du polyèdre a pour mesure la somme des bases, c'est-à-dire sa surface convexe, multipliée par le tiers du rayon. Si maintenant on suppose que le nombre des faces augmente indéfiniment, le polyèdre circonscrit se rapprochera de plus en plus de la sphère, et l'on en conclura que le volume de la sphère a aussi pour mesure sa surface multipliée par le tiers du rayon.

THÉORÈME XVI.

Le volume engendré par un segment de cercle ABC *tournant autour d'un diamètre* MN *(fig. 291) est égal au sixième d'un cylindre ayant pour rayon la corde* AC *du segment, et pour hauteur la projection* DE *de cette corde sur l'axe* MN.

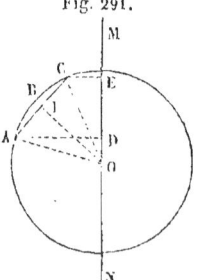

Fig. 291.

Le volume engendré par le segment ABC est égal au volume engendré par le secteur AOC, moins le volume engendré par le triangle AOC. Le volume engendré par le secteur AOC a pour mesure la zone décrite par l'arc ABC, c'est-à-dire $2\pi \cdot OA \cdot DE$, multipliée par le tiers du rayon, ce qui fait

$$\frac{2}{3}\pi \cdot \overline{OA}^2 \cdot DE.$$

SPHÈRE. 241

Le volume engendré par le triangle AOC a pour mesure la surface engendrée par la droite AC, c'est-à-dire $2\pi.\text{OI}.\text{DE}$ (9), multipliée par le tiers de la perpendiculaire OI abaissée du centre sur la corde AC, ce qui fait

$$\frac{2}{3}\pi.\overline{\text{OI}}^2.\text{DE}.$$

En faisant la différence, on a pour le volume cherché

$$V = \frac{2}{3}\pi.\text{DE}.(\overline{\text{OA}}^2 - \overline{\text{OI}}^2);$$

si l'on observe que $\overline{\text{OA}}^2 - \overline{\text{OI}}^2$ égale $\overline{\text{AI}}^2$ et par suite le quart de $\overline{\text{AC}}^2$, il vient

$$V = \frac{1}{6}\pi.\overline{\text{AC}}^2.\text{DE}.$$

Théorème XVII.

Un segment de sphère est équivalent au cylindre qui a même hauteur que le segment et sa base égale à la demi-somme des bases du segment, plus la sphère décrite sur la hauteur du segment comme diamètre.

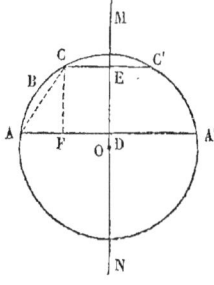

Fig. 292.

On appelle *segment de sphère* la portion de la sphère comprise entre deux plans parallèles AA', CC'. Menons un diamètre MN perpendiculaire aux plans des bases; le segment peut être considéré comme engendré par la révolution du trapèze curviligne DABCE tournant autour du diamètre MN. Il se compose du tronc de cône engendré par le trapèze rectiligne DACE, plus le volume engendré par le segment de cercle ABC. Le tronc de cône a pour mesure

$$\frac{1}{3}\pi.\text{DE}.(\overline{\text{AD}}^2 + \overline{\text{CE}}^2 + \text{AD}.\text{CE}).$$

Le volume engendré par le segment de cercle a pour mesure

$$\frac{1}{6}\pi . DE . \overline{AC}^2.$$

En faisant la somme, on trouve pour le volume cherché

$$V = \frac{1}{6}\pi . DE . (2\overline{AD}^2 + 2\overline{CE}^2 + 2 AD.CE + \overline{AC}^2).$$

Cette expression peut être simplifiée. Menons CF parallèle à DE; dans le triangle rectangle ACF, on a

$$\overline{AC}^2 = \overline{CF}^2 + \overline{AF}^2 = \overline{DE}^2 + (AD - CE)^2,$$

et, en développant,

$$\overline{AC}^2 = \overline{DE}^2 + \overline{AD}^2 + \overline{CE}^2 - 2 AD.CE.$$

Remplaçons $\overline{AC}^2$ par sa valeur dans l'expression du volume, il vient

$$V = \frac{1}{6}\pi . DE . (3\overline{AD}^2 + 3.\overline{CE}^2 + \overline{DE}^2),$$

et par suite

$$V = \frac{1}{2}\pi . DE . (\overline{AD}^2 + \overline{CE}^2) + \frac{1}{6}\pi . \overline{DE}^3.$$

La première partie représente le volume d'un cylindre ayant pour hauteur DE et pour base la demi-somme des bases du segment; la seconde partie désigne le volume de la sphère décrite sur DE comme diamètre.

Applications numériques.

1° Trouver le volume de gaz contenu dans un ballon sphérique de 4^m,3 de diamètre.

A l'aide de la formule $V = \frac{\pi D^3}{6}$, on trouve que le volume de gaz contenu dans le ballon est de 41,63 mètres cubes.

2° Calculer le diamètre d'un boulet en fonte de 12 kilogrammes.

Le mètre cube de fonte pesant à peu près 7200 kilogrammes, le volume du boulet est $\frac{12}{7200}$, ou $\frac{1}{600}$ de mètre cube. On a donc

$$\frac{1}{6}\pi D^3 = \frac{1}{600};$$

d'où

$$D = \sqrt[3]{\frac{1}{100\pi}} = 0^m,147.$$

3° Calculer la capacité d'une chaudière ayant la forme d'un segment de sphère. Le diamètre de la base est de 1^m,75, la profondeur de 0,68.

Le volume du cylindre, ayant même base et même hauteur que le segment, est $\pi . \overline{0,875}^2 . 0,68 = 1,6356$. A la moitié, il faut ajouter la sphère $\frac{1}{6}\pi . \overline{0,68}^3 = 0,1646$, ce qui donne 982 litres pour la capacité de la chaudière.

EXERCICES SUR LE LIVRE VII.

1. Un cylindre et un tronc de cône ont une base commune et même hauteur, quel doit être le rapport des rayons des deux bases du tronc de cône, pour que le volume du tronc cône soit égal à la moitié du volume du cylindre?

2. Un cône est circonscrit à une sphère donnée, et sa hauteur est double du diamètre de la sphère. Démontrer que la surface totale du cône est double de celle de la sphère, et que le volume du cône est aussi double de celui de la sphère.

5. On donne une sphère dont le rayon est 13 mètres, et sur laquelle on considère une zone à deux bases dont la surface est 100 mètres carrés. La distance de l'une des bases au centre est 1 mètre. Quelle est la surface de l'autre base de la zone?

4. Deux observateurs, placés chacun à bord d'un vaisseau à 3 mètres au-dessus du niveau de l'eau, cessent de s'apercevoir à une distance de 12 600 mètres. Conclure de ces observations une valeur approchée du rayon de la terre.

5. Le côté d'un cône est de $28^m,5$, la surface de sa base est de 6 mètres carrés. Calculer la surface du cercle dont le plan est distant de $2^m,75$ du plan de la base.

6. Un verre à pied de forme conique contient un litre; il a $0^m,25$ de diamètre à son bord supérieur, et il est rempli par de l'eau et du mercure. Le poids de ces deux liquides est le même, et le poids spécifique du mercure est 13,598. On demande quelle est l'épaisseur de la couche formée par l'eau.

7. Un réservoir a la forme d'un tronc de cône dont la base inférieure a 1 mètre de diamètre; la surface supérieure de l'eau contenue dans ce réservoir a $1^m,6$ de diamètre; la profondeur de l'eau est $1^m,5$. On y laisse tomber un bloc cubique de marbre dont le côté est $0^m,4$. A quelle hauteur le niveau s'élèvera-t-il, le bloc étant complètement submergé?

8. On donne un cône droit dont la hauteur est de 20 mètres, et le volume de 387 mètres cubes. A quelle distance du sommet faut-il mener un plan parallèle à la base pour en enlever un cône dont le volume soit de 95 mètres cubes?

9. Démontrer la proposition suivante :

Lorsque le côté d'un tronc de cône égale la somme des rayons des bases, la hauteur du tronc de cône est double de la moyenne géométrique des rayons des bases, et le volume s'obtient en multipliant la surface totale par le sixième de la hauteur.

10. Calculer le volume engendré par un triangle équilatéral tournant autour d'un de ses côtés.

TROISIÈME PARTIE.

NOTIONS SUR QUELQUES COURBES USUELLES.

ELLIPSE.

Définition.

L'*ellipse* est une courbe telle, que la somme des distances de chacun de ses points à deux points fixes est constante. Ces deux points fixes sont les *foyers* de l'ellipse.

Problème I.

Construire l'ellipse par points.

Soient F et F′ (fig. 293) les deux foyers. Portez sur la droite F′F une longueur F′K égale à la somme constante des distances de chacun des points de la courbe aux deux foyers. Du foyer F′ comme centre avec différents rayons décrivez une série de cercles. Soit D le point où l'un d'eux coupe la droite F′F; prenez une ouverture de compas égale à KD, et du foyer F comme centre, avec cette ouverture de compas, décrivez un second cercle qui coupe le premier en deux points M et M′, qui appartiendront à l'ellipse; car la somme des distances MF′ et MF du point M aux deux foyers est égale à la somme des deux rayons F′D et KD, c'est-à-dire à la longueur donnée F′K.

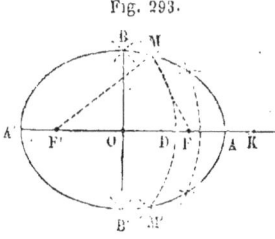

Fig. 293.

246   NOTIONS SUR QUELQUES COURBES USUELLES.

Répétez la même construction pour chacun des cercles décrits du foyer F′ comme centre ; et quand vous aurez ainsi obtenu un assez grand nombre de points, vous ferez passer à la main, avec un crayon, un trait continu par tous ces points, et vous aurez l'ellipse demandée.

Problème II.

Tracer l'ellipse d'un mouvement continu.

On emploie la construction graphique que nous venons d'indiquer dans les épures sur le papier. Mais dans les arts, quand on veut tracer une ellipse sur une planche ou sur une feuille de carton, on a recours a un procédé beaucoup plus rapide.

On fixe aux deux foyers F et F′ (fig. 294) deux pointes auxquelles on attache les deux extrémités d'un fil ayant la lon-

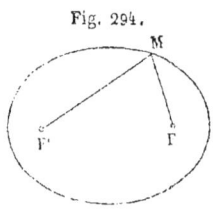

Fig. 294.

gueur voulue. On tend ensuite le fil avec un style ou un crayon, que l'on fait mouvoir dans le plan en tenant le fil constamment tendu, et l'on décrit ainsi l'ellipse. Car, dans chacune des positions du fil, la somme des distances MF et MF′ est égale à la longueur constante du fil.

Ce mode de description montre bien que l'ellipse est une courbe fermée comme le cercle.

Les jardiniers emploient ce même procédé pour tracer des ellipses sur le terrain. Ils plantent deux piquets auxquels ils attachent les extrémités d'une corde ; puis ils tendent la corde avec un troisième piquet qu'ils font mouvoir en tenant le fil constamment tendu.

Remarques.

1° On appelle *axe* d'une courbe une ligne droite qui divise la courbe en deux parties symétriques, c'est-à-dire en deux parties égales, qui s'appliquent exactement l'une sur l'autre.

quand on fait tourner la première autour de l'axe comme charnière, pour la rabattre sur la seconde.

Il est aisé de voir que la droite AA' (fig. 295) menée par les deux foyers est un axe de l'ellipse. Car, si l'on considère les

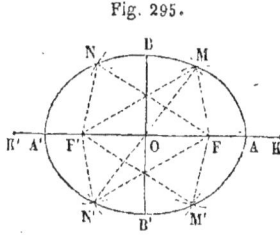

Fig. 295.

deux points M et M' déterminés par l'intersection de deux cercles décrits des foyers F et F' comme centres, on a deux triangles égaux FMF', FM'F', qui coïncident lorsqu'on fait tourner la partie supérieure de la figure autour de la droite AA', pour la rabattre sur la partie inférieure; le point M vient donc en M'; et comme il en est de même pour tous les points deux à deux, on voit que la demi-ellipse AMA' s'applique exactement sur l'autre moitié AM'A'. Ainsi la droite AA' est un axe de l'ellipse; c'est le *grand axe*.

2° On appelle *sommets* les deux extrémités A et A' de l'axe.

Nous avons, dans la construction de l'ellipse par points, porté sur l'axe, à partir du foyer F', la longueur F'K égale à la somme constante. Le point A, milieu de FK, appartient à l'ellipse; car, si l'on remplace la distance AF par son égale AK, on voit que la somme des distances AF' et AF de ce point aux deux foyers est égale à la somme constante F'K; ainsi le point A est l'un des sommets.

De même, si l'on porte sur l'axe, à partir de l'autre foyer F, la longueur FK' égale à F'K, et si l'on prend le milieu de F'K', on aura le second sommet A'. Les deux distances AF et A'F' sont égales comme moitiés de distances égales FK, F'K', et les deux sommets A et A' sont également distants des deux foyers F et F'.

3° Il faut remarquer que *la longueur* AA' *du grand axe est égale à la somme constante des distances de chacun des points de l'ellipse aux deux foyers*. Car, si l'on remplace A'F' par son égale AF ou AK, on voit que la longueur AA' du grand axe est égale à la somme constante F'K.

4° L'ellipse admet un second axe, la perpendiculaire BB′ élevée sur le milieu de la droite FF′. En effet, du foyer F′ comme centre avec un rayon égal à FM, décrivons un premier cercle, et du foyer F avec un rayon égal à F′M un second cercle ; ces deux cercles, par leur intersection, détermineront deux nouveaux points N et N′ de l'ellipse. Les deux triangles FMF′, F′NF sont égaux, comme ayant les trois côtés égaux chacun à chacun. Faisons tourner la partie BAB′ de la figure autour de BB′ comme charnière, pour la rabattre de l'autre côté ; la droite OF s'applique sur OF′ ; l'angle OFM étant égal à OF′N dans les deux triangles égaux, la droite FM prend la direction F′N ; et, comme ces deux droites sont égales, le point M tombe en N. Ainsi, la partie BAB′ s'applique exactement sur l'autre moitié BA′B′, ce qui montre que la droite BB′ est aussi axe de l'ellipse.

On détermine les deux extrémités de l'axe BB′, ou les deux sommets B et B′, par l'intersection de deux cercles égaux décrits des foyers comme centres, avec un même rayon égal à la moitié OA du grand axe. Car, les deux distances BF et BF′ étant égales entre elles, chacune d'elles est égale à la moitié de la somme constante, et par conséquent à la moitié du grand axe.

Ce second axe BB′ est évidemment plus petit que le premier AA′ ; et en effet, la ligne droite BB′ est plus petite que la ligne brisée BF + FB′, qui est égale à AA′. C'est pourquoi on a donné à l'axe AA′ la qualification de grand axe, et à l'axe BB′ celle de petit axe. On désigne ordinairement par $2a$ la longueur du grand axe, et par $2b$ celle du petit axe.

Les deux axes divisent l'ellipse en quatre parties égales.

5° On appelle *centre* d'une courbe un point tel que tous les points de la courbe sont situés deux à deux sur une droite passant par le centre, et à égale distance de part et d'autre.

Le point O, intersection des deux axes, ou milieu de la distance FF′ des foyers, est centre de l'ellipse. En effet, soit M un point quelconque de l'ellipse ; joignons MO et prolongeons celle

ELLIPSE. 249

droite d'une longueur ON' égale à OM ; les deux diagonales FF, MN' se coupant mutuellement en deux parties égales, le quadrilatère FMF'N' est un parallélogramme, et les côtés opposés sont égaux. La somme des distances N'F + N'F' du point N' aux deux foyers étant égale à la somme MF' + MF, le point N' appartient aussi à l'ellipse. Ainsi, les deux points M et N' de l'ellipse sont situés sur une droite MN' passant par le point O et à égale distance de part et d'autre. Il en est de même de tous les points deux à deux. Donc le point O est centre de l'ellipse.

6° On définit souvent l'ellipse par ses deux axes AA', BB' (fig. 296). Dans ce cas, on commence par déterminer les foyers.

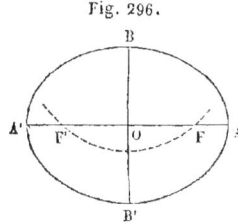

Fig. 296.

Pour cela, d'un sommet B du petit axe comme centre, avec un rayon égal au demi grand axe OA, on décrit une circonférence qui coupe le grand axe en deux points F et F' qui sont les foyers de l'ellipse : car on sait que la distance du sommet B à chacun des foyers est égale au demi grand axe. Une fois les foyers déterminés, on construit l'ellipse par points, ou bien on la trace d'un mouvement continu, comme nous l'avons expliqué.

7° On appelle *excentricité* le rapport de la distance FF' des foyers au grand axe AA'.

L'ellipse est une courbe fermée plus ou moins allongée; sa forme dépend de la grandeur de l'excentricité. Quand l'excentricité est nulle, les deux foyers se confondent avec le centre; la distance d'un point quelconque de l'ellipse au centre est constante; et l'ellipse se réduit rigoureusement à une circonférence de cercle. Quand l'excentricité est très-petite, les foyers sont très-rapprochés du centre; les deux axes diffèrent peu l'un de l'autre, l'ellipse est arrondie et peu différente d'un cercle. A mesure que l'excentricité augmente, en supposant le grand axe constant, les foyers s'écartent, le petit axe diminue, et l'ellipse prend une forme de plus en plus allongée.

250 NOTIONS SUR QUELQUES COURBES USUELLES.

8° On appelle *rayons vecteurs* les deux droites qui vont des deux foyers à un même point de l'ellipse.

D'après la définition de l'ellipse, la somme des deux rayons vecteurs de chacun des points de l'ellipse est constante et égale au grand axe.

Théorème I.

La somme des distances d'un point intérieur à l'ellipse aux deux foyers est plus petite que le grand axe. La somme des distances d'un point extérieur est plus grande que le grand axe.

Considérons d'abord un point N (fig. 297) situé à l'intérieur de l'ellipse. Joignons ce point aux deux foyers et prolongeons

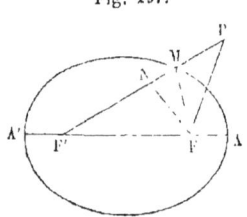

Fig. 297.

la droite F'N jusqu'à sa rencontre avec l'ellipse en M. Le point M appartenant à l'ellipse, la somme des deux rayons vecteurs MF + MF' est égale au grand axe AA'; mais la ligne droite NF est plus petite que la ligne brisée NM + MF; en ajoutant de part et d'autre la même longueur F'N, on voit que le chemin F'N + NF est plus petit que F'M + MF, c'est-à-dire plus petit que AA'.

Considérons maintenant un point P situé hors de l'ellipse; la droite PF' rencontre l'ellipse en un point M. La ligne brisée MP + PF est plus grande que la ligne droite MF; en ajoutant de part et d'autre la même longueur F'M, on voit que le chemin F'P + PF est plus grand que F'M + MF, c'est-à-dire plus grand que AA'.

COROLLAIRE. Il est clair que les réciproques sont vraies. Si la somme des distances d'un point du plan aux deux foyers est plus petite que le grand axe, ce point est intérieur à l'ellipse. Si la somme est plus grande que le grand axe, le point est extérieur.

ELLIPSE.

Théorème II.

La tangente à l'ellipse fait des angles égaux avec les rayons vecteurs, qui vont du point de contact aux deux foyers.

Prenons deux points voisins M et M' (fig. 298) sur l'ellipse. Du foyer F comme centre, avec FM pour rayon, décrivons un

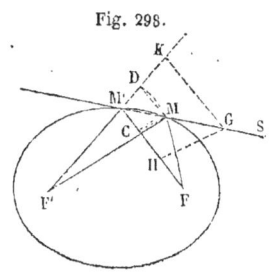

Fig. 298.

arc de cercle qui coupera en C le rayon vecteur FM', la longueur M'C représente la différence des deux rayons vecteurs FM et FM', ou l'accroissement qu'éprouve le rayon vecteur FM quand on passe du point M au point voisin M'. De même, si du foyer F' comme centre, avec F'M pour rayon, on décrit un arc de cercle qui coupera en D le rayon vecteur F'M' prolongé, la longueur M'D représentera la différence des deux rayons vecteurs F'M et F'M', ou la diminution qu'éprouve le rayon vecteur F'M quand on passe du point M au point M'. Ainsi, quand on passe du point M au point M', le rayon vecteur FM éprouve un accroissement M'C, tandis que l'autre rayon vecteur F'M éprouve une diminution M'D. Puisque, d'après la nature de l'ellipse, la somme des deux rayons vecteurs FM + F'M reste constante, l'augmentation de l'un est égale à la diminution de l'autre, et par conséquent les deux longueurs M'C et M'D sont égales.

Par les deux points M et M' menons la sécante MS; dans les deux cercles considérés précédemment, traçons les cordes MC et MD. Sur la sécante MS portons une longueur MG, arbitraire, mais invariable, et par le point G menons GH parallèle à MC, GK parallèle à MD; à cause des parallèles, on a les rapports égaux

$$\frac{M'C}{M'H} = \frac{M'M}{M'G} = \frac{M'D}{M'K};$$

puisque les deux longueurs M'C et M'D sont égales, il en résulte que les deux longueurs M'H et M'K sont aussi égales.

252   NOTIONS SUR QUELQUES COURBES USUELLES.

Supposons maintenant que le point M' se rapproche indéfiniment du point M; la sécante MS tend vers une position limite, qui est la tangente à l'ellipse. En même temps, les points C et D se rapprochent aussi du point M, les cordes MC et MD, prolongées, tendent vers les tangentes aux cercles décrits des points F et F' comme centres avec FM et F'M pour rayons, et par conséquent deviennent perpendiculaires aux rayons FM et F'M; leurs parallèles GH et GK prennent aussi les directions perpendiculaires à ces mêmes rayons, et, comme les rayons vecteurs FM' et F'M' se confondent avec FM et F'M, les angles H et K deviennent droits.

On aura donc à la limite deux triangles rectangles GMH, GMK (fig. 299); ces deux triangles, ayant l'hypoténuse MG commune et les côtés MH et MK égaux entre

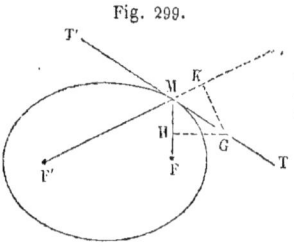

Fig. 299.

eux comme limites des longueurs égales M'H, M'K, sont égaux, d'où l'on conclut l'égalité des deux angles GMH, GMK. Il en résulte que la tangente MT à l'ellipse divise en deux parties égales l'angle FMK formé par l'un des rayons vecteurs MF et le prolongement de l'autre F'M.

L'angle F'MT' étant égal à son opposé par le sommet GMK, on voit que la tangente TT' fait, avec les deux rayons vecteurs qui vont au point de contact, des angles égaux FMT, F'MT'.

COROLLAIRE I. On appelle *normale* à une courbe, en un point de cette courbe, la perpendiculaire à la tangente en ce point.

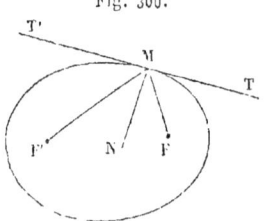

Fig. 300.

Menons au point M (fig. 300) une perpendiculaire MN à la tangente TT', nous aurons la normale à l'ellipse. Les deux angles FMN, F'MN, sont égaux comme complémentaires des angles égaux FMT, F'MT'; ainsi *la normale à l'ellipse en un point M est bissectrice de l'angle FMF' des rayons vecteurs qui vont de ce point aux deux foyers.*

ELLIPSE.

COROLLAIRE II. Considérons en particulier le sommet B (fig. 301) du petit axe ; cet axe BB', divisant en deux parties égales l'angle FBF' des rayons vecteurs, est normal à l'ellipse au point B et de même en B'. Les tangentes en B et B' étant perpendiculaires à la normale, sont les parallèles GH, KL au grand axe AA'.

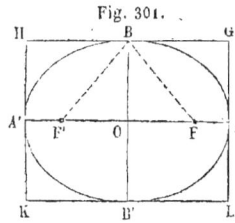

Fig. 301.

Au sommet A du grand axe, l'angle des rayons vecteurs est nul, et la bissectrice, ou la normale, coïncide avec AA'. Puisque le grand axe est normal à la courbe en A et A', les tangentes en ces deux points sont les perpendiculaires GL, HK. De sorte que l'ellipse est renfermée dans le rectangle GHKL.

COROLLAIRE III. Supposons qu'une lumière soit placée au foyer F (fig. 302) d'une ellipse ; les rayons lumineux, partant du point F, se réfléchissent sur l'ellipse en faisant un angle de réflexion égal à l'angle d'incidence. Soit FM l'un de ces rayons ; menons la tangente TT' à l'ellipse en ce point ; le rayon réfléchi, devant faire avec MT' un angle égal à FMT, sera dirigé suivant MF'. Ainsi les rayons réfléchis viennent tous concourir au second foyer F' où ils forment une image très-brillante de la flamme placée au premier foyer F. C'est de là que vient la dénomination de *foyer*.

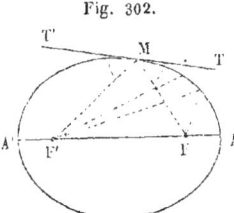

Fig. 302.

PROBLÈME III.

Mener une tangente à l'ellipse en un point M donné sur l'ellipse.

Prolongez le rayon vecteur F'M (fig. 303) d'une longueur MH égale à l'autre rayon vecteur MF, et par le point M menez une droite TT' perpendiculaire à FH ; vous aurez la tangente demandée.

Car, dans le triangle isocèle FMH, la droite MT, perpendiculaire abaissée du sommet sur la base FH, divise l'angle au sommet en deux parties égales. Cette droite, étant bissectrice de l'angle FMH, formé par l'un des rayons vecteurs et le prolongement de l'autre, coïncide avec la tangente à l'ellipse.

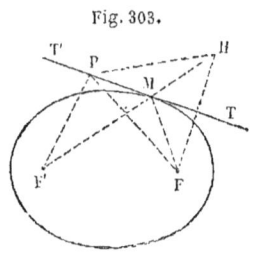

Fig. 303.

REMARQUE. Il est bon de remarquer que tous les points de la tangente, excepté le point de contact M, sont situés hors de l'ellipse. Soit P un point quelconque de la tangente, joignons ce point aux deux foyers et au point H. La tangente, étant perpendiculaire sur le milieu de FH, la distance PF égale PH, et par conséquent la ligne brisée F'P + PF égale la ligne brisée F'P + PH; mais cette dernière est plus grande que la ligne droite F'H qui est égale au grand axe de l'ellipse, puisqu'on a prolongé le rayon vecteur F'M d'une longueur MH égale à MF. La somme des distances du point P aux deux foyers étant plus grande que le grand axe, ce point est situé hors de l'ellipse (1).

La ligne brisée F'M + MF est le plus court chemin allant du point F' au point F en passant par un point de la tangente.

COROLLAIRE I. *Le lieu des projections des foyers sur les tangentes à l'ellipse est le cercle décrit sur le grand axe comme diamètre.*

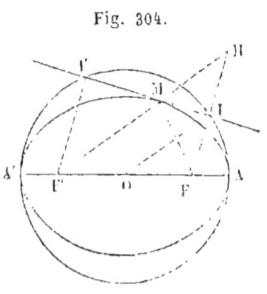

Fig. 304.

La tangente étant perpendiculaire sur le milieu I de la droite FH, le point I est la projection du foyer F sur la tangente. Joignons ce point au centre O de l'ellipse. La droite OI, qui divise en deux parties égales les côtés FF', FH du triangle F'FH, est parallèle au troisième côté F'H, et en est la moitié; la longueur F'H étant égale au grand axe AA', la distance OI est constante et égale à OA. Donc le lieu du point I est la circonférence de cercle décrite du point O comme centre, avec OA pour rayon.

ELLIPSE.

COROLLAIRE II. *L'ellipse est le lieu des points également distants du foyer F et du cercle décrit de l'autre foyer F' comme centre,*

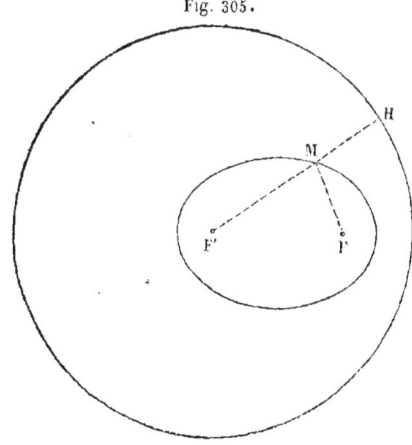

Fig. 305.

avec un rayon égal au grand axe. Si l'on joint les foyers à un point quelconque M de l'ellipse, et si l'on prolonge le rayon vecteur F'M d'une longueur MH égale à MF, on obtient une longueur F'H constante et égale au grand axe ; le lieu du point H est donc la circonférence décrite du foyer F' comme centre avec le grand axe pour rayon. La portion MH du rayon étant le plus court chemin du point M à cette circonférence, on voit que le point M de l'ellipse est également distant du foyer F et de la circonférence. On a donné à ce cercle le nom de *cercle directeur*.

PROBLÈME IV.

Mener une tangente à l'ellipse par un point extérieur P.

Supposons le problème résolu et soit PM (fig. 306) la tangente demandée. Si l'on prolonge F'M d'une longueur MH égale

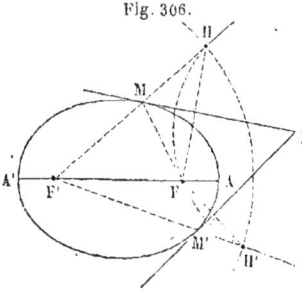

Fig. 306.

à FM, on sait que la tangente PM est perpendiculaire sur le milieu de la droite FH. Il en résulte que la distance PH est égale à PF. La question revient à déterminer le point H. Puisque la droite F'H est égale au grand axe AA', le point H est situé sur la circonférence décrite du foyer F' comme centre avec AA' pour rayon. D'autre part, la distance PH étant égale à PF, le point H est sur la circonférence décrite du point P comme centre avec PF pour rayon ; le point H est donc à l'intersection de ces deux circonférences. On déduit de là la construction suivante :

Du foyer F' comme centre, avec un rayon égal au grand axe, décrivez un cercle. Du point P comme centre, avec un rayon égal à la distance PF de ce point à l'autre foyer, décrivez un second cercle, qui coupera le premier au point H. Joignez FH, et du point P menez une perpendiculaire à la droite FH, vous aurez la tangente demandée. Le point de contact M sera déterminé par l'intersection de la tangente avec la droite F'H.

Les deux cercles se coupent en un second point H' ; en menant de même du point P une perpendiculaire à FH', on aura une seconde tangente PM', dont on déterminera le point de contact M' à l'aide de la droite F'H'.

REMARQUE. Lorsque le point P est extérieur à l'ellipse, les deux circonférences se coupent effectivement en deux points H et H'. En effet, dans le triangle PFF', le côté PF' étant moindre que $PF + FF'$, et à plus forte raison moindre que $PF + AA'$, on voit déjà que la distance des centres PF' est plus petite que la somme des rayons PF et F'H ou AA'. D'autre part, puisque le point P est hors de l'ellipse, on a $PF' + PF > AA'$; si PF est moindre que AA', on en déduit $PF' > AA' - PF$ ou $PF' > F'H - PF$, et la distance des centres est plus grande que la différence des rayons. Si PF est plus grand que AA', dans le triangle PFF', on a $PF < PF' + FF'$, et à plus forte raison $PF < PF' + AA'$, d'où $PF' > PF - AA'$, et la distance des centres est encore plus grande que la différence des rayons. La distance des centres étant plus petite que la somme des rayons, et plus grande que leur différence, les deux circonférences se coupent en deux points (18, II). Il en résulte que d'un point extérieur P on peut toujours mener deux tangentes à l'ellipse, ce qui est d'ailleurs évident à l'inspection de l'ellipse.

Il est à remarquer que ces constructions peuvent être effectuées sans que l'ellipse soit tracée. Il suffit que l'on connaisse les foyers et le grand axe.

ELLIPSE.

Problème V.

Mener à l'ellipse une tangente parallèle à une droite donnée KL.

Supposons le problème résolu, et soit ST la tangente demandée (fig. 307). Si l'on prolonge F'M d'une longueur MH égale à MF, on sait que la tangente est perpendiculaire sur le milieu de FH. On en déduit la construction suivante :

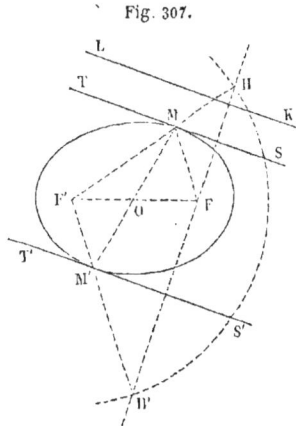

Fig. 307.

Du foyer F' comme centre, avec un rayon égal au grand axe, décrivez un cercle ; par l'autre foyer F menez une droite FH perpendiculaire à la droite donnée KL ; cette droite coupera la circonférence en un point H ; sur le milieu de FH, élevez une perpendiculaire ST, vous aurez la tangente demandée. Le point de contact sera déterminé par l'intersection de la tangente avec la droite F'H.

La droite FH prolongée rencontre la circonférence en un second point H' ; en élevant une perpendiculaire sur le milieu de FH', on obtiendra une seconde tangente S'T', dont on déterminera le point de contact M' par la droite F'H'.

Ainsi on peut toujours mener deux tangentes parallèles à une droite donnée. Les deux points de contact M et M' sont symétriques par rapport au centre O de l'ellipse.

Théorème III.

La section d'un cylindre circulaire droit par un plan quelconque oblique à la base est une ellipse.

Par l'axe CC' du cylindre (fig. 307), menons un plan perpendiculaire au plan sécant ; nous prendrons ce plan pour plan de la

17

figure. Ce plan coupe le cylindre suivant deux génératrices opposées GG′, HH′, et le plan sécant suivant la droite AA′. Dans le

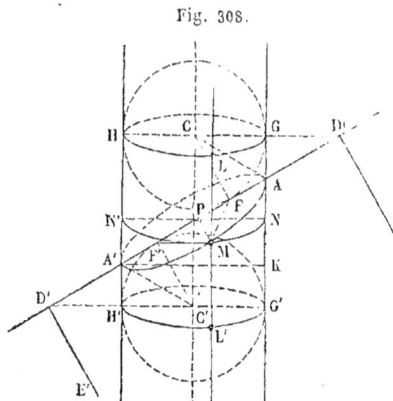
Fig. 308.

plan de la figure, décrivons deux cercles C et C′ tangents à la droite AA′ et aux deux génératrices GG′, HH′ du cylindre; il suffit pour cela de mener les bissectrices des angles A et A′, jusqu'à leur rencontre en C et C′ avec l'axe du cylindre; si du point C comme centre, avec un rayon égal au rayon du cylindre, on décrit un cercle, ce cercle touchera les génératrices en G, H, et la droite AA′ au point F; le cercle décrit du point C′ comme centre touchera de même les génératrices en G′, H′, et la droite AA′ au point F′. Imaginons maintenant que la figure tourne autour de l'axe CC′; la génératrice GG′ engendrera la surface du cylindre, tandis que les deux cercles engendreront deux sphères inscrites dans le cylindre et le touchant intérieurement, la première suivant la circonférence de grand cercle GLH, la seconde suivant la circonférence de grand cercle G′L′H′. En outre, les deux sphères sont tangentes au plan proposé, la première au point F, la seconde au point F′. En effet, le plan de la figure et le plan proposé sont perpendiculaires entre eux; la droite CF, qui est tracée dans le premier plan perpendiculairement à leur intersection AA′, est perpendiculaire au second plan; le plan AMA′, étant perpendiculaire à l'extrémité du rayon CF, est tangent à la sphère C au point F. On verrait de même que ce plan est tangent à la sphère C′ au point F′.

Cela posé, soit AMA′ la courbe suivant laquelle le plan sécant coupe le cylindre; nous allons démontrer que cette courbe est une ellipse ayant pour foyers les points F et F′. Joignons un point quelconque M de cette courbe aux deux foyers; par le point M passe une génératrice LL′ du cylindre, et cette géné-

ELLIPSE.

ratrice touche la sphère supérieure au point L, la sphère inférieure au point L'. Les deux droites MF, ML, tangentes menées du même point M à la sphère C, sont égales (VII, 8); de même, les deux droites MF', ML', tangentes menées du point M à la sphère inférieure, sont égales. Ainsi la somme des rayons vecteurs MF + MF' est égale à ML + ML', c'est-à-dire à la portion LL' de génératrice comprise entre les deux cercles de contact; longueur constante, car dans le mouvement de révolution autour de CC', la génératrice GG' vient coïncider avec LL'. On voit par là que la somme des distances de chacun des points de la courbe aux deux points fixes F et F', est constante et égale à GG'; on en conclut que la courbe est une ellipse ayant pour foyers F et F'.

Corollaire. Considérons la droite DE, intersection du plan sécant et du plan du cercle GLH, suivant lequel la sphère supérieure touche le cylindre. Cette droite jouit d'une propriété remarquable qui lui a fait donner le nom de directrice; c'est que *le rapport des distances de chacun des points de l'ellipse au foyer F et à la directrice correspondante* DE *est constant*. Par le point M menons un plan perpendiculaire à l'axe du cylindre; ce plan coupera le cylindre suivant un cercle NMN'. La droite DE, intersection de deux plans perpendiculaires au plan de la figure, est elle-même perpendiculaire à ce plan, et par suite à la droite AA'; il en est de même de la droite MP, intersection du plan du cercle et du plan sécant. Le rayon vecteur MF étant égal à ML ou à NG, et la perpendiculaire abaissée du point M sur la directrice DE étant égale à PD, le rapport des distances du point M au foyer et à la directrice est exprimé par $\frac{NG}{PD}$; mais, à cause des parallèles PN et GD, ce rapport est égal à celui de AG à AD, rapport constant, puisque ces deux dernières longueurs sont constantes.

Au foyer F correspond la directrice DE; au foyer F' correspond la directrice D'E', droite d'intersection du plan sécant et du plan de contact G'H'.

Du point A' menons la droite A'K perpendiculaire à CC'.

260   NOTIONS SUR QUELQUES COURBES USUELLES.

Nous avons vu que le grand axe AA', ou la somme constante des distances d'un point de l'ellipse aux deux foyers F et F', est égal à GG'. Si l'on retranche de part et d'autre les quantités égales AF et AG, A'F' et A'H' ou KG', il reste des quantités égales FF' et AK. A cause des parallèles GD, A'K, on a

$$\frac{AG}{AD} = \frac{AK}{AA'}.$$

On conclut de là que le rapport constant des distances d'un point quelconque de l'ellipse à un foyer et à la directrice correspondante est égal au rapport de la distance FF' des foyers au grand axe AA', c'est-à-dire à l'excentricité de l'ellipse.

Théorème IV.

Les ordonnées perpendiculaires à l'un des axes de l'ellipse sont proportionnelles aux ordonnées correspondantes du cercle décrit sur cet axe comme diamètre.

Nous avons démontré qu'un plan quelconque oblique à la base coupe un cylindre circulaire droit suivant une ellipse,

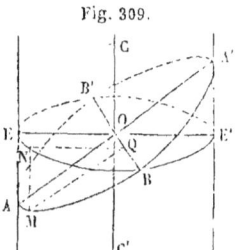

Fig. 309.

dont le grand axe AA' est la trace sur le plan sécant du plan perpendiculaire mené par l'axe CC' du cylindre (fig. 309). Le point O, où le plan sécant rencontre l'axe du cylindre, est le centre de l'ellipse. Si par le centre O on mène un plan perpendiculaire à l'axe du cylindre, ce plan coupera le cylindre suivant un cercle EBE', et le plan sécant suivant la droite BB' perpendiculaire à AA'; cette droite BB' est le petit axe de l'ellipse; on voit qu'elle est égale au diamètre EE' du cylindre.

Toute ellipse peut être considérée comme une section plane d'un cylindre circulaire droit. Que l'on imagine en effet un cylindre circulaire droit d'un diamètre EE' égal au petit axe de l'ellipse; que dans un plan passant par l'axe du cylindre on trace ensuite une droite AA' égale au grand axe de l'ellipse : le plan mené par AA' perpendiculairement au plan précédent, déterminera sur la surface du cylindre une ellipse égale à l'ellipse donnée.

Le cercle EBE' est la projection de l'ellipse ABA' sur le plan de base du cylindre; la perpendiculaire ou ordonnée MQ, abaissée d'un point quelconque de l'ellipse sur le petit axe BB', se projette suivant NQ. Or, les triangles semblables MNQ, AEO, donnent

$$\frac{MQ}{NQ} = \frac{OA}{OE} = \frac{a}{b}.$$

Ainsi le théorème est démontré pour les ordonnées perpendiculaires au petit axe.

La réciproque est évidente ; toute figure jouissant de cette propriété est une ellipse. Concevons en effet que l'on fasse tourner la courbe autour de son petit axe BB', jusqu'à ce que la projection du point A vienne en E ; les ordonnées QM et OA, parallèles dans l'espace, étant réduites dans le même rapport en projection, le point M se projettera en N ; la courbe BAB' aura ainsi pour projection le cercle BEB', et par conséquent elle sera placée sur le cylindre circulaire droit, qui a pour base le cercle BEB' ; en vertu du théorème III, cette courbe est donc une ellipse.

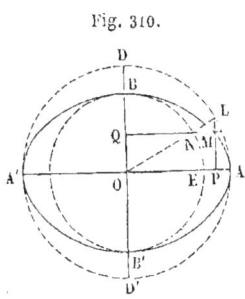

Fig. 310.

On en déduit une manière très-simple de construire l'ellipse par points. Sur les deux axes AA', BB' de l'ellipse, comme diamètres, décrivons des cercles ADA', BEB' (fig. 310) : du centre menons un rayon quelconque OL qui coupe les cercles aux points N et L ; par le point N traçons une parallèle au grand axe, par le point L une parallèle au petit axe ; le point d'intersection M de ces deux droites appartient à l'ellipse. Les triangles semblables LOP, NOQ, donnent en effet

$$\frac{OP}{NQ} = \frac{OL}{ON},$$

262 NOTIONS SUR QUELQUES COURBES USUELLES.

ou
$$\frac{MQ}{NQ} = \frac{a}{b}.$$

On répétera plusieurs fois la même opération, et, quand on aura ainsi déterminé un nombre suffisant de points, on fera passer un trait continu par tous ces points.

Il est aisé de voir sur cette figure que les ordonnées perpendiculaires au grand axe jouissent de la même propriété. Dans les mêmes triangles semblables, on a aussi

$$\frac{OQ}{LP} = \frac{ON}{OL},$$

ou
$$\frac{MP}{LP} = \frac{b}{a}.$$

COROLLAIRE. *La projection d'un cercle sur un plan quelconque est une ellipse.* Imaginons que l'on fasse tourner le plan du cercle ADA' autour du diamètre AA', pour lui donner une certaine inclinaison par rapport au plan de la figure que nous supposons horizontal (fig. 310); le cercle étant amené dans cette position oblique, projetons-le sur le plan horizontal, et soit ABA' la courbe obtenue par cette projection. L'ordonnée PL perpendiculaire à la charnière AA' tourne autour du point P en restant perpendiculaire à cette droite, et le point L se projette en M; de même le point D, extrémité du rayon OD perpendiculaire à AA', se projette en B. On a dans l'espace deux triangles rectangles LPM, DOB semblables, comme ayant leurs côtés parallèles; on en déduit les rapports égaux

$$\frac{MP}{LP} = \frac{OB}{OD} = \frac{b}{a},$$

en désignant par a et b les longueurs OA et OB. Ainsi le rapport d'une ordonnée quelconque MP de la courbe à l'ordonnée correspondante LP du cercle est constant; cette courbe est donc une ellipse, dont AA' est le grand axe et BB' le petit axe.

PARABOLE.

C'est comme projection du cercle que nous avons considéré l'ellipse dans le *Cours de Géométrie descriptive*. Ce point de vue est très-important; il permet, comme nous l'avons expliqué alors, de déduire très-simplement des propriétés du cercle un grand nombre de propriétés de l'ellipse, notamment celles relatives aux tangentes et aux diamètres conjugués.

PARABOLE.

Définition.

La *parabole* est une courbe dont chacun des points est également distant d'un point fixe nommé *foyer* et d'une droite fixe appelée *directrice*.

Problème VI.

Construire la parabole par points.

Soit F le foyer, DD' la directrice (fig. 311); menez par le foyer une droite DB perpendiculaire à la directrice; le point A, mi-

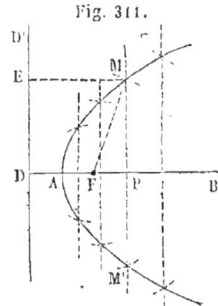
Fig. 311.

lieu de FD, est un premier point de la parabole. Tracez une série de droites parallèles à la directrice, à une distance plus grande que AD. Soit P le point où l'une d'elles rencontre la droite DB; du foyer F, avec une ouverture de compas égale à DP, décrivez un cercle qui coupera la parallèle en deux points M et M', appartenant à la parabole. Car la perpendiculaire ME abaissée du point M sur la directrice est égale à DP, et, par suite, au rayon MF; le point M, étant également distant du foyer et de la directrice, est un point de la parabole.

Répétez cette même construction pour chaque parallèle, et quand vous aurez déterminé ainsi un nombre suffisant de points, vous ferez passer à la main, avec un crayon, un trait continu par tous ces points.

264   NOTIONS SUR QUELQUES COURBES USUELLES.

REMARQUES. La droite DB, menée par le foyer perpendiculairement à la directrice, est un axe de la parabole ; car, d'après la construction, la corde MM' est perpendiculaire sur DB et divisée au point P en deux parties égales. Si donc on fait tourner la partie supérieure de la parabole autour de la droite DB, pour la rabattre de l'autre côté, la droite PM s'appliquera sur PM', le point M en M'. Comme il en est de même pour tous les points deux à deux, on voit que la partie supérieure coïncidera exactement avec la partie inférieure. Donc la droite DB est *axe* de la parabole.

Le point A, milieu de FD, est le *sommet* de la parabole.

On appelle *rayon vecteur* la droite FM, qui va du foyer à un point quelconque de la courbe.

La parabole n'est pas une courbe fermée comme l'ellipse ; elle se compose de deux branches qui se prolongent indéfiniment. La forme et les dimensions de la parabole dépendent de la distance du foyer à la directrice, distance que l'on appelle *paramètre* de la parabole ; quand cette distance est très-petite, les deux branches de la parabole sont très-rapprochées l'une de l'autre. Elles s'écartent et la parabole s'ouvre d'autant plus que ce paramètre est plus grand.

PROBLÈME VII.

Tracer la parabole d'un mouvement continu.

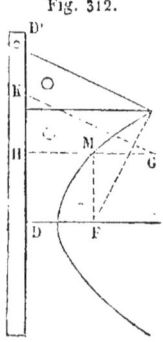

Fig. 312.

On peut aussi tracer la parabole d'un mouvement continu. Placez une règle sur la directrice DD' (fig. 312) ; appliquez contre la règle une équerre GHK ; au sommet G attachez un fil d'une longueur égale au côté GH de l'équerre, l'autre extrémité étant attachée au foyer F ; tendez le fil contre l'équerre avec un crayon, puis faites glisser l'équerre le long de la règle, et, en même temps, le crayon le long de l'équerre de manière à tenir le fil constamment tendu ; vous décrirez un arc de parabole. En effet, soit M le point où se trouve le crayon quand l'équerre occupe la position GHK; la longueur du fil ou la ligne brisée GM + MF étant égale au côté GH de l'équerre, la distance MF égale MH, et, par conséquent, le point M appartient à la parabole.

Théorème V.

Tout point intérieur à la parabole est plus rapproché du foyer que de la directrice ; tout point extérieur est, au contraire, plus rapproché de la directrice que du foyer.

Considérons d'abord un point N (fig. 313) situé à l'intérieur, c'est-à-dire entre les deux branches de la parabole; joignons-le au foyer et abaissons de ce point une perpendiculaire NE sur la directrice. Cette perpendiculaire rencontre la courbe en un point M que nous joignons au foyer. Le point M appartenant à la parabole, les distances MF et ME sont égales. Mais la ligne droite NF est plus courte que la ligne brisée NM + MF; si l'on remplace MF par son égale ME, on voit que la distance NF est plus petite que NE. Ainsi le point intérieur N est plus près du foyer que de la directrice.

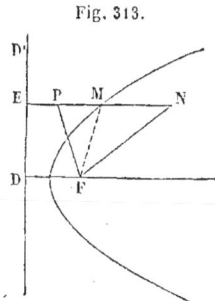

Fig. 313.

Considérons maintenant un point extérieur P, situé entre la courbe et la directrice. Joignons-le au foyer et abaissons sur la directrice une perpendiculaire PE que nous prolongerons jusqu'à sa rencontre en M avec la courbe. Le point M appartenant à la parabole, les distances MF et ME sont égales; la ligne droite MF ou son égale ME est plus courte que la ligne brisée MP + PF, si l'on retranche MP de part et d'autre, on voit que PE est plus courte que PF. Ainsi le point extérieur P est plus près de la directrice que du foyer.

Lorsque le point P est situé à gauche de la directrice, il est évidemment plus près de la directrice que du foyer.

COROLLAIRE. Les réciproques sont vraies. Lorsqu'un point est plus rapproché du foyer que de la directrice, il est situé à l'in-

266   NOTIONS SUR QUELQUES COURBES USUELLES.

térieur de la parabole. Au contraire, lorsqu'un point est plus rapproché de la directrice que du foyer, il est situé à l'extérieur de la parabole.

Théorème VI.

La tangente à la parabole fait des angles égaux avec la parallèle à l'axe et le rayon vecteur menés par le point de contact.

Prenons sur la parabole deux points voisins M et M' (fig. 314) que nous joindrons au foyer et desquels nous abaisserons des per‑

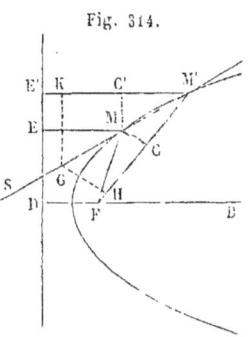

Fig. 314.

pendiculaires ME, M'E', sur la directrice. Du foyer F comme centre, avec FM pour rayon, décrivons un arc de cercle MC, et par le point M menons une parallèle MC' à la directrice. La longueur M'C est la différence des deux rayons vecteurs FM et FM'; c'est l'accroissement qu'éprouve le rayon vecteur FM quand on passe du point M au point M'. De même la longueur M'C' est la différence des deux perpendiculaires ME et M'E'; c'est l'accroissement qu'éprouve la perpendiculaire ME quand on passe du point M au point M'. Comme le rayon vecteur FM reste constamment égal à la perpendiculaire ME, il en résulte que les deux accroissements M'C et M'C' sont égaux entre eux.

Menons la sécante MS par les deux points M et M' et traçons la corde MC dans le cercle décrit du foyer comme centre. Sur la sécante portons une longueur arbitraire MG, et, par le point G, menons GH parallèle à MC et GK parallèle à MC'. A cause des parallèles, on a les rapports égaux

$$\frac{M'C}{M'H} = \frac{M'M}{M'G} = \frac{M'C'}{M'K};$$

puisque les deux longueurs M'C et M'C' sont égales, les deux longueurs M'H et M'K, qui leur sont proportionnelles, sont aussi égales.

Supposons maintenant que le point M' se rapproche indéfiniment du point M; la sécante MS tendra vers la tangente MT à la parabole; la corde MC prolongée tendra de même vers la tangente au cercle, qui est perpendiculaire au rayon FM; la parallèle GH prendra de même une direction perpendiculaire à FM, et, comme FM' coïncidera avec FM, l'angle H deviendra droit. On voit par là que les deux triangles M'GH, M'GK,

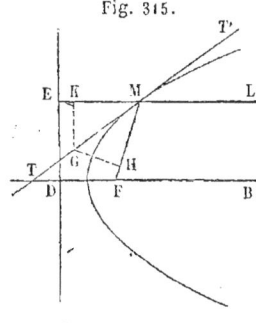

Fig. 315.

deviendront à la limite deux triangles rectangles MGH, MGK (fig. 315); ces deux triangles rectangles, ayant l'hypoténuse MG commune, et les côtés MH et MK égaux entre eux comme limites des longueurs égales M'H et M'K, sont égaux; d'où l'on conclut l'égalité des deux angles GMH, GMK. Ainsi la tangente MT à la parabole est bissectrice de l'angle FME, formé par le rayon vecteur MF et la perpendiculaire ME abaissée du point de contact sur la directrice. Si l'on prolonge EM suivant ML, les deux angles GMK, T'ML, étant égaux comme opposés par le sommet, on voit que les deux angles TMF, T'ML, formés par la tangente avec le rayon vecteur et la parallèle ML à l'axe, sont égaux.

COROLLAIRE I. Supposons qu'une lumière soit placée au foyer F (fig. 316) de la parabole; les rayons lumineux, partant du foyer F, se réfléchissent sur la parabole en faisant un angle de réflexion égal à l'angle d'incidence. Soit FM l'un de ces rayons; menez la tangente TT' à la parabole en ce point; le rayon réfléchi, devant faire un angle LMT' égal à FMT, sera parallèle à l'axe AB de la parabole. Ainsi tous les rayons réfléchis sortiront parallèles à l'axe.

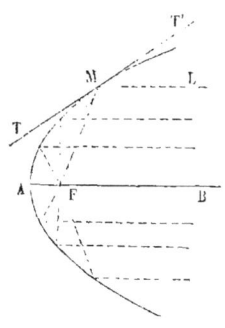

Fig. 316.

C'est d'après ce principe que l'on construit les réflecteurs employés dans les réverbères et les lanternes des voitures. La

surface intérieure, en métal bien poli, est engendrée par une parabole tournant autour de son axe; la lumière est placée au foyer; les rayons lumineux, après leur réflexion, devenant tous parallèles à l'axe, le réflecteur projette un faisceau de rayons parallèles qui se propagent sans se disperser et qui éclairent à une grande distance.

Corollaire II. Supposons au contraire que des rayons lumineux, parallèles à l'axe, tombent sur un miroir parabolique; après leur réflexion, ils iront tous converger au foyer.

On emploie les miroirs paraboliques dans la construction des télescopes; l'axe est dirigé vers l'astre; les rayons lumineux venant de l'astre se réfléchissent sur le miroir, et forment au foyer une image très-brillante de l'astre.

On emploie aussi la forme parabolique dans la construction des porte-voix et des cornets acoustiques.

Problème VIII.

Mener une tangente par un point M donné sur la parabole.

Première méthode. Soit T (fig. 317) le point où la tangente rencontre le prolongement de l'axe, ME la perpendiculaire abaissée du point M sur la directrice. On sait que la tangente est bissectrice de l'angle FME; l'angle FTM étant égal à l'angle alterne-interne TME, et par suite à l'angle FMT, il en résulte que le triangle TFM est isocèle, et les deux côtés FM et FT égaux entre eux.

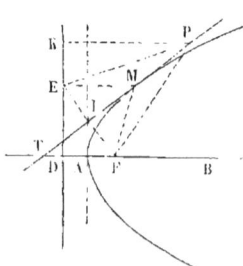

Fig. 317.

Ainsi, pour construire la tangente au point M, il suffit de porter sur l'axe une longueur FT égale au rayon vecteur FM et de joindre TM.

Cette méthode ne convient pas quand le point M est très-voisin du sommet A de la parabole, parce que les deux points

PARABOLE.

M et T, étant alors très-rapprochés l'un de l'autre, ne déterminent pas la tangente avec une assez grande précision. Dans ce cas on emploiera de préférence la méthode suivante.

Deuxième méthode. La tangente MT, divisant en deux parties égales l'angle au sommet M du triangle isocèle FME, est perpendiculaire sur le milieu de la base FE.

Ainsi, pour construire la tangente, il suffit d'abaisser du point M une perpendiculaire ME sur la directrice, et d'abaisser du point M une perpendiculaire sur la droite FE.

Il résulte de cette construction que la tangente au sommet A de la parabole est perpendiculaire à l'axe de la parabole.

Remarque. Il est bon de remarquer que tous les points de la tangente, excepté le point de contact M, sont situés hors de la parabole. Soit P un point quelconque de la tangente ; la tangente étant perpendiculaire sur le milieu de FE, les distances PF, PE sont égales ; mais l'oblique PE est plus grande que la perpendiculaire PK ; donc la distance PF est plus grande que PK, et par suite le point P est hors de la parabole.

Corollaire. *Le lieu des projections du foyer sur la tangente à la parabole est la tangente au sommet.* On voit en effet que le point I, milieu de FE et projection du foyer sur la tangente, se trouve sur la parallèle à la directrice, menée par le point A, milieu de FD, c'est-à-dire sur la tangente au sommet A.

Problème IX.

Mener une tangente à la parabole par un point extérieur P.

Supposons le problème résolu et soit PM (fig. 318) la tangente demandée. Si l'on abaisse du point M une perpendiculaire ME sur la directrice et si l'on joint FE, on sait que la tangente PM est perpendiculaire sur le milieu de FE ; il en résulte que la distance PE est égale à PF, et l'on en déduit la construction suivante.

270 NOTIONS SUR QUELQUES COURBES USUELLES.

Du point P comme centre, avec un rayon égal à la distance PF de ce point au foyer, décrivez un cercle qui coupera la directrice au point E. Joignez FE, et du point P menez une perpen-

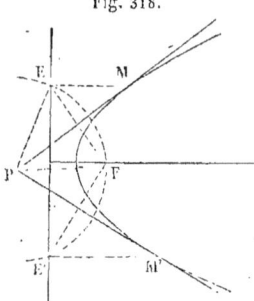

Fig. 318.

diculaire sur la droite FE, vous aurez la tangente demandée. Le point de contact M sera déterminé par l'intersection de la tangente avec une parallèle à l'axe menée par le point E.

Le cercle coupe la directrice en un second point E'. On mènera de même du point P une perpendiculaire sur FE' et l'on aura une seconde tangente PM'.

Ces constructions peuvent être effectuées sans que la parabole soit tracée. Il suffit que l'on connaisse le foyer et la directrice.

Lorsque le point P est extérieur à la parabole, le cercle décrit du point P comme centre, avec PF pour rayon, coupe la directrice en deux points E, E', ce qui donne deux tangentes PM, PM'. Et, en effet, le point P, étant à l'extérieur de la parabole, sa distance à la directrice est moindre que sa distance au foyer, c'est-à-dire moindre que le rayon du cercle.

PROBLÈME X.

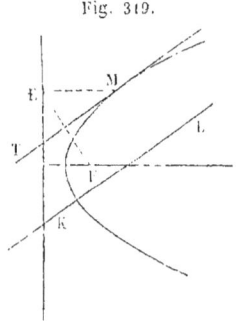

Fig. 319.

Mener à la parabole une tangente parallèle à une droite donnée KL.

Supposons le problème résolu et soit MT la tangente demandée. Si du point de contact M on abaisse une perpendiculaire ME sur la directrice et que l'on joigne FE, on sait que la tangente est perpendiculaire sur le milieu de FE. On en déduit la construction suivante :

Du foyer F abaissez une perpendiculaire sur la droite donnée KL jusqu'à sa rencontre avec la directrice en E, et sur le milieu de FE élevez une perpendiculaire MT, vous aurez la tangente demandée. On déterminera le point de contact M en menant par le point E une parallèle EM à l'axe.

Théorème VII.

Dans la parabole la sous-normale est constante.

Menons par le point M (fig. 320) une perpendiculaire MN à la tangente MT, nous aurons la normale. Du point M abaissons une perpendiculaire MP sur l'axe, la portion PN de l'axe s'appelle *sous-normale*.

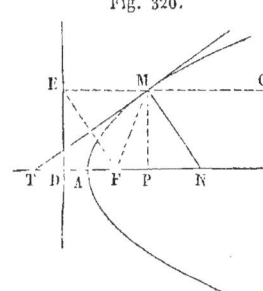

Fig. 320.

La droite FE, perpendiculaire à la tangente, est parallèle à la normale MN; donc la figure FNME est un parallélogramme, et les côtés opposés FN et ME sont égaux. Mais ME égale PD; donc les deux longueurs FN et PD sont égales; si l'on retranche de part et d'autre la partie commune FP, il reste deux longueurs égales PN et FD. On conclut de là que la sous-normale PN est constante et égale à la distance FD du foyer à la directrice, c'est-à-dire au paramètre de la parabole.

Corollaire. Puisque la tangente MT est bissectrice de l'angle FME, la normale est bissectrice de l'angle adjacent FMC. L'angle FNM, égal à l'angle alterne-interne NMC, est égal à FMN; le triangle FMN est isocèle, et le côté FN est égal à FM. Mais on sait que FT égale FM; on en conclut que les trois distances FT, FM, FN, sont égales.

Si, des deux longueurs égales FN et FT, on retranche les longueurs égales PN et FD, il reste les longueurs égales FP et DT; en ajoutant les longueurs égales AF et AD, on a encore les longueurs égales AP et AT; on en conclut que la *sous-tangente* TP est double de AP.

Théorème VIII.

Le carré d'une corde MM′, *perpendiculaire à l'axe, est proportionnel à la distance* AP *de cette corde au sommet.*

Dans le triangle rectangle TMN (fig. 321), la perpendiculaire MP, abaissée du sommet de l'angle droit sur l'hypoténuse, est moyenne proportionnelle entre les deux segments de l'hypoténuse, et l'on a

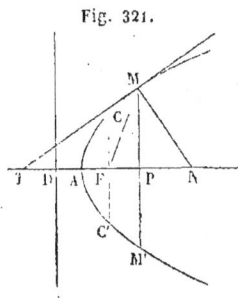

Fig. 321.

$$\overline{MP}^2 = PN \times TP.$$

Nous avons vu que la sous-normale PN est égale au paramètre p de la parabole, et que la sous-tangente TP est double de la distance AP. On a donc

$$\overline{MP}^2 = 2p \times AP.$$

Le carré de la corde entière étant quatre fois plus grand que celui de sa moitié, il vient

$$\overline{MM'}^2 = 8p \times AP;$$

d'où l'on déduit

$$\frac{\overline{MM'}^2}{AP} = 8p.$$

Ainsi, le rapport du carré de la corde MM′ à la distance AP est constant; en d'autres termes, le carré de la corde est proportionnel à sa distance au sommet.

Corollaire. Il résulte de ce théorème que la corde croît proportionnellement à la racine carrée de sa distance au sommet. Si cette distance devient 4 fois plus grande, la corde devient double; si la distance devient 9 fois plus grande, la distance devient triple, etc. Considérons en particulier la corde CC′, menée par le foyer F perpendiculairement à l'axe; la distance au sommet étant ici égale à AF, ou à $\frac{p}{2}$, on a

$$\overline{CC'}^2 = 8p \times \frac{p}{2} = 4p^2;$$

PARABOLE.

d'où l'on déduit
$$CC' = 2p.$$

Ainsi la corde CC', menée par le foyer, est double du paramètre ; elle mesure en quelque sorte l'ouverture de la parabole.

La moitié CF de cette corde est égale au paramètre FD.

Théorème IX.

La parabole est la limite d'une ellipse dont l'un des foyers et le sommet voisin restent fixes, tandis que le grand axe augmente indéfiniment.

Nous avons vu que l'ellipse est le lieu des points également distants du foyer F et du cercle décrit de l'autre foyer F' comme

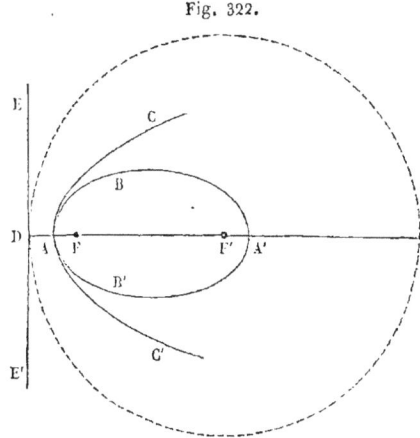

Fig. 322.

centre avec un rayon F'D égal au grand axe. Supposons maintenant que, les points F et D restant fixes, le grand axe augmente indéfiniment; les points F' et A' s'éloigneront de plus en plus sur la droite DA'; la circonférence du cercle directeur se changera en une droite EE' perpendiculaire à DA'; en même temps l'arc BAB' d'ellipse voisin du sommet A tendra vers un arc de parabole CAC'; car chacun des points de cette courbe sera alors également distant du foyer F et de la directrice DE. La partie de l'ellipse voisine du sommet A' disparaît à l'infini.

Remarque. Cette transformation de l'ellipse en parabole a une grande importance. Elle permet de déduire des propriétés de l'ellipse celles de la parabole comme cas particuliers. Ainsi nous avons vu, dans le Cours de Géométrie descriptive, que dans l'ellipse le diamètre, ou le lieu du milieu d'une série de cordes parallèles, est une droite passant par le centre; si l'on suppose que le centre s'éloigne à l'infini, l'ellipse se change en parabole, et les diamètres deviennent parallèles à l'axe.

Cette considération est aussi d'un usage fréquent en astronomie. Les planètes et les comètes décrivent autour du soleil des ellipses dont le soleil occupe l'un des foyers. Les ellipses décrites par les planètes sont très-arrondies et diffèrent très-peu de cercles, c'est-à-dire que leur excentricité est très-petite. Les comètes, au contraire, décrivent des ellipses très-allongées. Nous ne voyons les comètes que dans la portion de leur cours voisine du soleil. On assimile cet arc d'ellipse à un arc de parabole.

HÉLICE.

Définition.

1° Si, sur un cylindre droit à base circulaire, on enroule un plan, une droite quelconque tracée dans ce plan engendrera sur la surface du cylindre une courbe que l'on nomme *hélice*.

Supposons qu'un côté AK (fig. 323) du rectangle AKGH coïncide avec une arête du cylindre, et que l'on enroule le plan du rectangle sur le cylindre; le côté AH s'enroulera une ou plusieurs fois sur la circonférence de la base inférieure, tandis que le côté KG s'enroulera sur la circonférence supérieure; en même temps la diagonale AG engendrera l'hélice.

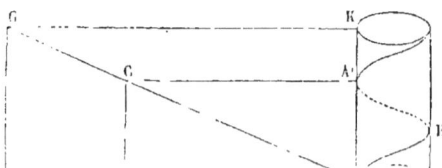

Fig. 323.

2° L'hélice se compose de *spires* égales, telles que AEA', qui se succèdent les unes aux autres sur la surface du cylindre.

HÉLICE.   275

Prenons la longueur AB égale à la circonférence du cylindre. Après un tour entier, la droite AB s'enroulant sur le cercle de base, la droite BC se placera sur l'arête AK du cylindre, le point C au point A', et la portion AC, de diagonale donnera naissance à la première spire AEA'.

Si l'on suppose la diagonale AC indéfiniment prolongée ainsi que le cylindre, une seconde portion égale à AC donnera naissance à la seconde spire, et ainsi de suite.

3° Au lieu de prolonger indéfiniment la diagonale AC (fig. 324), pour former les spires successives, on peut opérer de la manière suivante : soit ABCA' un rectangle dans lequel le côté AB est égal à la circonférence du cylindre ; la diagonale AC engendre la première spire AEA' de l'hélice.

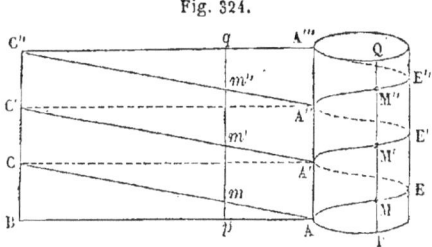

Fig. 324.

Prenons sur l'arête du cylindre des longueurs A'A'', A''A''', ..., égales à AA', et formons les rectangles A'CC'A'', A''C'C''A''', ..., égaux au rectangle ABCA'; dans l'enroulement du plan sur le cylindre, la diagonale A'C' engendrera la seconde spire A'E'A'', de même la diagonale A''C'' la troisième spire A''E''A''', etc. Car, il est visible que le prolongement de la diagonale AC occupe la position A'C', quand le plan du rectangle a accompli un tour sur le cylindre, et de même la position A''C'' après un second tour. De cette manière on obtient toutes les spires en un seul tour.

Théorème X.

La portion MM' de génératrice, comprise entre deux spires consécutives, est constante.

Soient m et m' les points où une droite quelconque pq parallèle à AA''' rencontre les deux diagonales AC, A'C' (fig. 324). Quand on enroule le plan sur le cylindre, le côté Ap s'enroule sur l'arc égal AP du cercle de base, la ligne pq s'applique sur la génération PQ du cylindre, et les points m et m' donnent les points M et M' de l'hélice. La portion MM' de génératrice, comprise entre deux spires successives, est la même que mm'; mais cette dernière longueur est toujours égale à AA', à cause du parallélogramme Amm'A'; on en conclut que la longueur MM' est constante et égale à AA'.

Cette longueur constante MM', égale à AA', est ce que l'on nomme le *pas* de l'hélice.

Corollaire. La portion de génératrice M'M", comprise entre les deux spires suivantes, est aussi égale à A'A" ou à AA'; elle est la même que MM'. Ainsi les génératrices du cylindre sont divisées par l'hélice en parties égales.

Remarque I. L'arc d'hélice AM se projette sur la base du cylindre suivant l'arc de cercle AP. Les deux arcs proviennent des droites Am et Ap, enroulées sur le cylindre. Mais les triangles semblables Apm, ABC, donnent les rapports égaux

$$\frac{Am}{Ap} = \frac{AC}{AB}.$$

Ainsi, le rapport de l'arc d'hélice AM à sa projection AP sur la base du cylindre est constant; en d'autres termes, l'arc d'hélice AM croît proportionnellement à l'arc de cercle AP.

Remarque II. Supposons que la base du cylindre repose sur un plan horizontal et par conséquent que les génératrices du cylindre soient verticales. Si, partant du point A, on marche le long de l'hélice, quand on sera arrivé en M, on se sera élevé de la quantité MP au-dessus du plan horizontal. Mais la ligne MP est la même que mp, et les triangles semblables donnent les rapports égaux

$$\frac{mp}{Ap} = \frac{BC}{AB}.$$

Il en résulte que l'élévation MP croît proportionnellement à la projection horizontale AP du chemin parcouru, c'est-à-dire que

HÉLICE. 277

la pente sur l'hélice est constante. Cette pente est le rapport du pas de l'hélice AA' à la circonférence du cylindre.

La pente est très-faible quand l'hélice a un pas très-petit; elle augmente avec le pas.

Théorème XI.

La tangente à l'hélice fait avec la génératrice du cylindre un angle constant.

Inscrivons dans le cylindre un prisme régulier, et prenons sur AB (fig. 325) des longueurs Ap, pp'... égales aux côtés AP, PP'... du polygone régulier.

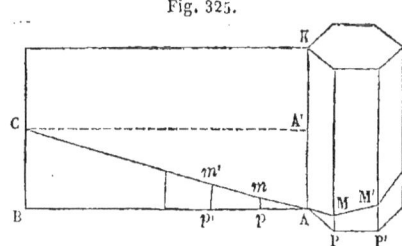

Fig. 325.

Si l'on enroule le plan du rectangle sur le prisme, le triangle Amp se place en AMP, le trapèze $mpp'm'$ en MPP'M', etc., et la ligne droite AC donne ainsi naissance à la ligne brisée AMM'... sur la surface du prisme. Les angles AMP, MM'P',... sont les mêmes que Amp, $mm'p'$,... Ces derniers étant égaux entre eux, les premiers le sont aussi. Ainsi, tous les éléments de la ligne brisée font le même angle avec les arêtes latérales du prisme.

Cette propriété subsiste, si grand que soit le nombre des côtés du polygone régulier. Le prisme ayant pour limite le cylindre, la ligne brisée AMM'... a pour limite une hélice tracée sur la surface du cylindre. Si l'on imagine prolongé indéfiniment de part et d'autre un côté quelconque MM' de la ligne brisée, cette droite tournera autour du point M, supposé fixe, et deviendra, à la limite, tangente à l'hélice au point M. Il en résulte que les tangentes à l'hélice font le même angle avec les génératrices du cylindre. Cet angle constant est égal à ACB ou à CAK.

Corollaire. Le côté MM' de la ligne brisée a pour projection sur le plan de la base le côté correspondant PP' du polygone de base; le côté MM' se confondant avec la tangente à l'hélice au point M, tandis que PP' se confond avec la tangente au cercle au point P, il en résulte que la tangente MT à l'hélice a pour projection sur le plan de la base la tangente PT au cercle (fig. 326).

Fig. 326.

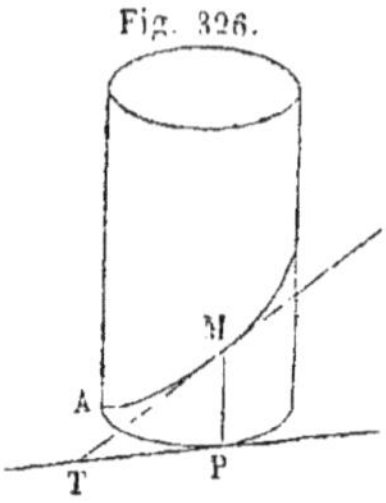

Soit T le point où la tangente à l'hélice perce le plan de la base, ce point appartient aussi à la tangente au cercle. Si l'on fait rouler le triangle rectangle PMT sur le cylindre, l'hypoténuse MT engendrera l'hélice MA ; la droite PT s'enroulera sur le cercle et le point T viendra en A. Dans le triangle rectangle MPT, l'angle PMT est constant, ainsi que l'angle MTP. Le côté PT est égal à l'arc de cercle PA rectifié, et le côté MT à l'arc MA d'hélice.

Problème XI.

Construire la projection de l'hélice et de la tangente, sur un plan perpendiculaire à la base du cylindre.

Prenons pour plan horizontal de projection le plan de la base du cylindre, et pour plan vertical un plan parallèle au plan vertical passant par l'axe du cylindre et l'origine a de l'hélice (fig. 327). La droite qui, s'enroulant sur le cylindre, produit l'hélice est AS. Il faut d'abord rectifier, c'est-à-dire développer en ligne droite la circonférence de base. Pour cela, on divise cette circonférence en un assez grand nombre de parties égales pour que chacun des arcs puisse être considéré comme une petite ligne droite, et, avec une ouverture de compas égale à la corde, on porte ces arcs à la suite les uns des autres sur la droite AG. Il suffit dans la pratique de diviser la circonférence en douze parties égales. Voici comment on procède : après avoir tracé les deux diamètres perpendiculaires *ag* et *di*, l'un parallèle à la ligne de terre LT, l'autre perpendiculaire, on porte le rayon sur la circonférence à partir du point a, ce qui la divise d'abord en six parties égales; on observe que l'arc cd,

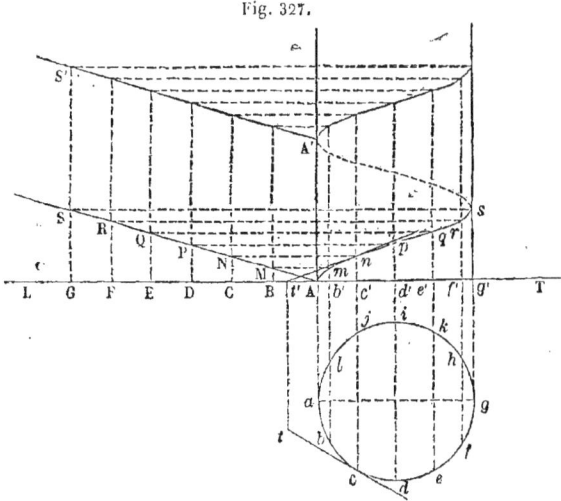

Fig. 327.

moitié de ce, est la douzième partie de la circonférence, et, avec une ouverture de compas égale à la corde cd, on porte douze fois cette corde sur la circonférence.

On porte ensuite cette même longueur douze fois successivement sur la droite AG; la circonférence différant très-peu du dodécagone régulier inscrit, on regardera cette droite comme le développement de la circonférence. Nous n'avons porté ici que six fois l'arc ab, afin de ne pas donner à la figure une trop grande étendue. La droite AG représente donc la demi-circonférence adg.

Par les points B, C, D, E, F, G, élevons des perpendiculaires à la ligne de terre LT jusqu'à leur rencontre avec la droite AS. Quand on enroule le plan du triangle sur le cylindre, le point A étant en a, le point B vient en b, et la droite BM s'applique sur une arête verticale du cylindre; il est clair que cette arête se projette en vraie grandeur sur le plan vertical suivant $b'm$. Pour déterminer la projection m du point M de l'hélice, il suffit donc de mener par le point b une perpendiculaire à la ligne de terre,

280   NOTIONS SUR QUELQUES COURBES USUELLES.

et par le point M une parallèle M*m* à la ligne de terre ; l'intersection est le point *m*.

On déterminera de même la projection *n* du point N de l'hélice, en menant par le point *c* une perpendiculaire, et par le point N une parallèle, à la ligne de terre. L'arête CN se projette en vraie grandeur suivant *c'n*.

On obtiendra ainsi les projections des différents points de l'hélice. En faisant passer un trait continu par tous ces points, on aura la projection de l'hélice sur le plan vertical.

Il est facile de construire la projection de la tangente à l'hélice. On demande, par exemple, la tangente au point qui a pour projections, *c* sur le plan horizontal, *n* sur le plan vertical. Menons la tangente *ct* au cercle en *c*, nous aurons la projection horizontale de la tangente à l'hélice. Soit *t* la trace horizontale de la tangente à l'hélice. On sait que la longueur *ct* est égale à l'arc de cercle *ca* rectifié ; on portera donc sur la tangente au cercle, à partir du point *c*, une longueur *ct* égale à AC, et l'on aura la trace horizontale *t* de la tangente à l'hélice.

Cette trace se projette en *t'* sur le plan vertical ; si l'on joint *nt'*, on aura la projection verticale de la tangente à l'hélice. Cette projection verticale *nt'* de la tangente est elle-même tangente à la projection de la courbe.

Au point *s* de l'hélice, la tangente, ayant pour projection horizontale la droite *gg'*, qui est perpendiculaire à la ligne de terre, aura pour projection verticale la droite *g's*, qui est aussi perpendiculaire à la ligne de terre. De même, au point A et au point A', la tangente a pour projection verticale la droite AA'.

Au point *p*, la tangente à l'hélice, étant parallèle au plan vertical, se projette en vraie grandeur sur le plan vertical, et l'angle qu'elle fait avec les génératrices du cylindre se conserve en projection.

EXERCICES.

1. Les tangentes menées à une ellipse par un même point sont également inclinées sur les droites qui joignent ce point au foyer, et la droite qui joint ce point à l'un des foyers est bissectrice de l'angle des rayons vecteurs qui vont de ce point aux points de contact des deux tangentes.

2. Le produit des distances des deux foyers de l'ellipse à chaque tangente est constant.

3. Construire une ellipse connaissant : 1° un foyer et trois tangentes; 2° un foyer, deux tangentes et un point; 3° un foyer, deux tangentes et le point de contact de l'une d'elles; 4° un foyer, une tangente et son point de contact, et un point de la courbe; 5° un foyer et trois points; 6° un sommet, un foyer et un point.

4. Trouver avec la règle et le compas les points d'intersection d'une droite donnée et d'une ellipse dont on connaît les foyers et le grand axe.

5. Lieu géométrique des projections des points F, F' sur les tangentes menées d'un même point P à une infinité d'ellipses ayant pour foyers ces deux points F, F'.

6. Lieu des foyers des ellipses qui ont même centre, sont tangentes à une même droite, et ont leurs grands axes égaux.

7. Lieu décrit par un point d'une droite de longueur constante dont les extrémités glissent sur deux droites rectangulaires.

8. Lieu décrit par un point d'une droite égale au rayon, dont les extrémités glissent sur une circonférence et sur un diamètre donnés.

9. Étant donnés un cercle et un diamètre AB, par un point C quelconque pris sur AB, on élève une perpendiculaire à AB, elle coupe le cercle en D; on prolonge CD d'une longueur DE égale à AC; lieu des points E.

10. Étant donnés deux points fixes A, B; on prend sur la droite AB un point C quelconque, sur AC comme diamètre on décrit une circonférence, elle rencontre en D une perpendiculaire menée par B à la droite AB. On achève le rectangle DBCE; lieu des points E.

11. Les tangentes menées d'un même point à une parabole sont également inclinées sur la droite qui joint ce point au foyer, et une parallèle à l'axe menée par ce point. La droite qui joint ce point au foyer est bissectrice de l'angle des rayons vecteurs qui vont du foyer aux deux points de contact.

12. Lieu des sommets des angles droits circonscrits à une parabole.

13. Construire une parabole connaissant : 1° le foyer et deux tangentes; 2° le foyer, une tangente et le point de contact; 3° le foyer, une tangente et un point; 4° le foyer et deux points.

14. Mêmes problèmes en remplaçant le foyer par la directrice.

15. Construire avec la règle et le compas les points d'intersection d'une droite donnée et d'une parabole définie par son foyer et sa directrice.

16. Une sécante coupe une parabole ayant pour foyer le point F en deux points M et M', et la directrice de cette parabole au point T, démontrer que la ligne FT est bissectrice de l'un des angles formés par les droites FM et FM'.

(Concours 1855.)

17. Trouver les points d'intersection de deux paraboles connaissant le foyer et la directrice de chaque parabole, et sachant que l'axe de la première est en ligne droite avec l'axe de la seconde. *(Concours 1856.)*

18. Mener par un point de l'axe d'une parabole deux normales à la courbe faisant entre elles un angle donné.

(Concours 1857.)

QUATRIÈME PARTIE.

COMPLÉMENT.

ANGLES TRIÈDRES.

On sait qu'un angle *trièdre* est la figure formée par trois plans qui se coupent en un même point.

Nous avons donné à la fin du livre V les propriétés les plus élémentaires de l'angle trièdre. Nous avons démontré (27, V) que dans un angle trièdre une face quelconque est moindre que la somme des deux autres.

Nous avons vu également que, quand on prolonge de l'autre côté du sommet les trois arêtes d'un angle trièdre, on forme un second trièdre composé des mêmes éléments que le premier, mais disposés en ordre inverse. Les faces sont les mêmes de part et d'autre, ainsi que les angles dièdres; mais, à cause de la différence de disposition, les deux trièdres ne peuvent coïncider : on les a nommés pour cette raison trièdres symétriques.

Nous allons reprendre, pour la compléter, la théorie des angles trièdres.

Théorème 1.

La somme des angles plans qui forment un angle polyèdre convexe est toujours moindre que quatre angles droits.

On dit qu'un polygone plan est *convexe*, lorsqu'il est situé tout entier d'un même côté, par rapport à chacun de ses côtés indéfiniment prolongé. De même un angle polyèdre est convexe lorsqu'il est situé tout entier d'un même côté par rapport au plan de chacune des faces indéfiniment prolongé. Il est clair que tout angle trièdre est convexe.

Considérons l'angle polyèdre convexe pentagonal S (fig. 328). Imaginons par le sommet un plan qui laisse d'un même côté toutes les arêtes; il est clair qu'un plan MN parallèle à ce plan rencontrera toutes les arêtes d'un même côté du sommet. Ce plan MN coupera l'angle polyèdre suivant un polygone convexe ABCDE ; car, l'angle polyèdre étant situé tout entier d'un même côté par rapport à chacune de ses faces, le polygone est situé aussi tout entier par rapport à chacun de ses côtés.

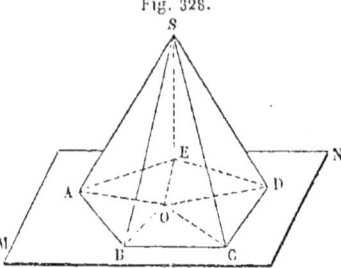

Fig. 328.

Nous avons cinq triangles qui ont pour sommet commun le point S, et pour bases les côtés du polygone ABCDE. Prenons un point O dans l'intérieur de ce polygone, et joignons-le aux différents sommets, nous formerons cinq triangles ayant pour sommet commun le point O, et pour bases les côtés du polygone ABCDE. Il est aisé de voir que la somme des angles à la base des triangles disposés autour du point O est moindre que la somme des angles à la base des triangles disposés autour du point S. En effet, dans le trièdre qui a pour sommet le point B, la face ou l'angle plan ABC est moindre que la somme des deux autres ABS, CBS; de même, dans le trièdre C, la face BCD est moindre que la somme des deux autres BCS, DCS, et ainsi de suite. Si l'on fait l'addition, on voit que la somme des angles du polygone ABCDE, c'est-à-dire la somme des angles à la base des triangles disposés autour du point O, est moindre que la somme des angles à la base des triangles disposés autour du point S. Mais la somme de tous les angles des premiers triangles est égale à celle de tous les angles des seconds triangles, puisqu'il y a le même nombre de triangles de part et d'autre, et que la somme des trois angles de chaque triangle vaut deux angles droits; la somme des angles à la base des premiers triangles étant plus petite que celle des angles à la base des seconds triangles, il en résulte que la somme des angles au sommet des premiers triangles, c'est-à-dire la somme des angles disposés autour du point O, est plus grande que celle des angles disposés autour du point S; or, les angles disposés autour du point O, étant situés dans un même plan MN, et couvrant tout le plan, valent ensemble quatre angles droits; donc la somme des angles plans qui forment l'angle solide S, est moindre que quatre angles droits.

Théorème II.

Lorsque dans un angle trièdre deux angles dièdres sont égaux, les faces opposées sont égales.

Soit l'angle trièdre SABC, (fig. 329) dans lequel nous supposons l'angle dièdre SA égal à l'angle dièdre SB; je dis que les

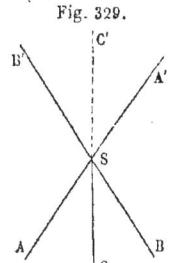

Fig. 329.

faces BSC, ASC, opposées à ces deux angles dièdres égaux, sont égales. Prolongeons les arêtes du trièdre proposé de l'autre côté du sommet S, pour former le trièdre symétrique SA'B'C'; puis imaginons que l'on retourne ce trièdre sens dessus dessous, pour appliquer la face B'SA' sur la face égale ASB, de manière que l'arête SB' tombe sur SA, l'arête SA' sur SB; la troisième arête SC', qui était primitivement en arrière du plan ASB, après le retournement vient en avant de ce plan, comme l'arête SC. Puisque l'angle dièdre SB' ou SB est égal à SA, le plan B'SC' coïncidera avec le plan ASC; de même, l'angle dièdre SA' ou SA étant égal à SB, le plan A'SC' coïncidera avec BSC. Les deux plans B'SC', A'SC' s'appliquant sur ASC BSC, l'arête SC', intersection des deux premiers, se confondra avec l'arête SC, intersection des deux derniers; par suite, les deux trièdres se superposent exactement l'un sur l'autre; les deux faces B'SC', ASC coïncident et sont égales; mais la face B'SC' est égale à BSC; on en conclut que les deux faces ASC, BSC du trièdre proposé sont égales entre elles.

Remarque. Dans le cas actuel, à cause de l'égalité des deux angles dièdres SA, SB, la différence de disposition disparaît, et les deux trièdres symétriques sont égaux.

Théorème III.

Lorsque dans un angle trièdre un angle dièdre est plus grand qu'un autre, la face opposée au premier est plus grande que celle opposée au second.

Supposons que dans le trièdre SABC (fig. 330) l'angle dièdre SA soit plus grand que l'angle dièdre SB ; je dis que la face BSC opposée au premier est plus grande que la face ASC opposée au second. Par l'arête SA et dans l'intérieur de l'angle dièdre SA menons un plan ASD qui fasse avec le plan ASB un angle dièdre égal à l'angle dièdre SB ; ce plan coupera le plan BSC suivant la droite SD. Le trièdre SABD ayant deux angles dièdres égaux, les deux faces BSD, ASD, opposées à ces dièdres égaux, sont égales ; mais, dans le trièdre SACD, la face ASC est moindre que la somme des deux autres ASD et DSC ; si l'on remplace la face ASD par son égale DSB, on voit que la face ASC est moindre que CSD + DSB, c'est-à-dire moindre que CSB [*].

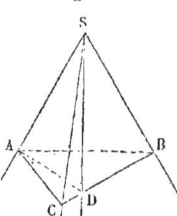

Fig. 330.

COROLLAIRES. Les réciproques de ces deux théorèmes sont vraies :

1° *Lorsque dans un trièdre deux faces sont égales, les deux angles dièdres opposés sont égaux.* Car, lorsque ces deux angles dièdres diffèrent, les deux faces diffèrent aussi ; pour que les deux faces soient égales, il faut nécessairement que les deux angles dièdres soient égaux.

2° *Lorsque dans un trièdre une face est plus grande qu'une autre, l'angle dièdre opposé à la première face est plus grand que l'angle dièdre opposé à la seconde ;* car c'est dans ce cas seulement que la première face est plus grande que la seconde.

---

[*] Afin de mieux faire comprendre la disposition de la figure, nous avons coupé le trièdre par un plan ABC.

Théorème IV.

Deux angles trièdres SABC, S'A'B'C', qui ont un angle dièdre égal compris entre deux faces égales chacune à chacune, sont égaux ou symétriques.

Soit l'angle dièdre SA égal à l'angle dièdre S'A', la face ASB égale à A'S'B' et la face ASC égale à A'S'C'. Ces trois éléments peuvent affecter deux dispositions différentes.

Imaginons un observateur placé dans le dièdre SA, la tête dirigée vers le sommet S, et le dos appuyé à l'arête SA. Imaginons de même un observateur placé dans le dièdre S'A', la tête dirigée vers le sommet S', et le dos appuyé à l'arête S'A'. Si ces observateurs ont tous deux les faces égales ASB, A'S'B' d'un même côté, par exemple à leur gauche, et par suite les faces égales ASC, A'S'C' à leur droite (fig. 331), la disposition sera la même, et les deux trièdres pourront être superposés. Faisons coïncider en effet les deux dièdres égaux S'A' et SA, de manière que l'arête S'A' prenne la direction SA; alors la face A'S'B' tombera sur la face égale ASB, la face A'S'C' sur ASC et les trièdres coïncideront.

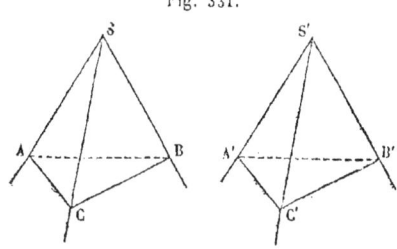
Fig. 331.

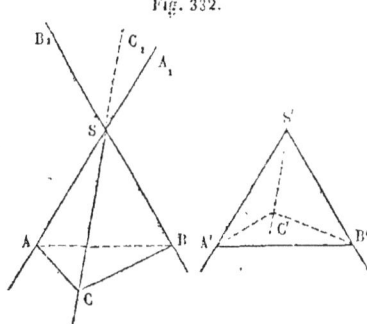
Fig. 332.

Mais si la disposition n'est plus la même, si le premier observateur a, par exemple, la face ASB à sa gauche, le second la face A'S'B' à sa droite (fig. 332), la superposition n'est plus possible; car, lorsqu'on a fait coïncider les deux dièdres S'A' et SA, on voit que le plan de la face A'S'B' tombe sur le plan de la face ASC, et le plan de la face A'S'C' sur ASB. Mais on peut faire coïncider l'un des trièdres avec le symétrique de l'autre. Considérons en effet le trièdre $SA_1B_1C_1$ symétrique du premier trièdre ; un observateur, placé dans l'angle dièdre SA_1 la tête vers S, le dos appuyé à l'arête SA_1 voit la face A_1SB_1 à sa droite, comme dans le trièdre S'A'B'C' ; il en résulte que les deux trièdres S'A'B'C', $SA_1B_1C_1$ peuvent être superposés.

Ainsi les deux trièdres proposés sont égaux ou symétriques. Dans tous les cas, ils ont leurs six éléments égaux chacun à chacun.

Remarque. Il est un cas où il n'y a pas lieu de distinguer deux dispositions ; c'est lorsque les deux faces ASB, ASC sont égales.

Théorème V.

Deux angles trièdres SABC, S'A'B'C', *qui ont une face égale adjacente à deux angles dièdres égaux chacun à chacun, sont égaux ou symétriques.*

Soit la face ASB égale à A'S'B', l'angle dièdre SA égal à S'A', et l'angle dièdre SB égal à S'B'.

Imaginons un observateur dans le premier trièdre, la tête dirigée vers le sommet S, le dos appuyé à la face ASB et regardant l'arête opposée SC. Imaginons de même un observateur dans le second trièdre, la tête dirigée vers le sommet S', le dos appuyé à la face A'S'B' et regardant l'arête opposée S'C'. Si ces observateurs ont tous deux les arêtes SA, S'A', d'un même côté, par exemple à leur droite (fig. 331), la disposition sera la même, et les deux trièdres pourront être superposés. Plaçons en effet la face A'S'B' sur la face égale ASB, de manière que S'A' prenne la direction SA, S'B' la direction SB ; les arêtes S'C', SC seront toutes deux en avant du plan ASB ; l'angle dièdre S'A' étant égal à SA, le plan A'S'C' coïncidera avec ASC ; l'angle dièdre S'B' étant égal à SB, le plan B'S'C' coïncidera avec BSC ; les deux plans A'S'C', B'S'C' coïncidant avec ASC, BSC, l'arête S'C', intersection des deux premiers, se confondra avec SC, intersection des deux derniers, et les deux trièdres coïncideront.

Si le premier observateur avait l'arête SA à sa droite, et le second l'arête S'A' à sa gauche (fig. 332), la disposition serait différente. Le second trièdre ne pourrait plus être superposé sur le premier trièdre, mais sur son symétrique.

Remarque. La différence de disposition disparaît, et il y a toujours égalité, quand les deux angles dièdres SA et SB sont égaux.

Théorème VI.

Lorsque deux angles trièdres SABC, S'A'B'C' ont deux faces égales chacune à chacune, et que l'angle dièdre compris est plus grand dans le premier trièdre que dans le second, la troisième face du premier est plus grande que la troisième face du second.

Soit la face ASB égale à A'S'B', la face ASC égale à A'S'C' et l'angle dièdre SA plus grand que l'angle dièdre S'A'; je dis que la face BSC est plus grande que B'S'C' (fig. 333).

Par l'arête SA, dans l'angle dièdre SA, menons un plan ASD qui fasse avec le plan ASB un angle dièdre égal à l'angle dièdre S'A', et dans ce plan prenons la face ASD égale à A'S'C'; les deux trièdres SABD, S'A'B'C', ayant un angle dièdre égal compris entre deux faces égales chacune à chacune, sont égaux ou symétriques, et par conséquent ont toutes leurs parties égales; la face BSD est donc égale à la face B'S'C', et la question revient à démontrer que la face BSC est plus grande que BSD.

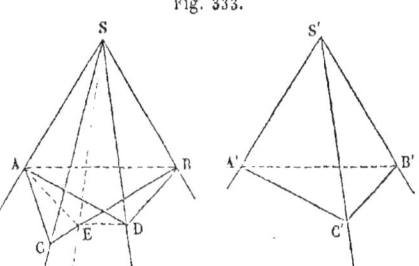

Fig. 333.

Par l'arête SA, menons le plan bissecteur ASE de l'angle dièdre formé par les deux plans ASC, ASD; ce plan bissecteur coupe la face BSC suivant la droite SE. Les deux angles trièdres SADE, SACE, sont symétriques comme ayant un angle dièdre égal compris entre deux faces égales chacune à chacune, et disposées en ordre inverse; savoir : les deux angles dièdres qui ont pour arête SA, à cause du plan bissecteur, la face ASE commune, et la face ASD égale à A'S'C' et par suite à ASC; donc la troisième face DSE égale CSE. Or, dans le trièdre SBDE, la face BSD est moindre que la somme des deux autres BSE et ESD; en remplaçant la face ESD par son égale ESC, on voit que la face BSD est moindre que BSE + ESC, c'est-à-dire moindre que BSC.

COROLLAIRE. *Réciproquement, lorsque deux angles trièdres ont deux faces égales chacune à chacune, et que la troisième face du premier est plus grande que la troisième face du second, l'angle dièdre opposé du premier est plus grand que celui du second.*

Théorème VII.

Deux angles trièdres SABC, S'A'B'C', qui ont leurs trois faces égales chacune à chacune, sont égaux ou symétriques.

Soit la face ASB égale à A'S'B', la face ASC égale à A'S'C', et la face BSC égale à B'S'C'. D'après le théorème précédent, quand les deux angles dièdres SA, S'A', compris entre deux faces égales chacune à chacune, diffèrent, les faces opposées diffèrent aussi; puisque ces deux faces sont égales, il faut nécessairement que les angles dièdres SA, S'A' soient égaux; alors les deux angles trièdres ont un angle dièdre égal compris entre deux faces chacune à chacune : donc ils sont égaux ou symétriques.

Si les trois faces sont disposées dans le même ordre, les deux trièdres sont égaux; sinon ils sont symétriques. Dans tous les cas, ils ont leurs trois angles dièdres égaux chacun à chacun, et les dièdres égaux sont opposés aux faces égales.

ANGLES TRIÈDRES.   291

Théorème VIII.

Avec trois angles plans, dont le plus grand est moindre que la somme des deux autres, et dont la somme est plus petite que quatre angles droits, on peut construire un angle trièdre et son symétrique.

Nous savons que dans un angle trièdre la plus grande face est moindre que la somme des deux autres. Nous savons aussi que la somme des faces d'un angle polyèdre, et par conséquent que la somme des faces d'un trièdre est moindre que quatre angles droits. Pour que le trièdre existe, il faut donc que les trois faces données satisfassent à ces deux conditions; nous allons démontrer qu'elles sont suffisantes.

Soit ASB la plus grande face, ASC′ et BSC″, les deux autres rabattues sur le plan de la première (fig. 334). Du point S comme centre, avec un rayon arbitraire, décrivons une circonférence; prenons l'arc AD égal à AC′, BE égal à BC″; joignons C′D, C″E. La corde C′D est perpendiculaire au rayon SA qui divise l'arc C′AD en deux parties égales; de même la corde C″E est perpendiculaire à SB. La plus grande face ASB étant moindre que la somme des deux autres ASC′

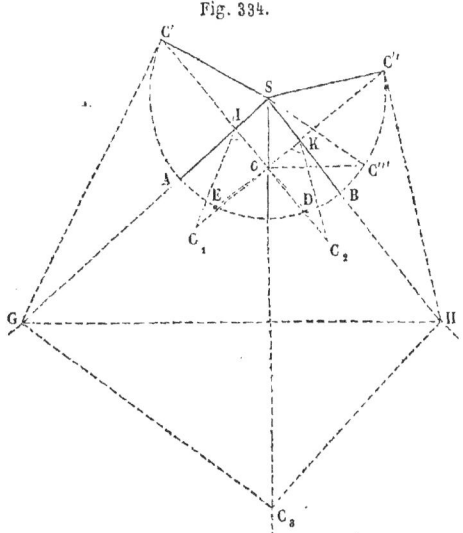

Fig. 334.

et BSC″, l'arc AB est moindre que la somme des deux arcs AC′ et BC″, et par conséquent moindre que AD + BE; les deux points D et E sont donc placés dans l'arc AB, le point D à droite du point E, comme l'indique la figure. D'autre part, comme la somme des faces est plus petite que quatre angles droits, l'arc C'ABC″, qui mesure la somme de ces trois angles, est plus petit qu'une circonférence entière, et le point C″ est avant le point C' si, partant du point C', on marche sur la circonférence dans le sens C'ABC″. Il résulte de là que le point E est d'un côté de la corde C'D, et le point C″ de l'autre côté, et que par conséquent la corde EC″ coupe nécessairement la corde C'D en un certain point c.

Imaginons maintenant que l'on fasse tourner l'angle ASC' autour de SA comme charnière, et l'angle BSC″ autour de SB, les droites SC' et SC″ engendreront des cônes circulaires droits; l'intersection de ces deux cônes donnera la position de la troisième arête SC dans l'espace. Il s'agit de trouver l'intersection de ces deux cônes.

Pour fixer les idées, supposons que le plan de la figure, c'est-à-dire le plan de la face ASB soit horizontal. Dans le mouvement de rotation autour de SA, le point C' décrit un cercle de rayon C'I dans le plan vertical élevé par le diamètre C'D. Dans le mouvement de rotation autour de SB, le point C″ décrit de même un cercle de rayon C″K, dans le plan vertical élevé par le diamètre C″E. Ces deux plans verticaux se coupent suivant une verticale élevée par le point c. Il est aisé de voir que cette verticale rencontre les deux circonférences en un même point C au-dessus du plan horizontal. Chacune des circonférences donne en effet un triangle ScC, rectangle en c, dont l'hypoténuse SC est égale à SC' ou à SC″; l'hypoténuse étant la même, ainsi que le côté de l'angle droit Sc, on a le même triangle rectangle, et par suite le même point C sur la verticale élevée au point c. La droite SC dans l'espace est la droite d'intersection des deux cônes décrits par SC' et SC″, cette droite avec SA et SB forme un angle trièdre ayant les trois faces données.

Pour avoir l'élévation du point C au-dessus du plan ASB, il suffit de rabattre sur le plan horizontal le triangle rectangle ScC, en le faisant tourner autour de Sc; la verticale cC se rabat suivant une droite cC‴ perpendiculaire à Sc; l'hypoténuse étant égale au rayon du cercle décrit sur le plan horizontal, on marquera le point C''' où cette perpendiculaire coupe le cercle; cC''' est l'élévation du point C au-dessus du plan horizontal.

Les deux cercles décrits par les points C' et C'' se coupent en un second point situé au-dessous du plan horizontal, sur la verticale même par le point c et à la même distance cC'''. Il en résulte un second angle trièdre symétrique du premier.

Ainsi, avec trois angles plans dont le plus grand est moindre que la somme des deux autres et dont la somme est moindre que quatre angles droits, on peut toujours construire deux trièdres symétriques, et on n'en peut pas avoir d'autres. Il est même facile de déterminer les angles dièdres de ces deux trièdres. Considérons le triangle rectangle CIc, dans lequel l'angle en I mesure l'angle dièdre SA. Rabattons ce triangle sur le plan horizontal, en le faisant tourner autour de cI; la verticale cC se rabat suivant une droite cC_1 perpendiculaire à cI et égale à cC'''; d'ailleurs l'hypoténuse IC_1 est égale à IC', ce qui donne une vérification; l'angle cIC_1 ainsi obtenu mesure l'angle dièdre SA. En rabattant de la même manière le triangle rectangle CKc, on obtient l'angle cKC_2, qui mesure l'angle dièdre SB.

Il reste à trouver l'angle dièdre SC. Par un point quelconque de l'arête SC, par exemple par le point C, menons dans les plans des deux faces CSA, CSB, des perpendiculaires à cette arête, l'angle de ces deux perpendiculaires mesurera l'angle dièdre SC. Quand on développe le trièdre comme nous l'avons fait, ces deux perpendiculaires se rabattent, l'une suivant la droite C'G perpendiculaire à SC', l'autre suivant la droite C''H perpendiculaire à SC''; la première a pour trace horizontale le point G où elle rencontre l'arête SA, la seconde le point H où elle rencontre l'arête SB; la droite GH est donc la trace horizontale du plan mené par le point C perpendiculairement à l'arête SC, et comme vérification, on remarquera que cette trace doit être perpendiculaire à la projection horizontale Sc de l'arête. Rabattons maintenant ce plan sur le plan horizontal en le faisant tourner autour de sa trace GH, et nous obtiendrons l'angle GC_3H qui mesure l'angle dièdre SC.

Théorème IX.

Si d'un point pris dans l'intérieur d'un angle trièdre on abaisse des perpendiculaires sur les trois faces de ce trièdre, on formera un nouvel angle trièdre dont les faces sont les suppléments des angles dièdres du trièdre proposé, et réciproquement.

Du point S' situé à l'intérieur du trièdre SABC (fig. 335), abaissons les perpendiculaires S'A' sur la face BSC, S'B' sur la face ASC, S'C' sur la face ASB. Nous savons (24, V) que si d'un point pris dans l'intérieur d'un angle dièdre on abaisse des perpendiculaires sur les faces de cet angle dièdre, l'angle de ces perpendiculaires est supplémentaire de l'angle dièdre. Le point S' étant situé dans le trièdre est compris dans chacun des angles dièdres; il en résulte que l'angle plan B'S'C', formé par les perpendiculaires aux deux faces du dièdre SA, est supplémentaire de cet angle dièdre; de même, l'angle plan A'S'C' est supplémentaire de l'angle dièdre SB et l'angle plan A'S'B' supplémentaire de l'angle dièdre SC. Ainsi les trois faces du trièdre S' sont respectivement supplémentaires des angles dièdres du trièdre S.

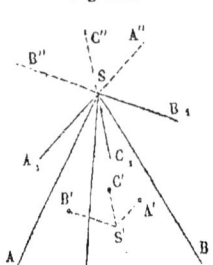

Fig. 335.

Si, par le sommet S du trièdre proposé, on mène des parallèles aux arêtes du trièdre S', et dans le même sens, on obtiendra un trièdre SA"B"C" égal au trièdre S' et jouissant des mêmes propriétés. Les arêtes de ce trièdre SA"B"C" sont respectivement perpendiculaires aux faces du trièdre proposé, du côté opposé au trièdre; ainsi, par rapport au plan BSC prolongé indéfiniment, le trièdre proposé est d'un côté, la perpendiculaire SA" de l'autre.

Mais nous nous servirons plus souvent du trièdre symétrique $SA_1B_1C_1$, obtenu en prolongeant les arêtes du trièdre

ANGLES TRIÈDRES.

SA″B″C″ en sens inverse, de l'autre côté du sommet. On formera directement ce trièdre en élevant par le sommet S des perpendiculaires aux faces du trièdre proposé, du même côté que le trièdre. Ainsi, la perpendiculaire SA_1 au plan BSC est située, par rapport à ce plan, du même côté que le trièdre. Les faces du trièdre $SA_1B_1C_1$, étant égales à celles du trièdre SA″B″C″, sont supplémentaires des angles dièdres du trièdre SABC. La face B_1SC_1 est le supplément de l'angle dièdre SA, etc.

Il y a réciprocité : le trièdre proposé SABC est disposé par rapport au trièdre $SA_1B_1C_1$, comme celui-ci par rapport au premier. En effet, les droites SB_1, SC_1 étant perpendiculaires aux plans ASC, ASB, le plan B_1SC_1 de ces deux droites est perpendiculaire à ces deux plans, et par conséquent perpendiculaire à leur intersection SA ; ainsi l'arête SA du premier trièdre est perpendiculaire à la face B_1SC_1 du second, et l'on voit sur la figure que cette perpendiculaire est menée du même côté que le second trièdre. De même l'arête SB est perpendiculaire à la face A_1SC_1 du côté du trièdre, etc. Il résulte de là que les faces du trièdre SABC sont supplémentaires des angles dièdres du trièdre $SA_1B_1C_1$; la face BSC est le supplément de l'angle SA_1, etc.

En résumé, les deux angles trièdres SABC, $SA_1B_1C_1$ sont tels, que les angles plans ou les faces de l'un sont les suppléments des angles dièdres de l'autre. On les a nommés pour cette raison *trièdres supplémentaires*. La considération des trièdres supplémentaires est d'une grande importance pour l'étude des angles trièdres.

Théorème X.

Dans tout angle trièdre SABC, *la somme des trois angles dièdres est plus grande que deux angles droits, et un angle dièdre quelconque augmenté de deux angles droits est plus grand que la somme des deux autres.*

Formons le trièdre supplémentaire $SA_1B_1C_1$ (fig. 336), comme nous l'avons expliqué, en menant une perpendiculaire à chacune des faces du trièdre proposé du côté du trièdre; chaque face de ce second trièdre, ajoutée à l'angle dièdre correspondant du premier, vaut deux angles droits; donc la somme des trois faces du trièdre $SA_1B_1C_1$ et des trois angles dièdres du trièdre SABC vaut six angles droits; mais nous savons que la somme des faces du trièdre $SA_1B_1C_1$ est plus petite que quatre angles droits; il en résulte que la somme des angles dièdres du trièdre SABC est plus grande que deux angles droits.

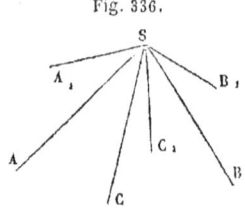

Fig. 336.

Il est évident, d'ailleurs, que cette somme est plus petite que six angles droits, puisque chaque angle dièdre en particulier est moindre que deux angles droits.

Dans le trièdre supplémentaire $SA_1B_1C_1$, une face quelconque étant moindre que la somme des deux autres, on a

$$B_1SC_1 < A_1SC_1 + A_1SB_1.$$

Les faces de ce trièdre étant les suppléments des angles dièdres du trièdre SABC, il vient

2 droits — dièdre SA $<$ 2 dr. — di. SB $+$ 2 dr. — di. SC;

en ajoutant la somme des trois dièdres et retranchant 2 angles droits de chaque côté, on obtient l'inégalité

$$\text{di. SB} + \text{di. SC} < \text{di. SA} + 2\,\text{dr};$$

ou

$$\text{di. SA} + 2\,\text{dr.} > \text{di. SB} + \text{di. SC}.$$

Ainsi l'angle dièdre SA augmenté de deux angles droits est plus grand que la somme des deux autres.

Théorème XI.

Deux angles trièdres qui ont leurs trois angles dièdres égaux chacun à chacun, sont égaux ou symétriques.

Considérons les trièdres supplémentaires des trièdres proposés; ces deux trièdres ont leurs trois faces égales chacune à

ANGLES TRIÈDRES.

chacune, comme suppléments d'angles dièdres égaux; ils sont donc égaux ou symétriques. Les deux trièdres proposés, étant les supplémentaires de deux trièdres égaux ou symétriques, sont eux-mêmes égaux ou symétriques; ils ont leurs trois faces égales, chacune à chacune.

Théorème XII.

Avec trois angles dièdres donnés, dont le plus petit augmenté de deux angles droits est plus grand que la somme des deux autres et dont la somme est plus grande que deux angles droits, on peut toujours construire un angle trièdre et son symétrique.

Pour qu'il existe un trièdre admettant les trois angles dièdres donnés, il est nécessaire d'abord que ces trois angles dièdres satisfassent aux deux conditions énoncées; car nous avons démontré (11) que dans tout trièdre ces conditions sont remplies. Nous allons faire voir maintenant qu'elles sont suffisantes.

Désignons par A, B, C les trois angles dièdres donnés, ou plutôt les angles plans qui les mesurent, et par a', b', c' les trois angles plans supplémentaires; la somme $A+B+C$ augmentée de $a'+b'+c'$ vaut six angles droits; puisque la somme $A+B+C$ est plus grande que deux angles droits, la somme $a'+b'+c'$ est plus petite que quatre angles droits. Soit A le plus petit des trois angles dièdres; à ce plus petit angle correspond le plus grand supplément a'; on a

$$A + 2 \text{ droits} > B + C.$$

Si l'on remplace A, B, C par leurs valeurs $2\ droits - a'$, $2\ dr. - b'$, $2\ dr. - c'$, il vient

$$2 \text{ dr.} - a' + 2 \text{ dr.} > 2 \text{ dr.} - b' + 2 \text{ dr.} - c';$$

ajoutant $a'+b'+c'$ et retranchant 4 angles droits de part et d'autre, on obtient l'inégalité

$$b' + c' > a',$$

ou

$$a' < b' + c'.$$

Ainsi les trois angles plans a', b', c' sont tels, que leur somme est plus petite que quatre angles droits et que le plus grand est plus petit que la somme des deux autres; avec ces trois faces, on peut construire un trièdre et son symétrique (8); supposons ce trièdre construit et sur chaque face élevons une perpendiculaire du côté de la troisième arête; nous formerons ainsi un second trièdre dont les angles dièdres seront les suppléments des faces a', b', c' du premier, et qui par conséquent seront égaux aux angles dièdres donnés A, B, C; ce sera le trièdre demandé. Si l'on appelle A', B', C' les angles dièdres du premier trièdre, en prenant leurs suppléments a, b, c, on aura les trois faces du trièdre demandé et on pourra le construire par le procédé ordinaire.

TRIANGLES SPHÉRIQUES.

Principes.

1° Dans le livre VII, nous avons déjà dit quelques mots des figures tracées sur la sphère. Nous avons vu que toute section plane de la sphère est un cercle qui a pour centre le pied de la perpendiculaire abaissée du centre de la sphère sur le plan sécant. Lorsque le plan sécant passe par le centre de la sphère, il coupe la sphère suivant un *grand cercle*, ayant même centre et même rayon que la sphère. Autrement le plan coupe suivant un *petit cercle* qui va en diminuant à mesure que le plan s'éloigne du centre.

2° Par deux points pris à volonté sur la surface de la sphère, on peut faire passer une circonférence de grand cercle et on n'en peut faire passer qu'une. Car ces deux points avec le centre déterminent un plan.

Toutefois, lorsque les deux points donnés sont situés aux extrémités d'un même diamètre, ces deux points et le centre étant en ligne droite, tout plan mené par ce diamètre coupe la sphère suivant un grand cercle passant par les deux points donnés.

3° Par trois points pris à volonté sur la surface de la sphère on peut faire passer une circonférence de petit cercle et on n'en peut faire passer qu'une. Car ces trois points déterminent un plan.

4° Le diamètre perpendiculaire au plan d'un cercle perce la sphère en deux points opposés, que l'on nomme les *pôles* du cercle. Le pôle joue dans les constructions graphiques sur la sphère le même rôle que le centre sur le plan ; si l'on place au pôle la pointe sèche d'un compas à branches recourbées et qu'on fasse tourner le compas, l'extrémité de l'autre branche décrira un cercle sur la surface de la sphère.

5° Il est clair que le plan d'un grand cercle ABC (fig. 337) divise la sphère en deux parties égales. Car si l'on retourne la

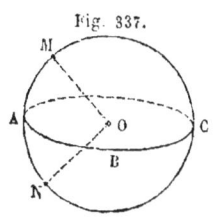
Fig. 337.

partie supérieure pour l'appliquer sur la partie inférieure en faisant coïncider le cercle ABC avec lui-même, un rayon quelconque OM prendra la direction ON, et comme OM = ON, le point M tombera au point N et les deux *hémisphères* coïncideront.

6° Deux grands cercles ABA', ACA' se coupent mutuellement en deux parties égales (fig. 338). Car les plans de deux grands cercles, passant par le centre O de la sphère, se coupent suivant un diamètre AA' de la sphère ; ce diamètre AA' divise chacun des grands cercles en deux parties égales.

7° L'angle de deux grands cercles ABA', ACA', qui se coupent au point A est l'angle des tangentes AG, AH menées par le

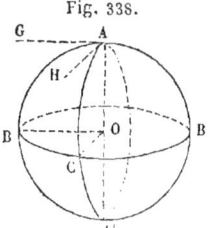
Fig. 338.

point A à ces deux cercles. Par le centre de la sphère menons un plan BCB' perpendiculaire au diamètre AA'; l'arc BC compris dans l'angle A mesure cet angle. En effet, les droites OB et AG, situées toutes deux dans le plan ABA' et perpendiculaires au diamètre AA', sont parallèles ; les droites OC et AH, situées dans le plan ACA' et perpendiculaires à ce même diamètre, sont aussi parallèles ; ainsi l'angle GAH est égal à l'angle au centre BOC, qui a pour mesure l'arc BC. On

300 COMPLÉMENT.

conclut de là que *l'angle* A *de deux grands cercles a pour mesure l'arc de grand cercle* BC *décrit du sommet* A *comme pôle et compris entre les côtés de l'angle.*

L'angle opposé A′ est égal à A et il est à remarquer que l'angle GAH ou BOC, qui mesure chacun de ces deux angles, mesure aussi l'angle dièdre AA′.

8° On appelle *triangle sphérique* la portion ABC (fig. 339) de la surface de la sphère comprise entre trois arcs de grand cercle.

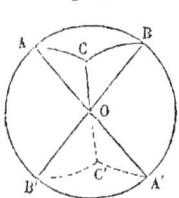

Fig. 339.

Ces trois arcs AB, BC, AC sont les *côtés* du triangle sphérique; les angles qu'ils forment entre eux sont les angles du triangle sphérique; les points A, B, C en sont les sommets.

Considérons l'angle trièdre OABC, qui a son sommet au centre O de la sphère et qui est formé par les plans des trois arcs de grand cercle. Les faces de ce trièdre, c'est-à-dire les angles au centre AOB, BOC, AOC, ont pour mesures les arcs AB, BC, AC ou les côtés du triangle sphérique. Les angles dièdres OA, OB, OC de l'angle trièdre ont même mesure, comme nous l'avons vu, que les angles A, B, C du triangle sphérique. Il existe ainsi une corrélation très-remarquable entre le triangle sphérique et l'angle trièdre correspondant; les côtés du triangle sphérique mesurent les faces du trièdre; les angles du triangle sphérique sont les mêmes que les angles dièdres de l'angle trièdre.

9° Il suit de là que toute propriété de l'angle trièdre se traduit par une propriété analogue du triangle sphérique. Nous avons démontré que dans tout trièdre une face quelconque est plus petite que la somme des deux autres; il en résulte que dans tout triangle sphérique un côté quelconque est plus petit que la somme des deux autres.

Lorsqu'un triangle sphérique a deux angles égaux, les côtés opposés sont égaux et le triangle est isocèle (2). Lorsqu'un angle est plus grand qu'un autre, le côté opposé est plus grand (3). Les réciproques sont vraies : dans un triangle sphérique isocèle, les angles opposés aux côtés égaux sont égaux.

10° Si l'on prolonge de l'autre côté du centre les arêtes du trièdre on forme le trièdre symétrique qui détermine sur la surface de la sphère un second triangle A'B'C' qui a ses côtés et ses angles égaux à ceux du triangle ABC, mais disposés en ordre inverse; ce triangle ne peut coïncider avec le premier; on l'appelle *triangle symétrique*.

Il résulte des théorèmes IV, V, VII que deux triangles sphériques sont égaux ou symétriques, lorsqu'ils ont un angle égal compris entre deux côtés égaux chacun à chacun, ou un côté égal adjacent à deux angles égaux chacun à chacun, ou leurs trois côtés égaux chacun à chacun.

Théorème XIII.

La somme des trois côtés d'un triangle sphérique ABC *est plus petite qu'une circonférence de grand cercle.*

Si l'on considère l'angle trièdre qui a son sommet au centre de la sphère, et qui correspond au triangle sphérique ABC, on sait que la somme des trois faces de ce trièdre est moindre que quatre angles droits; il en résulte que la somme des trois côtés du triangle sphérique est moindre qu'une circonférence de grand cercle.

Voici comment on peut démontrer directement ce théorème : prolongeons les deux côtés AB, AC du triangle sphérique jusqu'à leur rencontre en A' (fig. 340).

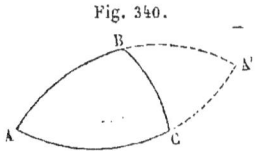

Fig. 340.

Deux grands cercles se coupant mutuellement en deux parties égales, ABA' et ACA' sont deux demi-circonférences de grand cercle; mais, dans le triangle sphérique BCA', le côté BC est plus petit que la somme BA' + CA' des deux autres; on voit par là que la somme des trois côtés du triangle ABC est plus petite que la somme des deux demi-circonférences ABA', ACA', et par conséquent plus petite qu'une circonférence de grand cercle.

COROLLAIRE. *Le périmètre d'un polygone sphérique convexe d'un nombre quelconque de côtés est plus petit qu'une circonférence de grand cercle.*

Un polygone sphérique est une portion de la surface de la sphère terminée par des arcs de grand cercle ; le polygone est convexe lorsque chaque côté prolongé laisse tout le polygone dans le même hémisphère.

Considérons, par exemple, le quadrilatère convexe ABCD (fig. 341). Prolongeons les deux côtés BC et AD jusqu'à leur rencontre en E ; dans le triangle sphérique CDE, le côté CD étant moindre que la somme des deux autres CE + DE, on voit que le périmètre du quadrilatère est plus petit que celui du triangle ABE, et par conséquent plus petit qu'une circonférence.

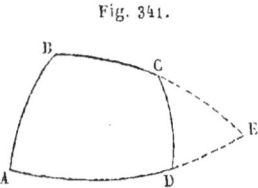

Fig. 341.

Cette proposition résulte d'ailleurs immédiatement du théorème I ; car à un polygone sphérique convexe correspond un angle polyèdre convexe ayant son sommet au centre de la sphère, et on a démontré que la somme des faces de cet angle polyèdre est plus petite que quatre angles droits.

Théorème XIV.

Si des sommets d'un triangle sphérique ABC comme pôles on décrit trois arcs de grand cercle, on formera un second triangle A'B'C' dont les sommets sont réciproquement les pôles des côtés du premier ; les côtés de chacun de ces triangles sont les suppléments des angles de l'autre.

Du point A comme pôle, avec une ouverture de compas égale au côté du carré inscrit dans un grand cercle (prob. 2, VII), décrivons l'arc de grand cercle B'C' ; du sommet B comme pôle, l'arc de grand cercle A'C' et du sommet C l'arc A'B'. Ces trois arcs de grand cercle se coupent deux à deux de manière à former le triangle A'B'C'. Joignons le centre O de la sphère aux sommets de ces deux triangles. Le point C étant le pôle de l'arc A'B', le rayon OC est perpendiculaire au plan A'O'B'; de même, le point B étant le pôle de l'arc A'C', le rayon OB est perpendiculaire au plan A'OC'; le plan BOC de ces deux rayons est donc perpendiculaire aux deux plans A'OB', A'OC', et par conséquent perpendiculaire à leur intersection OA'; donc le point A' est le pôle de l'arc BC. On verrait de même que le point B' est le pôle de l'arc AC, et le point C' le pôle de l'arc AB. Ainsi les sommets du second triangle A'B'C' sont les pôles des côtés du premier triangle ABC.

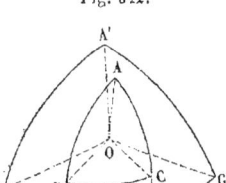

Fig. 342.

Ces deux triangles ABC, A'B'C', tels que les sommets de l'un sont les pôles des côtés de l'autre, ont été nommés pour cette raison *triangles polaires réciproques*. Mais il y a une précaution à prendre dans la construction du triangle polaire; l'arc de grand cercle BC a deux pôles situés aux extrémités du diamètre perpendiculaire au plan de ce grand cercle, nous avons choisi le pôle A' qui est situé dans le même hémisphère que le triangle ABC par rapport au plan de ce grand cercle. De même, par rapport au grand cercle AC, le pôle B' a été pris dans le même hémisphère que le triangle, et aussi le pôle C' par rapport au grand cercle AB.

De cette manière, les arêtes du trièdre OA'B'C' sont perpendiculaires aux faces du trièdre OABC, du côté du trièdre; ces deux trièdres sont donc supplémentaires (9) et par conséquent les deux triangles sphériques ABC, A'B'C' jouissent des propriétés des trièdres supplémentaires, c'est-à-dire que les côtés de chacun d'eux sont les suppléments des angles de l'autre.

Au reste, il est facile de démontrer directement cette propriété. L'angle A a pour mesure l'arc de grand cercle DE, décrit du sommet A comme pôle et compris entre ses côtés; le point B' étant le pôle du grand cercle ACE, l'arc B'E est égal à un quadrant, c'est-à-dire au quart d'une circonférence de grand cercle;

304   COMPLÉMENT.

de même l'arc C'D est un quadrant; la somme de ces deux arcs vaut donc deux quadrants, ou une demi-circonférence de grand cercle; mais la somme des deux arcs B'E et C'D se compose de l'arc B'C', plus l'arc DE; donc l'arc B'C' est le supplément de l'arc DE qui mesure l'angle A. De même le côté A'C' est le supplément de l'angle B et le côté A'B' le supplément de C. A cause de la réciprocité, les côtés BC, AC, AB du premier triangle sont aussi les suppléments des angles A', B', C', du second.

Corollaire I. *Dans tout triangle sphérique, la somme des trois angles est plus grande que deux angles droits, et un angle quelconque augmenté de deux angles droits est plus grand que la somme des deux autres.*

Il suffit de répéter les raisonnements qui ont été faits sur l'angle trièdre.

Soit ABC un triangle sphérique (fig. 342); formons le triangle polaire A'B'C', en décrivant des sommets du premier comme pôles des arcs de grand cercle. Pour abréger, nous désignerons par a, b, c les côtés, et par A, B, C les angles du triangle ABC, par a', b', c' les côtés et par A', B', C' les angles du triangle polaire A'B'C'. La somme des angles du triangle proposé, augmentée de celle des côtés du triangle polaire vaut six angles droits; cette dernière somme étant plus petite que quatre angles droits, la première est plus grande que deux angles droits.

Dans le triangle polaire, on a

$$a' < b' + c';$$

en remplaçant a' par 2 droits $-$ A, etc., il vient

$$2 \text{ dr.} - A < 2 \text{ dr.} - B + 2 \text{ dr.} - C;$$

d'où

$$A + 2 \text{ dr.} > B + C.$$

Corollaire II. *Deux triangles sphériques qui ont leurs trois angles égaux chacun à chacun sont égaux ou symétriques.* Car les triangles polaires des triangles proposés, ayant leurs côtés égaux chacun à chacun, sont égaux ou symétriques; les triangles proposés, qui sont les polaires de ceux-ci, sont eux-mêmes égaux ou symétriques.

Remarque. Les propriétés des triangles polaires peuvent être étendues aux polygones sphériques d'un nombre quelconque de côtés. Soit le polygone convexe ABCDE (fig. 343); du sommet A comme pôle, décrivons l'arc de grand cercle E'A', du sommet B l'arc de grand cercle A'B', etc.; marquons les points d'intersection dans l'ordre suivant lequel on parcourt le polygone, nous formerons ainsi un polygone A'B'C'D'E',

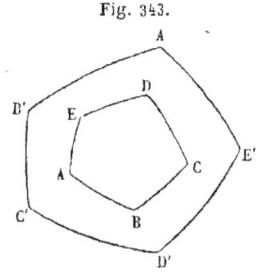
Fig. 343.

dont les sommets sont réciproquement les pôles des côtés du premier. Par exemple le rayon OA', intersection de deux plans E'OA', A'OB', perpendiculaires aux rayons OA et OB, sera perpendiculaire au plan AOB, et le point A' sera le pôle de l'arc AB. Des deux pôles du grand cercle AB, nous choisissons celui qui est dans le même hémisphère que le polygone par rapport à ce grand cercle. Il est clair que les côtés de chacun des polygones sont les suppléments des angles de l'autre. Ces deux figures ont été nommées *polaires réciproques;* aux sommets de l'une correspondent les côtés de l'autre, et réciproquement.

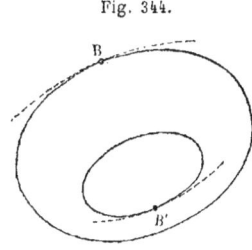
Fig. 344.

Si dans l'une des figures trois points sont situés sur un même grand cercle, il est clair que dans l'autre figure les trois grands cercles correspondants passent par un même point.

Imaginons maintenant que les côtés du premier polygone diminuent indéfiniment, les côtés du second diminueront aussi indéfiniment. Les deux polygones tendront vers deux courbes dont les points se correspondent deux à deux, de telle sorte que chacun d'eux est le pôle de l'arc de grand cercle tangent à l'autre courbe au point correspondant. Ainsi le point B est le pôle du côté B'A', et réciproquement le point B' est le pôle du côté BC; à la limite l'arc B'A' prolongé devient tangent à la seconde courbe en B' et l'arc BC devient tangent à la première courbe en B; les deux points B et B' se correspondent donc sur les deux courbes. A un petit cercle correspond un autre petit cercle ayant même pôle. A trois points pris à volonté sur l'un d'eux correspondent trois arcs de grand cercle tangents au second; d'où l'on conclut que le cercle circonscrit à un triangle sphérique a même pôle que le cercle inscrit dans le triangle polaire.

Théorème XV.

Le plus court chemin d'un point à un autre sur la surface de la sphère est l'arc de grand cercle qui joint ces deux points.

Nous faisons remarquer d'abord que le plus court chemin sur la surface de la sphère du pôle P aux différents points du cercle AMB (fig. 345) est le même. Car, si l'on fait tourner la sphère autour du diamètre PP' jusqu'à ce que le point M vienne en N, la sphère ne cessant pas de coïncider avec elle-même, il est évident que le plus court chemin de P en M coïncidera avec le plus court chemin de P en N.

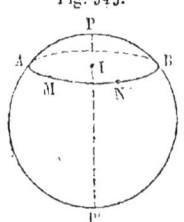

Fig. 345.

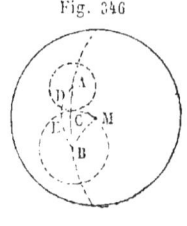

Fig. 346.

Soient maintenant A et B (fig. 346) deux points quelconques, sur la surface de la sphère; par ces deux points faisons passer une circonférence de grand cercle; elle sera divisée en deux parties inégales, l'une ACB plus petite qu'une demi-circonférence, l'autre plus grande; c'est l'arc ACB plus petit qu'une demi-circonférence que nous considérons dans ce théorème. Prenons un point arbitraire C sur l'arc AB; je dis que le plus court chemin de A à B sur la surface de la sphère doit passer par le point C.

Du point A comme pôle, avec la corde qui sous-tend l'arc AC pour rayon, décrivons un petit cercle; du point B comme pôle, avec la corde qui sous-tend l'arc BC pour rayon, décrivons de même un petit cercle. Il est facile de voir que les deux calottes sphériques qui ont pour pôles A et B, et qui sont limitées par les deux petits cercles dont nous venons de parler, sont extérieures l'une à l'autre. Ces deux circonférences ne peuvent se couper; car, si elles se coupaient en un point M, les arcs de grand cercle AM et BM étant égaux à AC et à BC, on aurait un triangle sphérique ABM, dans lequel le côté AB serait égal à la somme des deux autres, ce qui est impossible. Les deux cercles ne pouvant se couper, et le pôle A de la première calotte étant extérieur à la seconde, il est clair que cette première calotte est située tout entière en dehors de la seconde.

Cela posé, considérons un chemin tel que ADEB tracé sur la surface de la sphère et allant du point A au point B sans passer par le point C; ce chemin coupera nécessairement les deux petits cercles l'un en D, l'autre en E. Le chemin ADEB se compose de trois parties, le chemin de A à D, celui de D à E et enfin celui de E à B; mais en vertu de la remarque précédente, le plus court chemin de A à D est le même que celui de A à C; le plus court chemin de B à E est le même que celui de B à C; il en résulte que le chemin ADEB est plus long que le plus court chemin de A à B passant par le point C. On conclut de là que le plus court chemin de A à B doit passer par un point quelconque C de l'arc de grand cercle AB; il coïncide donc avec cet arc de grand cercle.

REMARQUE. L'arc de grand cercle joue le même rôle sur la surface de la sphère que la ligne droite sur le plan.

Lorsque les deux points A et B sont placés aux extrémités d'un même diamètre, il y a indétermination; tous les plans menés par ce diamètre coupent la sphère suivant des grands cercles qui passent par ces deux points; chacun de ces chemins est égal à une demi-circonférence.

Théorème XVI.

Le plus court chemin d'un point A à une circonférence de grand cercle EBF sur la sphère est l'arc de grand cercle perpendiculaire AB mené du point A sur le cercle donné (fig. 347).

Menons le diamètre PP′ perpendiculaire au plan du grand cercle EBF ; par ce diamètre et le point A faisons passer un plan

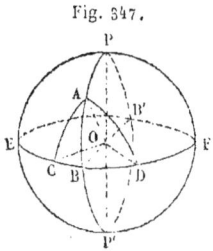

Fig. 347.

qui coupera le premier suivant la droite BB′, et déterminera sur la sphère un grand cercle PBP′, perpendiculaire à EBF, puisque les plans de ces deux cercles sont perpendiculaires entre eux. Le rayon OA se projette sur le plan EBF suivant la droite OB ; traçons dans ce plan une autre droite quelconque OC et menons l'arc de grand cercle AC. On sait, d'après le théorème XXV du livre V, que l'angle AOB que fait l'oblique OA avec sa projection sur le plan EBF est moindre que l'angle AOC qu'elle fait avec toute autre droite tracée par son pied dans le plan ; donc l'arc perpendiculaire AB est plus court que l'arc oblique AC.

Corollaire. I. *Deux arcs AC, AD, également écartés du pied de l'arc perpendiculaire AB, sont égaux.* Car, si BC = BD, les deux triangles sphériques rectangles ABC, ABD sont symétriques, comme ayant l'angle droit égal compris entre deux côtés égaux chacun à chacun.

Corollaire II. Si l'on suppose que le point C parte du point B et décrive la demi-circonférence BEB′, l'arc AC ira en augmentant depuis sa valeur minimum AB jusqu'à sa valeur maximum APB′. Si le point C dépassait le point B′ et parcourait la demi-circonférence B′FB, l'arc irait au contraire en diminuant et repasserait par les mêmes valeurs que précédemment.

Du point A, on a deux arcs AB, APB′ perpendiculaires sur le grand cercle EBF ; le premier AB, moindre qu'un quadrant, est un minimum ; le second AB′, plus grand qu'un quadrant, est un maximum.

TRIANGLES SPHÉRIQUES.   309

Théorème XVII.

L'arc de grand cercle MT, *tangent à un petit cercle, est perpendiculaire à l'extrémité de l'arc de grand cercle* PM *qui va du pôle au point de contact.*

Par le point M et un point voisin M' (fig. 348), menons un arc de grand cercle, et joignons le pôle P du petit cercle au milieu

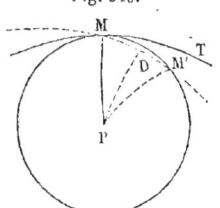

Fig. 348.

D de l'arc MM'; l'arc de grand cercle PD sera perpendiculaire sur MM'. Supposons maintenant que le point M' se rapproche indéfiniment du point M, l'arc de grand cercle MM' tournera autour du point M et tendra vers une position limite MT, qui est l'arc de grand cercle tangent au point M; en même temps le point D viendra en M, et l'arc perpendiculaire PD coïncidera avec PM. On voit par là que l'arc de grand cercle MT tangent au point M est perpendiculaire à l'extrémité de l'arc PM.

Théorème XVIII.

Deux triangles sphériques symétriques sont équivalents.

Soit ABC un triangle sphérique quelconque (fig. 349); en joignant les sommets au centre et prolongeant de l'autre côté

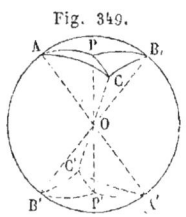

Fig. 349.

du centre, nous formerons le triangle sphérique A'B'C' symétrique du triangle proposé. Concevons le plan qui passe par les trois points A, B, C et qui coupe la sphère suivant un petit cercle circonscrit au triangle ABC; si, du centre O, nous menons un diamètre PP' perpendiculaire à ce plan, nous obtiendrons le pôle P de ce petit cercle, et les trois arcs de grand cercle PA, PB, PC seront égaux entre eux. Joignons l'extrémité opposée P' aux sommets du triangle A'B'C' par des arcs de grand cercle; les arcs P'A', P'B', P'C', étant respectivement égaux aux arcs PA, PB, PC, sont égaux entre eux. De cette manière, le triangle ABC est décomposé en trois triangles sphériques isocèles PAB, PAC, PBC, et de même le triangle A'B'C' en trois triangles isocèles P'A'B', P'A'C', P'B'C'. Mais on sait que, quand deux triangles sphériques symétriques sont isocèles, ces triangles peuvent être superposés et deviennent égaux entre eux ; ainsi le triangle isocèle PAB est égal au symétrique P'A'B' ; de même les triangles isocèles PAC, PBC sont égaux aux triangles symétriques P'A'C', P'B'C'. Les deux triangles symétriques ABC, A'B'C', étant composés de parties respectivement égales, ont même surface et par conséquent sont équivalents.

Nous avons supposé dans cette démonstration le pôle P situé à l'intérieur du triangle ABC ; il peut arriver qu'il tombe à l'extérieur ; en joignant le pôle aux trois sommets, on forme encore trois triangles isocèles ; mais le triangle ABC est l'excès de la somme de deux d'entre eux sur le troisième. Les triangles symétriques isocèles étant égaux de part et d'autre, on en conclut encore que les deux triangles ABC, A'B'C' sont équivalents.

Théorème XIX.

Deux fuseaux sont entre eux comme leurs angles.

On appelle *fuseau* la portion de la surface de la sphère comprise entre deux demi-circonférences de grand cercle PAP',

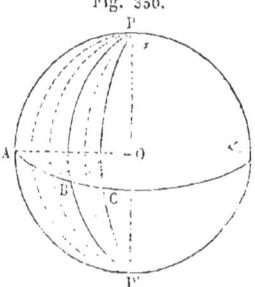

Fig. 350.

PBP' (fig. 350). L'angle dièdre, formé par les deux plans PAP', PBP', est l'angle du fuseau.

Il est clair que deux fuseaux qui ont même angle, sont égaux entre eux. On peut d'abord amener l'un sur l'autre les deux diamètres qui joignent les extrémités des deux fuseaux ; puis faire tourner la sphère autour de ce diamètre commun jusqu'à ce que deux faces ou deux côtés coïncident ; les angles dièdres étant égaux entre eux, les deux autres faces coïncideront.

TRIANGLES SPHÉRIQUES.

Considérons maintenant deux fuseaux quelconques PAP'B, PBP'C. Par le centre O menons un plan perpendiculaire au diamètre PP' qui joint leurs extrémités. Les angles des fuseaux ont pour mesure les angles au centre AOB, BOC, ou les arcs AB, BC. Supposons que le rapport des arcs soit $\frac{3}{2}$; la commune mesure de ces deux arcs sera contenue 3 fois dans AB, 2 fois dans BC. Si par les points P et P' et les différents points de division nous faisons passer des circonférences de grand cercle, nous formerons ainsi 5 petits fuseaux égaux entre eux, puisqu'ils correspondent à des angles égaux; or le fuseau PAP'B en contient 3, le fuseau PBP'C en contient 2; donc le rapport des fuseaux est $\frac{3}{2}$, comme celui des angles.

COROLLAIRE. On peut considérer la sphère comme un fuseau dont l'angle est égal à quatre angles droits. Ainsi *le rapport de l'aire d'un fuseau à celle de la sphère entière est égal au rapport de son angle à quatre angles droits.*

THÉORÈME XX.

L'aire d'un triangle sphérique ABC *est égale à la moitié de la somme des trois fuseaux qui ont pour angles ceux du triangle, moins un quart de sphère.*

Prolongeons les côtés du triangle sphérique ABC (fig. 351) pour compléter les circonférences de grand cercle. On voit sur la figure que les deux triangles ABC, A'BC forment le fuseau ACA'B, dont l'angle est précisément l'angle A du triangle; de même, les deux triangles ABC, AB'C forment le fuseau BAB'C, qui a pour angle l'angle B du triangle; et de même les triangles ABC, ABC' forment le fuseau CAC'B dont l'angle est C. Les deux triangles ABC', A'B'C, ayant leurs sommets diamétralement opposés, sont symétriques et équivalents (18); si l'on remplace le triangle ABC' par son équivalent A'B'C, on

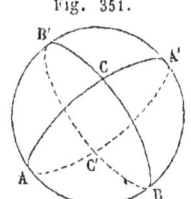

Fig. 351.

312   COMPLÉMENT.

peut considérer le fuseau C comme équivalent à la somme des deux triangles ABC, A'B'C.

On a ainsi
$$ABC + A'BC = \text{fus. A},$$
$$ABC + AB'C = \text{fus. B},$$
$$ABC + A'B'C = \text{fus. C}.$$

Additionnons ces quantités égales; nous aurons, d'une part deux fois le triangle ABC, plus la somme des quatre triangles ABC, A'BC, AB'C, A'B'C, somme qui est égale à l'hémisphère limité par le grand cercle ABA'B'; d'autre part la somme des trois fuseaux. On a donc

$$2\,ABC + \frac{1}{2}\,\text{sphère} = \text{fus. A} + \text{fus. B} + \text{fus. C};$$

On en déduit, en divisant par deux, et retranchant un quart de sphère,

$$ABC = \frac{\text{fus. A} + \text{fus. B} + \text{fus. C}}{2} - \frac{1}{4}\,\text{sphère}.$$

COROLLAIRE I. Soit DD' un diamètre quelconque (fig. 352); menons par le centre de la sphère un plan EFE' perpendiculaire à DD', et par ce diamètre faisons passer deux plans DED', DFD', perpendiculaires entre eux; nous obtiendrons ainsi trois plans perpendiculaires entre eux deux à deux, qui diviseront la sphère en huit triangles trirectangles égaux entre eux; DEF est l'un d'eux, ses trois angles sont droits. On compare ordinairement l'aire d'un fuseau ou d'un triangle sphérique quelconque à celle du triangle trirectangle tracé sur la même sphère.

Fig. 352.

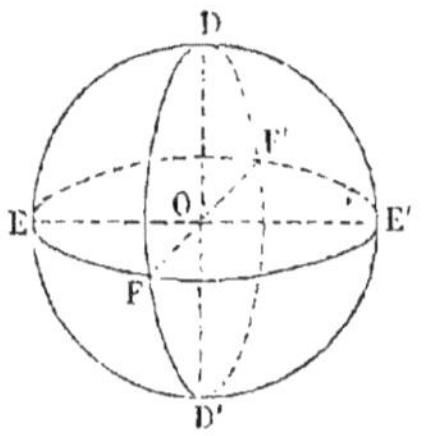

Le fuseau DED'F, dont l'angle est droit, vaut deux triangles trirectangles; le rapport de l'aire du fuseau dont l'angle est A à celle du fuseau droit étant égal au rapport de l'angle A à un angle droit, on a

$$\frac{\text{fus. A}}{2\,DEF} = \frac{A}{1\,\text{dr.}},$$

ou, en multipliant par 2,
$$\frac{\text{fus. A}}{\text{DEF}} = \frac{2\,\text{A}}{1\,\text{dr.}}.$$

Ainsi *le rapport de l'aire d'un fuseau à celle du triangle trirectangle est égale au double du rapport de son angle à un angle droit.*

Corollaire II. Nous avons trouvé pour l'aire d'un triangle sphérique ABC,
$$\text{ABC} = \frac{\text{fus. A} + \text{fus. B} + \text{fus. C}}{2} - \frac{1}{4}\,\text{sphère};$$

si l'on divise par le triangle trirectangle DEF, en observant que le quart de la sphère vaut deux triangles trirectangles, il vient
$$\frac{\text{ABC}}{\text{DEF}} = \frac{\text{A} + \text{B} + \text{C}}{1\,\text{droit}} - 2,$$
ou
$$\frac{\text{ABC}}{\text{DEF}} = \frac{\text{A} + \text{B} + \text{C} - 2\,\text{droits}}{1\,\text{droit}}.$$

Ainsi *le rapport de l'aire d'un triangle sphérique quelconque à celle du triangle trirectangle est égal au rapport à un angle droit de l'excès de la somme de ses trois angles sur deux angles droits.*

L'excès de la somme des trois angles d'un triangle sphérique sur deux angles droits s'appelle *excès sphérique*. L'aire du triangle ne dépend que de l'excès sphérique et du rayon de la sphère; de sorte que sur une même sphère tous les triangles qui ont même excès sphérique, sont équivalents.

Corollaire III. Si l'on veut évaluer les aires des figures tracées sur la sphère, au moyen de l'unité de surface habituelle qui est le mètre carré, il faudra évaluer le rayon en mètres. Désignons par r le rayon de la sphère; la surface de la sphère étant égale à quatre grands cercles, le triangle trirectangle est égal à la moitié d'un grand cercle, soit $\frac{\pi r^2}{2}$; on aura donc pour expression de l'aire d'un fuseau,
$$\text{fus. A} = \pi r^2 \times \frac{\text{A}}{1\,\text{dr.}},$$

et pour celle de l'aire d'un triangle sphérique,

$$\text{ABC} = \frac{\pi r^2}{2} \times \frac{A + B + C - 2\,\text{dr.}}{1\,\text{dr.}}$$

EXEMPLES. 1° Les angles d'un triangle sphérique sont de 72°, 110°, 118°. La somme 300° étant plus grande que 180°, et le plus petit 72° augmenté de 180° étant plus grand que la somme des deux autres, le triangle existe. L'excès sphérique est ici 300° — 180° = 120°; le rapport de l'aire du triangle à celle du triangle trirectangle est égal à $\frac{120°}{90°} = \frac{4}{3}$; ainsi le triangle proposé est les $\frac{4}{3}$ du triangle trirectangle.

Supposons que le rayon de la sphère ait une longueur de 5 mètres. L'aire du triangle trirectangle en mètres carrés sera $\frac{\pi r^2}{2}$ ou $\frac{25\pi}{2}$, et celle du triangle proposé

$$\frac{4}{3} \times \frac{25\pi}{2} = \frac{100\pi}{6} = \frac{314{,}16}{6} = 52{,}36 \text{ mètres carrés.}$$

2° Les angles d'un triangle sphérique sont de 53°28′, 72°50′, 86°15′. L'excès sphérique étant ici de 32°33′, le rapport de l'aire du triangle à celle du triangle trirectangle est exprimé par la fraction

$$\frac{32°\,33'}{90°} = \frac{1953'}{5400'} = 0{,}361666\ldots$$

Si le rayon de la sphère a 1^m,75, l'aire du triangle proposé en mètres carrés sera

$$\frac{1953 \times \pi \times \overline{1{,}75}^2}{10800} = 1{,}740 \text{ mètres carrés.}$$

PROBLÈMES SUR LA SPHÈRE.

Dans toutes les constructions qui vont suivre, on suppose que l'on a commencé par déterminer le rayon de la sphère et l'ouverture de compas qui servira à décrire les grands cercles, ainsi que nous l'avons expliqué au livre VII.

PROBLÈMES SUR LA SPHÈRE.

Problème I.

Par deux points donnés A et B sur la surface de la sphère, faire passer une circonférence de grand cercle.

Du point A comme pôle (fig. 353), avec l'ouverture de compas convenable, décrivez un arc de grand cercle ; du point B

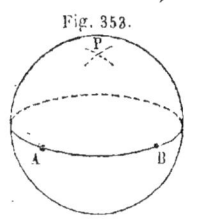
Fig. 353.

comme pôle, avec la même ouverture de compas, décrivez un second arc de grand cercle qui coupera le premier au point P ; le point P sera le pôle du grand cercle demandé. Vous placerez la pointe sèche au point P, sans changer l'ouverture du compas, et vous décrirez le grand cercle passant par les deux points A et B.

Problème II.

Par un point donné A mener un grand cercle perpendiculaire à un grand cercle donné BCB'.

Du point A comme pôle (fig. 354), avec l'ouverture de compas convenable, décrivez un arc de grand cercle qui coupera le

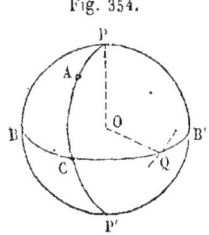
Fig. 354.

cercle donné au point Q ; du point Q comme pôle décrivez ensuite un grand cercle PAP', vous aurez le grand cercle demandé.

Car les axes OP, OQ des deux cercles étant perpendiculaires entre eux, les plans des deux cercles sont eux-mêmes perpendiculaires entre eux (24, V). Il faut remarquer que, lorsque deux grands cercles sont perpendiculaires entre eux, chacun d'eux passe par les pôles de l'autre.

Problème III.

Par trois points donnés A, B, C *sur la sphère, faire passer un cercle.*

Des points A, B, C, comme pôles (fig. 355), avec une même ouverture de compas arbitraire, décrivez trois petits cercles ;

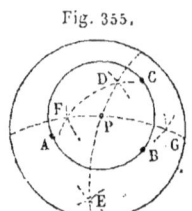

Fig. 355.

le premier coupe le second en deux points D et E ; le troisième coupe le second en deux points F et G. Par les deux points D, E faites passer un grand cercle et de même par les deux points F, G ; le point d'intersection P de ces deux grands cercles sera le pôle du cercle demandé. Du point P comme pôle, avec une ouverture de compas égale à la corde PA, décrivez un cercle, il passera par les trois points donnés.

En effet, d'après la construction même, les arcs de grand cercle DE, FG sont perpendiculaires sur le milieu des arcs de grand cercle AB, BC ; et par conséquent le point P est également distant des trois points A, B, C.

Problème IV.

Par le point A *sur l'arc de grand cercle* AB, *mener un arc de grand cercle qui fasse avec le premier un angle donné.*

Si dans le plan de l'angle donné et du sommet comme centre, avec un rayon égal à celui de la sphère, on décrit un cercle, l'arc intercepté mesurera l'angle.

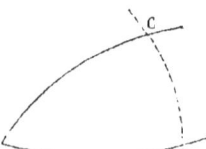

Fig. 356.

Après avoir fait cette construction préliminaire, du point A comme pôle (fig. 356), décrivez sur la sphère un arc de grand cercle BC ; du point B portez sur ce grand cercle une ouverture de compas égale à la corde qui sous-tend l'arc mesurant l'angle donné ; marquez le point C et par les deux points A et C faites passer un arc de grand cercle. L'angle A, ayant pour mesure l'arc BC, est égal à l'angle donné.

PROBLÈME V.

Construire un triangle sphérique connaissant deux côtés et l'angle compris.

On tracera sur la sphère deux grands cercles faisant entre eux l'angle donné, et, à partir du sommet, on portera les côtés donnés, puis on joindra les extrémités par un arc de grand cercle.

Le triangle est toujours possible. Et, comme on peut porter de deux manières les arcs donnés sur les côtés de l'angle, on obtient deux triangles symétriques l'un de l'autre.

PROBLÈME VI.

Construire un triangle sphérique connaissant un côté et les deux angles adjacents.

Sur un grand cercle, on prendra un arc égal au côté donné, et par les extrémités on mènera des grands cercles faisant avec le premier des angles égaux aux angles donnés.

Le triangle existe toujours. Et, comme on peut disposer les angles donnés de deux manières différentes par rapport au côté donné, on obtient deux triangles symétriques.

PROBLÈME VII.

Construire un triangle sphérique connaissant les trois côtés.

Nous savons que, dans tout triangle sphérique, un côté quelconque est moindre que la somme des deux autres, et que la somme des trois côtés est plus petite qu'une circonférence de grand cercle. Pour que le triangle existe, il faut donc 1° que le plus grand des côtés donnés soit moindre que la somme des deux autres; 2° que la somme des trois côtés soit plus petite qu'une circonférence de grand cercle. Nous allons faire voir que, lorsque ces deux conditions sont remplies, le triangle existe et peut être construit.

318   COMPLÉMENT.

Sur une circonférence de grand cercle prenons AB égal au plus grand des trois côtés donnés, et soient AD et BE les deux autres (fig. 357). Du point A comme pôle, avec une ouverture de compas égale à la corde qui sous-tend l'arc AD, décrivons le petit cercle DCG; du point B comme pôle, avec une ouverture de compas égale à la corde qui sous-tend l'arc BE, décrivons de même le petit cercle ECH. Il est facile de voir que ces deux cercles se coupent en un point C. L'arc AB étant plus petit que AD + BE, le point E est à gauche du point D, à l'intérieur de la calotte sphérique ayant le point A pour pôle et limitée par le petit cercle DCG. D'autre part, l'arc GABH, qui est la somme des trois arcs donnés, étant plus petit qu'une circonférence entière, le point H est en dehors de cette calotte. Ainsi le petit cercle ECH, allant du point intérieur E au point intérieur H, coupera nécessairement en un point C le cercle DCG qui limite cette calotte. Si maintenant on joint les points A et C par un arc de grand cercle et de même les points B et C, on aura le triangle sphérique demandé ABC.

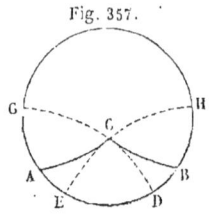

Fig. 357.

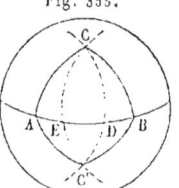

Fig. 358.

Les deux petits cercles se coupent en un second point C' de l'autre côté de AB, comme le montre la figure 358; il en résulte un second triangle ABC' symétrique du premier.

PROBLÈME VIII.

Construire un triangle sphérique connaissant les trois angles.

Nous savons que, dans tout triangle sphérique, la somme des angles est plus grande que deux angles droits et qu'un angle quelconque augmenté de deux angles droits est plus grand que la somme des deux autres. Pour que le triangle existe, il faut donc 1° que la somme des trois angles soit plus grande que deux angles droits; 2° que le plus petit, augmenté de deux angles droits, soit plus grand que la somme des deux autres. Nous allons faire voir que ces deux conditions sont suffisantes.

Soient A, B, C, les trois angles donnés. Prenons le supplément de chacun de ces angles et désignons par a', b', c' les arcs de grand cercle correspondants. Au plus petit angle A correspond le plus grand supplément a'. Les deux conditions

$$A + B + C > 2 \text{ droits},$$
$$A + 2 \text{ dr.} > B + C,$$

deviennent

$$a' + b' + c' < 4 \text{ quadrants},$$
$$a' < b' + c'.$$

On peut donc, avec les trois côtés a', b', c', construire un triangle. Si maintenant des sommets de ce triangle comme pôles on décrit des arcs de grand cercle, on obtiendra le triangle demandé.

Problème IX.

Construire un triangle sphérique connaissant deux côtés et l'angle opposé à l'un d'eux.

Soient a et b les deux côtés donnés, A l'angle opposé au premier. Tracez sur la sphère deux grands cercles ABA', ACA' faisant entre eux l'angle donné A; sur l'un d'eux portez l'arc AC égal au côté donné b; du point C comme pôle, avec une ouverture de compas égale à la corde de l'arc a, décrivez un petit cercle qui coupera le cercle ABA' en un point B; joignez CB par un arc de grand cercle, vous aurez le triangle demandé ABC.

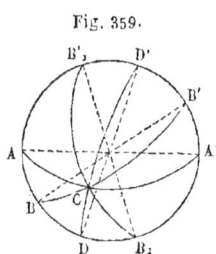

Fig. 359.

Il y a plusieurs remarques à faire sur cette construction; le triangle n'existe pas toujours, et il y a quelquefois deux solutions.

Considérons d'abord le cas où l'angle donné A est aigu. Le chemin le plus court du point C au grand cercle ABA' est l'arc de grand cercle perpendiculaire CD (16); pour que le triangle existe, il faut donc que le côté a soit plus grand que CD. Imaginons que les points B et B_1 s'éloignent du point D et marchent le premier jusqu'en A, le second jusqu'en A'; l'oblique CB ira en croissant jusqu'à la valeur CA ou b; l'oblique CB_1 jusqu'à la valeur CA' supplément de b. Si le côté a est plus petit que le côté b et que son supplément, le petit cercle décrit du point C comme pôle coupera le demi-cercle ADA' en deux points B et B_1, l'un entre D et A, l'autre entre D et A'; et l'on aura deux solutions ACB, ACB_1. Si le côté a est compris entre le côté b et son supplément, il n'y aura plus qu'une solution. Enfin, si a est plus grand à la fois que b et que son supplément, le triangle n'est plus possible.

Considérons maintenant le cas où l'angle donné A est obtus; soient AD'A', ACA' les deux grands cercles qui font entre eux cet angle obtus; l'arc perpendiculaire CD' mené du point C au demi-cercle AD'A' est plus grand que tous les arcs obliques; il faut donc ici, pour que le triangle existe, que le côté a soit plus petit que CD'. Si en même temps il est plus grand que l'arc b et que son supplément, on aura deux solutions ACB', ACB'_1; s'il est compris entre ces deux quantités, on n'aura plus qu'une solution. Enfin, si a est plus petit que b et que son supplément, le triangle n'est plus possible.

Il est clair qu'à chaque solution se joint la symétrique.

Problème X.

Construire un triangle sphérique connaissant deux angles et le côté opposé à l'un d'eux.

Soient A et B les deux angles donnés, a le côté opposé au premier. Prenez les suppléments a', b' des deux angles A et B, et le supplément A' du côté a. Construisez un triangle sphérique, connaissant les deux côtés a', b', et l'angle A' opposé au premier côté ; ce triangle construit, décrivez le triangle polaire, vous obtiendrez le triangle demandé.

Problème XI.

Par un point donné, mener un arc de grand cercle tangent à un petit cercle donné.

Si le point est donné sur le cercle, il suffit d'élever par le point de contact un arc de grand cercle perpendiculaire à l'arc de grand cercle qui joint le pôle au point de contact.

Proposons-nous maintenant de mener des arcs de grand cercle tangents au petit cercle P par un point A situé en dehors de la

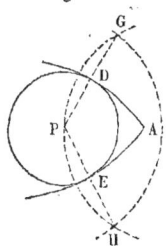

Fig. 360.

plus petite calotte sphérique limitée par ce cercle (fig. 360). Supposons le problème résolu et soit AD un arc de grand cercle tangent ; joignons le pôle P du petit cercle au point de contact D par un arc de grand cercle que nous prolongerons d'une longueur DG égale à PD; l'arc DA étant perpendiculaire sur le milieu de PG, le point A est également distant des points P et G. On en déduit la construction suivante :

Du point P comme pôle, avec une ouverture de compas égale à la corde qui sous-tend un arc de grand cercle double de PD, décrivez un cercle ; du point A comme pôle, avec une ouverture de compas égale à la distance AP, décrivez un second cercle qui coupera le premier en deux points G et H ; joignez PG et PH par des arcs de grand cercle ; les points D et E où ils coupent le petit cercle sont les points de contact ; il suffit de joindre AD et AE par des arcs de grand cercle pour avoir les tangentes demandées.

Cette construction ressemble au second procédé que nous avons indiqué pour mener une tangente à un cercle par un point extérieur dans le plan (prob. 15, livre II).

21

FIGURES SYMÉTRIQUES.

SYMÉTRIE PAR RAPPORT A UN PLAN.

1. On dit que deux points sont *symétriques* par rapport à un plan, lorsqu'ils sont situés sur une même perpendiculaire au plan et à égale distance de part et d'autre.

2. Deux polyèdres sont symétriques par rapport à un plan, lorsque leurs sommets sont deux à deux symétriques par rapport à ce plan.

3. Soit ABCD (fig. 361) un polyèdre quelconque. Du sommet A abaissons la perpendiculaire Aa sur le plan MN et prolongeons-la de l'autre côté du plan d'une longueur aA′ égale à Aa, nous aurons le point A′ symétrique du point A. En abaissant de même des autres sommets des perpendiculaires au plan et prolongeant chacune d'elles d'une longueur égale à elle-même, nous obtiendrons les points B′, C′, D′ symétriques des points B, C, D. Si nous joignons enfin les points deux à deux, nous formerons le polyèdre A′B′C′D′ symétrique du polyèdre proposé ABCD, par rapport au plan MN, auquel on donne le nom de *plan de symétrie*.

THÉORÈME XXI.

Deux polyèdres symétriques ont leurs faces égales chacune à chacune, et leurs angles dièdres homologues égaux.

Soient les deux polyèdres ABCD, A′B′C′D′ symétriques par rapport au plan MN (fig. 361). Considérons deux arêtes symétriques AB, A′B′; les perpendiculaires AA′, BB′, percent le plan de symétrie aux points a et b. Les deux trapèzes AabB, A′abB′, sont égaux; car, si l'on fait tourner le second autour de ab comme charnière, pour l'appliquer sur le premier, à cause des angles droits égaux en a et b, les droites aA′, bB′ prennent les directions aA, bB; les longueurs aA′, bB′ étant égales respec-

FIGURES SYMÉTRIQUES. 323

tivement à aA et bB, le point A' tombe au point A, le point B' en B et la droite A'B' coïncide avec AB. On voit par là que les deux polyèdres symétriques ont leurs arêtes égales chacune à chacune.

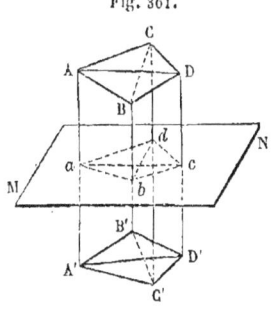
Fig. 361.

Il en résulte que deux triangles symétriques ABC, A'B'C', ayant leurs côtés égaux chacun à chacun, ont aussi leurs angles égaux, et sont égaux. Deux faces homologues des deux polyèdres sont en général des polygones composés d'un même nombre de triangles égaux chacun à chacun, et disposés dans le même ordre; ces deux polygones sont égaux.

Considérons maintenant deux tétraèdres symétriques ABCD, A'B'C'D', et les angles trièdres qui ont leur sommet en A et en A'. D'après ce que nous venons de dire, ces deux trièdres ont leurs faces ou leurs angles plans égaux chacun à chacun; en vertu du théorème VII, ils ont aussi leurs angles dièdres égaux chacun à chacun. Ainsi les deux polyèdres symétriques ont leurs faces égales et leurs angles dièdres égaux.

Les angles trièdres eux-mêmes ne sont pas égaux, parce que les faces sont disposées en ordre inverse. Si l'on imagine un observateur placé dans le trièdre A, la tête dirigée vers le sommet A, le dos appuyé contre la face BAC et regardant l'arête opposée AD, cet observateur verra la face BAD à sa droite et la face CAD à sa gauche. Un observateur, placé de la même manière dans le trièdre A', voit, au contraire, la face B'A'D' à sa gauche, et la face C'A'D' à sa droite. L'angle trièdre A' ne peut donc être superposé sur le trièdre A. Nous avons vu que, si l'on prolonge de l'autre côté du sommet les arêtes du trièdre A, on obtient un nouveau trièdre qui a ses faces égales à celles du trièdre A, mais disposées en ordre inverse. Le trièdre A' et le trièdre opposé à A ont donc leurs faces égales et disposées de la même manière; ils sont égaux et peuvent être superposés.

Théorème XXII.

Deux polyèdres symétriques d'un même polyèdre, par rapport à deux plans différents, sont égaux entre eux.

Nous avons désigné par A'B'C'D' le polyèdre symétrique du polyèdre ABCD par rapport au plan MN; désignons de même par A″B″C″D″ le polyèdre symétrique du même polyèdre ABCD par rapport à un second plan M'N'. Je dis que les deux polyèdres A'B'C'D', A″B″C″D″ sont égaux entre eux. En effet, les deux angles trièdres A' et A″ qui sont tous deux égaux à l'opposé par le sommet du trièdre A, sont égaux entre eux; on peut superposer ces deux trièdres; les faces étant égales entre elles, les deux tétraèdres A'B'C'D', A″B″C″D″ coïncideront. Les deux polyèdres, étant composés d'un même nombre de tétraèdres égaux et disposés de la même manière, sont égaux entre eux.

Ainsi, quand on déplace le plan de symétrie, le polyèdre symétrique change de position dans l'espace; mais c'est toujours le même polyèdre. En d'autres termes, un polyèdre donné n'admet qu'un seul polyèdre symétrique.

Théorème XXIII.

Deux polyèdres symétriques sont équivalents.

Il suffit de démontrer le théorème pour deux tétraèdres. Soit ABCD (fig. 362) un tétraèdre; si nous prenons le plan de la base BCD pour plan de symétrie, il faudra, pour former le tétraèdre symétrique A'BCD, abaisser du sommet A une perpendiculaire AH sur la base et la prolonger d'une longueur HA' égale à AH. Dans cette position, les deux tétraèdres symétriques ont même base BCD et des hauteurs égales AH et A'H; ils ont donc même volume et par suite sont équivalents.

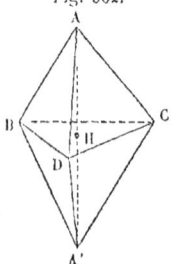
Fig. 362.

Deux polyèdres symétriques, étant composés de tétraèdres symétriques chacun à chacun, sont aussi équivalents.

FIGURES SYMÉTRIQUES.   325

SYMÉTRIE PAR RAPPORT A UN POINT.

1. On dit que deux points A et A' sont symétriques par rapport à un point fixe O, qu'on appelle *centre de symétrie*, lorsque ces deux points sont situés sur une même droite passant par le point O, et à égale distance de ce point de part et d'autre.

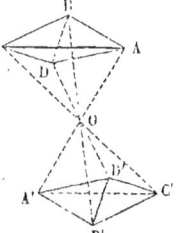

Fig. 363.

2. Deux polyèdres ABCD, A'B'C'D', (fig. 363) sont symétriques par rapport au point O, lorsque leurs sommets sont deux à deux symétriques par rapport à ce point.

3. Deux arêtes symétriques, telles que AB, A'B', sont égales et parallèles, mais dirigées en sens contraire; car les deux triangles OAB, OA'B' sont égaux, comme ayant un angle égal compris entre deux côtés égaux chacun à chacun. Deux triangles symétriques ABC, A'B'C', ayant leurs trois côtés égaux chacun à chacun, ont aussi leurs angles égaux et sont égaux. Deux angles trièdres symétriques A et A', ayant leurs angles plans égaux chacun à chacun, ont aussi leurs angles dièdres égaux. On conclut de là que deux polyèdres symétriques, par rapport à un point fixe, ont leurs faces homologues égales et parallèles et leurs angles dièdres égaux.

Les deux angles trièdres A et A' ne sont pas égaux, parce que les faces sont disposées en ordre inverse, comme il est aisé de le reconnaître en imaginant deux observateurs placés dans ces trièdres. Mais le trièdre A' est égal au trièdre opposé à A par le sommet.

4. Si l'on déplace le centre de symétrie O, le polyèdre symétrique change de position dans l'espace, mais en restant toujours le même; il se transporte parallèlement à lui-même.

5. Il est clair que deux polyèdres symétriques d'un même polyèdre, l'un par rapport à un plan, l'autre par rapport à un point, sont égaux entre eux. Ainsi, d'une manière ou de l'autre, un polyèdre donné n'admet qu'un symétrique.

6. Dans l'étude des angles trièdres, nous avons considéré fréquemment les angles opposés par le sommet et nous les avons appelés *trièdres symétriques;* c'est qu'en effet ces deux angles trièdres sont symétriques par rapport au sommet, qui joue ici le rôle de centre de symétrie.

EXERCICES.

1. Lieu des points qui, sur la surface de la sphère, sont également distants de deux points pris sur cette surface.

2. Les trois arcs de grand cercle élevés perpendiculairement sur les milieux des côtés d'un triangle sphérique, se coupent en un même point.

3. Lieu des points qui, sur la surface de la sphère, sont également distants de deux arcs de grand cercle donnés.

4. Les trois arcs de grand cercle qui divisent en deux parties égales les trois angles d'un triangle sphérique, se coupent en un même point.

5. Les trois arcs de grand cercle menés des sommets d'un triangle sphérique aux milieux des côtés opposés, se coupent en un même point.

6. Les trois arcs de grand cercle abaissés des sommets d'un triangle sphérique perpendiculairement aux côtés opposés, se coupent en un même point.

7. Dans un petit cercle tracé sur la surface de la sphère, on inscrit des triangles sphériques ayant un côté commun, la différence entre la somme des angles à la base et l'angle au sommet reste constante. (Ce théorème est l'analogue du segment capable d'un angle donné en géométrie plane.)

8. Quand le côté commun passe par le pôle du petit cercle, la somme des angles à la base est égale à l'angle au sommet.

9. Dans tout quadrilatère sphérique inscrit dans un petit cercle, la somme de deux angles opposés est égale à celle des deux autres. (Cette propriété correspond à celle du quadrilatère inscrit en géométrie plane.)

10. Dans tout quadrilatère sphérique circonscrit à un petit cercle, la somme de deux côtés opposés est la même que celle des deux autres. (Même théorème qu'en géométrie plane.)

11. Le lieu des sommets des triangles sphériques qui ont même base et même surface, est un petit cercle passant par les deux points diamétralement opposés aux deux sommets fixes.

12. Le centre du cercle inscrit à un triangle sphérique, est le même que celui du cercle circonscrit au triangle polaire.

FIN.

TABLE DES MATIÈRES.

PREMIÈRE PARTIE.

FIGURES PLANES.

		Pages.
Livre I.	Les principes.	1
Livre II.	Le cercle.	35
Livre III.	Les figures semblables.	77
Livre IV.	La mesure des aires.	131

DEUXIÈME PARTIE.

FIGURES DANS L'ESPACE.

Livre V.	Droites et plans dans l'espace.	155
Livre VI.	Les polyèdres.	183
Livre VII.	Les trois corps ronds.	209

TROISIÈME PARTIE.

Notions sur quelques courbes usuelles. 245

QUATRIÈME PARTIE.

Complément. 283

FIN DE LA TABLE DES MATIÈRES.

Ch. Lahure, imprimeur du Sénat et de la Cour de Cassation,
rue de Vaugirard, 9, près de l'Odéon.

www.ingramcontent.com/pod-product-compliance
Lightning Source LLC
Chambersburg PA
CBHW072022150426
43194CB00008B/1209